程序设计基础（C语言）教程

主　编　刘媛媛　　雷莉霞　　胡　平
副主编　刘美香　　甘　岚

西南交通大学出版社

·成都·

图书在版编目（CIP）数据

程序设计基础（C语言）教程／刘媛媛，雷莉霞，胡平主编. —成都：西南交通大学出版社，2022.12
ISBN 978-7-5643-9138-6

Ⅰ．①程… Ⅱ．①刘… ②雷… ③胡… Ⅲ．①C语言－程序设计 Ⅳ．①TP312.8

中国版本图书馆 CIP 数据核字（2022）第 255248 号

Chengxu Sheji Jichu (C Yuyan) Jiaocheng
程序设计基础（C语言）教程

主编　刘媛媛　雷莉霞　胡　平

责 任 编 辑	黄淑文	
封 面 设 计	原谋书装	
出 版 发 行	西南交通大学出版社 （四川省成都市金牛区二环路北一段 111 号 西南交通大学创新大厦 21 楼）	
发 行 部 电 话	028-87600564　028-87600533	
邮 政 编 码	610031	
网　　　　址	http://www.xnjdcbs.com	
印　　　　刷	成都蜀通印务有限责任公司	
成 品 尺 寸	185 mm×260 mm	
印　　　　张	20.25	
字　　　　数	503 千	
版　　　　次	2022 年 12 月第 1 版	
印　　　　次	2022 年 12 月第 1 次	
书　　　　号	ISBN 978-7-5643-9138-6	
定　　　　价	58.00 元	

课件咨询电话：028-87600533
图书如有印装质量问题　本社负责退换
版权所有　盗版必究　举报电话：028-87600562

前　言

C 语言程序设计是一门基础课程，旨在培养学生具有设计计算机程序、编写程序和调试程序的能力。C 语言是一种通用的高级程序设计语言，同时又具有其他高级语言所不具备的低级语言功能，不但可用于编写应用程序，还可用于编写系统程序，具有运算符和数据类型丰富、生成目标代码质量高、程序执行效率高、可移植性好等特点，因而得到广泛的应用。同时，掌握了 C 语言，就可以较为轻松地学习其他任何一种程序设计语言，为后续的课程打下坚实的基础，能较好地训练学生解决问题的逻辑思维能力以及编程思路和技巧，使学生具有较强的利用 C 语言编写软件的能力，为培养学生有较强软件开发能力打下良好基础。

本书针对程序设计思想零基础的同学，以培养学生的计算机思维为目的，从模块化程序设计思想着手，以解决实际问题为课程目标，精心设计了趣味性和实用性较强的案例，由浅入深地介绍了每章所涉及的知识点。全书共分为 10 章，第 1 章通过一个简单的 C 语言程序的概述，介绍了程序的概念和程序设计的流程；第 2 章详细介绍了 C 语言的基础知识；第 3~5 章介绍了 C 程序设计的基本结构；第 6 章介绍了数组，包括一维数组、二维数组、字符数组与字符串；第 7 章介绍了指针；第 8 章介绍了模块化程序设计，包括函数和编译预处理；第 9 章介绍了构造型数据类型的使用；第 10 章介绍了文件系统。

本书可以作为高等院校 C 语言程序设计课程的教材，也可以作为读者自学 C 语言的自学用书。本书由刘媛媛、雷莉霞、胡平担任主编，刘美香、甘岚担任副主编。具体编写分工如下：第 1 章和第 3 章由甘岚编写，第 2 章、第 7 章以及附录由刘媛媛编写，第 6 章和 8 章由雷莉霞编写，第 4 章和 5 章由胡平编写，第 9 章和 10 章由刘美香编写。全书由刘媛媛负责最终统稿。在制订编写大纲及书稿编写过程中，华东交通大学信息工程学院自始至终给予了极大的关心和支持，计算机基础教学部的熊李艳、吴昊、丁振凡、宋岚、周美玲、李明翠、张月园给了作者大力帮助，在此表示由衷的感谢。

本书不仅有配套的实践教材，而且有电子教案、习题答案等教材中涉及的相关教学资源。

由于编者水平有限，编写时间仓促，书中难免有欠妥之处，恳请广大读者提出宝贵意见。

编　者

2022 年 12 月于南昌

目　录

第1章　C语言程序设计概述 ·· 1

1.1　程序与程序设计语言 ··· 1

1.2　算法及其描述 ·· 5

1.3　C语言的发展及特点 ·· 13

1.4　简单C语言程序 ··· 16

1.5　C语言程序的执行 ·· 19

1.6　小　结 ··· 21

1.7　习　题 ··· 21

第2章　C语言的基础知识 ·· 23

2.1　数据的机内表示 ··· 23

2.2　C语言的基本数据类型 ··· 27

2.3　常量和变量 ··· 31

2.4　运算符和表达式 ··· 36

2.5　运算符的优先级及结合性 ·· 44

2.6　表达式的书写规则 ·· 45

2.7　各种数据类型的转换 ··· 46

2.8　程序举例 ··· 49

2.9　小　结 ··· 51

2.10　常见的错误 ·· 51

2.11　习　题 ·· 52

第3章　程序设计基本结构——顺序结构 ··· 56

3.1　C语句的描述 ·· 56

3.2　数据输入/输出 ··· 57

3.3　较复杂的输入输出格式控制 ··· 61

3.4　程序举例 ··· 67

3.5　小　结 ··· 70

3.6　本章常见的编程错误 ··· 70

3.7　习　题 ··· 71

第4章　选择结构 ··· 76

4.1　用条件表达式实现选择结构 ··· 76

4.2　if语句 ··· 79

4.3　switch语句 ··· 91

4.4　程序举例 ……………………………………………………………… 94

4.5　小　结 ………………………………………………………………… 97

4.6　本章常见的编程错误 ………………………………………………… 98

4.7　习　题 ………………………………………………………………… 99

第 5 章　循环结构 …………………………………………………………… 103

5.1　while 语句 …………………………………………………………… 103

5.2　do-while 语句 ………………………………………………………… 106

5.3　for 语句 ……………………………………………………………… 107

5.4　break 和 continue 语句 ……………………………………………… 111

5.5　三种循环结构的比较 ………………………………………………… 113

5.6　循环的嵌套 …………………………………………………………… 113

5.7　程序举例 ……………………………………………………………… 115

5.8　小　结 ………………………………………………………………… 121

5.9　本章常见的编程错误 ………………………………………………… 122

5.10　习　题 ……………………………………………………………… 123

第 6 章　数　组 ……………………………………………………………… 128

6.1　数组的基本概念 ……………………………………………………… 128

6.2　一维数组的定义和使用 ……………………………………………… 128

6.3　二维数组的定义和使用 ……………………………………………… 134

6.4　字符数组 ……………………………………………………………… 140

6.5　数组的应用举例 ……………………………………………………… 148

6.6　小　结 ………………………………………………………………… 156

6.7　本章常见的编程错误 ………………………………………………… 157

6.8　习　题 ………………………………………………………………… 158

第 7 章　指　针 ……………………………………………………………… 165

7.1　指针的基本概念 ……………………………………………………… 165

7.2　指针运算 ……………………………………………………………… 170

7.3　指针与数组 …………………………………………………………… 172

7.4　程序举例 ……………………………………………………………… 185

7.5　小　结 ………………………………………………………………… 190

7.6　本章常见的编程错误 ………………………………………………… 190

7.7　习　题 ………………………………………………………………… 191

第 8 章　模块化程序设计 …………………………………………………… 196

8.1　函数的基本概念 ……………………………………………………… 196

8.2　函数的定义与声明 …………………………………………………… 199

8.3　函数的参数与返回值 ………………………………………………… 201

8.4　函数的调用 …………………………………………………………… 203

8.5　函数的嵌套调用和递归调用 ··· 204

8.6　数组作为函数的参数 ··· 209

8.7　指针作为函数的参数 ··· 212

8.8　函数的返回值为指针 ··· 214

8.9　main 函数的参数 ··· 215

8.10　变量的作用域与存储类别 ·· 216

8.11　编译预处理 ··· 226

8.12　程序举例 ··· 234

8.13　小　结 ··· 237

8.14　本章常见的编程错误 ·· 237

8.15　习　题 ··· 239

第 9 章　构造型数据类型 ·· 245

9.1　结构体型 ··· 245

9.2　结构体数组 ··· 251

9.3　结构体指针 ··· 255

9.4　链　表 ··· 258

9.5　共用体 ··· 265

9.6　枚举型 ··· 269

9.7　程序举例 ··· 271

9.8　小　结 ··· 273

9.9　本章常见的编程错误 ··· 274

9.10　习　题 ··· 274

第 10 章　文　件 ··· 283

10.1　文件的相关概念 ··· 283

10.2　文件的相关操作 ··· 286

10.3　小　结 ··· 304

10.4　本章常见的编程错误 ·· 304

10.5　习　题 ··· 304

附录　C 语言常用的库函数 ·· 307

参考文献 ··· 315

第 1 章　C 语言程序设计概述

　　C 语言从诞生起，就成为主流的程序设计语言，近几年也一直稳居在编程语言排行榜的前列。C 语言是一种计算机程序设计语言，既具有高级语言的特点，又具有汇编语言的特点。因此它可以作为工作系统设计语言，编写系统应用程序，也可以作为应用程序设计语言，编写不依赖计算机硬件的应用程序。它的应用范围广泛，具备很强的数据处理能力，不仅仅是在软件开发上，而且各类科研都需要用到 C 语言。

　　本章从介绍程序设计语言的基本概念入手，着重介绍 C 语言的发展与特点、应用领域、C 程序的构成及其运行步骤与运行环境。

1.1　程序与程序设计语言

　　计算机主要由硬件和软件两大部分构成，硬件就不用解释了，主机、显示器等都属于硬件，但是计算机光有硬件是没有办法使用的，还必须有软件支持。软件又分为系统软件，也就是经常用的操作系统，如 Windows XP，Windows 7，Windows 11 等，以及通用软件和应用软件，如 Office 办公软件与 QQ 等，而软件的主体就是程序，因此程序设计语言是计算机科学技术中非常重要的一个部分。

1.1.1　程序设计语言的发展与分类

　　程序设计语言（Program Design Language，简称 PDL）又称编程语言，是一组用来定义计算机程序的语法规则。它是一种被标准化的交流技巧，用来向计算机发出指令。一种计算机语言让程序员能够准确地定义计算机所需要使用的数据，并精确地定义在不同情况下所应当采取的行动。

　　正如人们交流思想需要使用各种自然语言（如汉语、英语、法语等）一样，人与计算机之间交流信息必须使用人和计算机都能理解的程序设计语言。程序设计语言也叫计算机语言，是一套关键字和语法规则的集合，可用来产生由计算机进行处理和执行的指令。计算机语言也有一个发展过程，从最开始的计算机语言，也就是二进制机器语言如 011010111，那个时候程序员编程恐怕是非常痛苦的事，因为你要会用 0 和 1 表示一切。后来逐步发展，把一些常用的指令用英语单词表示出来，形成了汇编语言，这个时候也是比较痛苦的，你要记住那些单词的含义不说，还必须知道计算机硬件的组成，再告诉计算机每一步要怎么做，而计算机又是一个非常笨的东西，只要掉一个步骤它就罢工，由于每台机器的硬件组成不一定相同，所以汇编语言的可移植性差，也就是说你在这台计算机上写的程序到另一台计算机上可能就不能用了。之后为了方便软件移植，高级语言诞生了。高级语言不要求程序员掌握计算机的硬件运行，只要写好上层代码，编译软件会将高级语言翻译成汇编语言，然后再将汇编语言转化成计算机语言，从而在计算机中执行。因此，程序员使用高级语言写的代码可以移植到其他计算机执行，而不用考虑计算机硬件的组成。

程序设计语言有很多种，常用的不过十多种，按照程序设计语言与计算机硬件的联系程度将其分为三类，即机器语言、汇编语言和高级语言。前两类依赖于计算机硬件，有时统称为低级语言，而高级语言与计算机硬件关系较小。

1. 机器语言

机器语言是用二进制代码表示的计算机能直接识别和执行的一种机器指令的集合。它是计算机的设计者通过计算机的硬件结构赋予计算机的操作功能。机器语言具有灵活、直接执行和速度快等特点。不同型号的计算机其机器语言是不相通的，按照一种计算机的机器指令编制的程序，不能在另一种计算机上执行。例如运行在 IBM PC 机上的机器语言程序不能在51 单片机上运行。

机器指令由操作码和操作数组成，操作码指出要进行什么样的操作，操作数指出完成该操作的数或它在内存中的地址。

例如，计算 1+2 的机器语言程序如下：

```
10110000 00000001      ；将 1 存入寄存器 AL 中
00000100 00000010      ；将 2 与寄存器 AL 中的值相加，结果放在寄存器 AL 中
11110100               ；停机
```

由此可见，用机器语言编写程序，编程人员必须熟记所用计算机的全部指令代码和代码的含义。编写程序时，程序员必须自己处理每条指令和每一数据的存储分配和输入输出，还得记住编程过程中每步所使用的工作单元处在何种状态。这是一件十分烦琐的工作，编写程序花费的时间往往是实际运行时间的几十倍或几百倍。而且，编出的程序全是些 0 和 1 的指令代码，直观性差，难以记忆，还容易出错。

2. 汇编语言

为了克服机器语言的缺点，人们采用了有助于记忆的符号（称为指令助记符）与符号地址来代替机器指令中的操作码和操作数。指令助记符是一些有意义的英文单词的缩写和符号，如用 ADD（Addition）表示加法，用 SUB（Subtract）表示减法，用 MOV（Move）表示数据的传送等等。而操作数可以直接用十进制数书写，地址码可以用寄存器名、存储单元的符号地址等表示。这种表示计算机指令的语言称为汇编语言。

例如上述计算 1+2 的汇编语言程序如下：

```
MOV AL,1      ；将 1 存入寄存器 AL 中
ADD AL,2      ；将 2 与寄存器 AL 中的值相加，结果放在寄存器 AL 中
HLT           ；停机
```

由此可见，汇编语言克服了机器语言难读难改的缺点，同时保持了占存储空间小、执行速度快的优点，因此许多系统软件的核心部分仍采用汇编语言编制。但是，汇编语言仍是一种面向机器的语言，每条汇编命令都一一对应于机器指令，而不同的计算机的指令长度、寻址方式、寄存器数目等都不一样，这使得汇编语言通用性差，可读性也差。

3. 高级语言

所谓高级语言就是更接近自然语言、更接近数学语言的程序设计语言。它是面向应用的

计算机语言，与具体的机器无关，其优点是符合人类叙述问题的习惯，而且简单易学。高级语言与计算机的硬件结构及指令系统无关，它有更强的表达能力，可以方便地表示数据的运算和程序的控制结构，能更好地描述各种算法，而且容易学习和掌握。但用高级语言编译生成的程序代码一般比用汇编程序语言设计的程序代码要长，执行的速度也慢。

高级语言并不是特指的某一种具体的语言，而是包括很多编程语言，如目前流行的 Java，C，C++，C#，PASCAL，PYTHON，LISP，PROLOG，FoxPro 等，这些语言的语法、命令格式都不相同。

例如上述计算 1+2 的 BASIC 语言程序如下：

```
A=1+2              ；将 1 加 2 的结果存入变量 A 中
PRINT A            ；输出 A 的值
END                ；程序结束
```

这个程序和我们平时的数学思维是相似的，非常直观易懂且容易记忆。

1.1.2　程序设计方法

1. 程序设计过程

计算机程序设计的过程包括问题定义、算法设计、程序设计以及调试运行。整个开发过程都要编制相应的文档，以便管理。

（1）问题定义。在计算机能够理解一些抽象的名词并做出一些智能的反应之前，必须要对交给计算机的任务做出定义，并最终翻译成计算机能识别的语言。问题定义的方法很多（对此在软件工程的需求分析中会有更多解释，包括描述方法和工具），但一般包括三个部分：输入、输出和处理。

（2）算法设计。问题定义确定了未来程序的输入、输出、处理，但并没有具体说明处理的步骤，而算法则是对解决问题步骤的描述。

（3）程序设计。问题定义和算法设计已经为程序设计规划好了蓝本，下一步就是用真正的计算机语言表达了。不同的语言写出的程序有时会有较大的差别。

（4）调试运行。程序编写可以在计算机上进行，也可以在纸张上进行，但最终要让计算机来运行则必须输入到计算机中，并经过调试，以便找出错误，然后才能正确地运行。

（5）文档。对于微小的程序来说，有没有文档显得并不怎么重要，但对于一个需要有多人合作，并且开发、维护较长时间的软件来说，文档就是至关重要的。文档记录程序设计的算法、实现以及修改的过程，保证程序的可读性和可维护性。程序中的注释就是一种很好的文档。

2. 结构化程序设计方法

在早期由于计算机存储器容量非常小，人们设计程序时首先考虑的问题是如何减少存储器开销，硬件的限制不容许人们考虑如何组织数据与逻辑，为此程序员使用各种技巧和手段编写高效的程序。其中显著的特点是程序中大量使用 GOTO 语句，使得程序结构混乱、可读性差、可维护性差、通用性差。但是，随着大容量存储器的出现及计算机技术的广泛应用，程序编写越来越困难，程序的大小以算术级数递增，而程序的逻辑控制难度则以几何级数递增，人们不得不考虑程序设计的方法。

结构化程序设计是进行以模块功能和处理过程设计为主的详细设计的基本原则，其概念最早由荷兰科学家 E.W.Dijkstra 提出，它的主要观点是采用自顶向下、逐步求精的程序设计方法；使用三种基本控制结构构造程序，任何程序都可由顺序、选择、重复三种基本控制结构构造。

3. 面向对象程序设计

虽然结构化程序设计方法具有很多的优点，但它仍是一种面向过程的程序设计方法，它把数据和处理数据的过程分离为相互独立的实体。当数据结构改变时，所有相关的处理过程都要进行相应的修改，每一种相对于老问题的新方法都要带来额外的开销，程序的可重用性差。

同时由于图形用户界面的应用，程序运行由顺序运行演变为事件驱动，使得软件使用起来越来越方便，但开发起来却越来越困难，对这种软件的功能很难用过程来描述和实现，使用面向过程的方法来开发和维护都将非常困难。

由于上述缺陷已不能满足现代化软件开发的要求，一种全新的软件开发技术应运而生，这就是面向对象程序设计（Object Oriented Programming，OOP）。面向对象程序设计方法于20 世纪 60 年代后期首次提出，80 年代开始走向实用。

面向对象程序设计是一种计算机编程架构。OOP 的一条基本原则是计算机程序由单个能够起到子程序作用的单元或对象组合而成。OOP 达到了软件工程的三个主要目标：重用性、灵活性和扩展性。OOP=对象+类+继承+多态+消息，其中核心概念是类和对象。面向对象程序设计方法是尽可能模拟人类的思维方式，使得软件的开发方法与过程尽可能接近人类认识世界、解决现实问题的方法和过程，也即使得描述问题的问题空间与问题的解决方案空间在结构上尽可能一致，把客观世界中的实体抽象为问题域中的对象。面向对象程序设计以对象为核心，该方法认为程序由一系列对象组成。

1.1.3　程序设计语言翻译系统

计算机硬件只能识别并执行机器指令，即只能直接执行相应机器语言格式的代码程序，而不能直接执行高级语言或汇编语言编写的程序。为了让计算机能够理解高级语言或汇编语言编写的程序，必须要为它配备一个"翻译"，这就是所谓的程序设计语言翻译程序。

程序设计语言翻译程序是一类系统软件，通常所说的翻译程序是指这样一个程序，它能够把某一种语言程序（称为源语言程序）转换成另一种语言程序（称为目标语言程序），而后者与前者在逻辑上是等价的。不同的程序设计语言需要有不同的程序语言翻译系统，同一种程序设计语言在不同类型的计算机上也需要配置不同的程序设计语言翻译系统。

程序设计语言翻译系统可以分成 3 种：汇编语言翻译系统、高级语言翻译系统和高级语言解释系统。这些翻译系统之间的不同之处主要体现在它们生成计算机可以执行的机器语言的过程中。

1. 汇编语言翻译系统

汇编语言翻译系统（汇编程序）的主要功能是将汇编语言书写的源程序，翻译成用二进制代码 0 或 1 表示的等价的机器语言，形成计算机可以执行的机器指令代码，如图 1-1 所示。

图 1-1　汇编程序功能示意图

2. 高级程序设计语言翻译系统

高级程序设计语言翻译系统是指将用高级语言编写的源程序翻译成等价的汇编语言程序或机器语言程序的处理系统，也称为编译程序。

由此可见，在计算机上用编译方式执行高级语言编写的程序，一般需要两个阶段：第一阶段称为编译阶段，其任务是由编译程序将源程序翻译为目标程序，如果目标程序不是机器语言程序，则尚需汇编程序再行汇编为机器代码程序；第二阶段为运行阶段，其任务是在目标计算机上执行编译阶段所得到的目标程序。编译程序和运行系统合称为编译系统。图 1-2 显示了按编译方式执行一个高级语言的主要步骤。

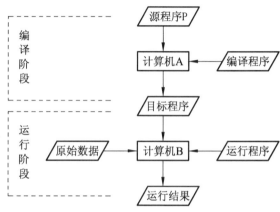

图 1-2　计算机执行高级语言程序的步骤

3. 高级程序设计语言解释系统

高级程序设计语言解释系统是按源程序中的语句的动态顺序逐条翻译并立即执行相应功能的处理系统。它将源语言(如 BASIC)书写的源程序作为输入，解释一句后就提交计算机执行一句，并不形成目标程序。就像外语翻译中的"口译"一样，说一句译一句，不产生全文的翻译文本。这种工作方式非常适合于人通过终端设备与计算机会话，如在终端上打一条命令或语句，解释程序就立即将此语句解释成一条或几条指令并提交硬件立即执行且将执行结果反映到终端，从终端把命令打入后，就能立即得到计算结果。

对源程序边解释翻译成机器代码边执行的高级语言程序，由于它的方便性和交互性较好，早期一些高级语言采用这种方式，如 BASIC。但它的弱点是运行效率低，程序的运行依赖于开发环境，不能直接在操作系统下运行。

1.2　算法及其描述

1.2.1　算法的概念

1. 什么是算法

计算机解题一般可分解成若干操作步骤，通常把完成某一任务的操作步骤称为求解该问题的算法。程序就是用计算机语言描述的算法。

算法是指完成一个任务所需要的具体步骤和方法。也就是说给定初始状态或输入数据，能够得出所要求或期望的终止状态或输出数据。

既然算法是解决给定问答的方法，算法所处理的对象就是该问题所涉及的数据。程序的目的就是加工数据，而如何加工数据就是算法的目的。

例如给定两个正整数 m 和 n，求它们的最大公约数。在学数学的时候，我们都知道这个问题就是求能同时整除 m 和 n 的最大正整数。但是要在计算机中实现的话，仅有数学的思维是不行的，计算机中实现的步骤如下：

（1）以 n 除 m 并令所得余数为 r，r 必小于 n；

（2）若 $r=0$ 算法结束，输出结果 n。否则继续步骤（3）；

（3）将 m 置换为 n，n 置换为 r，并返回步骤（1）继续进行。

2．算法的性质

著名计算机科学家 Donald Knuth 在他的著作《The Art of Computer Programming》中曾把算法的性质归纳为以下 5 点：

（1）输入：一个算法必须有零个或以上输入量。

（2）输出：一个算法应有一个或以上输出量，输出量是算法计算的结果。

（3）明确性：算法的描述必须无歧义，以保证算法的实际执行结果精确地符合要求或期望，通常要求实际运行结果是确定的。

（4）有限性：依据图灵的定义，一个算法是能够被任何图灵完备系统模拟的一串运算，而图灵机只有有限个状态、有限个输入符号和有限个转移函数（指令）。而一些定义更规定算法必须在有限个步骤内完成任务。

（5）有效性：又称可行性。能够实现，算法中描述的操作都可以通过已经实现的基本运算执行有限次来实现。

1.2.2　算法的描述

算法是对解题过程的精确描述。定义解决问题的算法对程序员来说通常是最具挑战性的任务。它既是一种技能又是一门艺术，要求程序员懂得程序设计概念并具有创造性。对算法的描述是建立在语言基础之上的。在将算法转化为高级语言源程序之前，通常先采用文字或图形工具来描述算法。文字工具如自然语言、伪代码等，图形工具如流程图、N-S 流程图等。

1．自然语言

自然语言即人们日常生活中所用的语言，如汉语、英语等。使用自然语言不用专门训练，所描述的算法也通俗易懂。然而其缺点也是明显的：首先是由于自然语言的歧义性容易导致算法执行的不确定性；其次是由于自然语言表示的串行性，因此当一个算法中循环和分支较多时，就很难清晰地表示出来；此外，自然语言表示的算法不便转换成用计算机程序设计语言表示的程序。

2．流程图

流程图是采用一些框图符号来描述算法的逻辑结构，每个框图符号表示不同性质的操作。流程图可以很方便地表示任何程序的逻辑结构。另外，用流程图表示的算法不依赖于任何具体的计算机和程序设计语言，从而有利于不同环境的程序设计。早在 20 世纪 60 年代，美国国家标准协会（American National Standards Institute，ANSI）就颁布了流程图的标准，这些标准规定了用来表示程序中各种操作的流程图符号，例如用矩形表示处理，用菱形表示判断，用平行四边形表示输入/输出，用带箭头的折线表示流程，等等。如表 1-1 所示流程图符号及意义。

表 1-1　流程图常用符号

流程图符号	名　称	说　明
⬭	起止框	表示算法的开始和结束
▭	处理框	表示完成某种操作，如初始化或运算赋值等
◇	判断框	表示根据一个条件成立与否，决定执行两种不同操作的其中一个
▱	输入输出框	表示数据的输入输出操作
↓→	流程线	用箭头表示程序执行的流向
○	连接点	用于流程分支的连接

3. N-S 流程图

N-S 流程图又称为结构化流程图，于 1973 年由美国学者 I.Nassi 和 B.Shnei-derman 提出。与传统流程图不同的是，N-S 流程图不用带箭头的流程线来表示程序流程的方向，而采用一系列矩形框来表示各种操作，全部算法写在一个大的矩形框内，在大框内还可以包含其他从属于它的小框，这些框一个接一个从上向下排列，程序流程的方向总是从上向下。N-S 结构化流程图比较适合于表达三种基本结构（顺序、选择、循环），适于结构化程序设计，因此很受程序员欢迎。

N-S 流程图用以下不同的流程图符号表示不同的结构：

（1）顺序结构。顺序结构用图 1-3 形式表示。A 和 B 两个框组成一个顺序结构。

（2）选择结构。选择结构用图 1-4 表示，它与图 1-3 相应。当 P 条件成立时执行 A 操作，P 不成立则执行 B 操作。注意：图 1-4 是一个整体，代表一个基本结构。

图 1-3　顺序结构

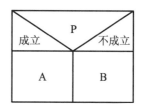

图 1-4　选择结构

（3）循环结构。"当"型循环结构用图 1-5 形式表示。图 1-5 表示当 P1 条件成立时反复执行 A 操作，直到 P1 条件不成立为止。"直到"型循环结构用图 1-6 形式表示。

在初学时，为清楚起见，可如图 1-5 和图 1-6 那样，写明"当 P1"或"直到 P2"，待熟练之后，可以不写"当"和"直到"字样，只写"P1"和"P2"。从图的形状即可知道是"当"型或"直到"型。

图 1-5 　"当"型循环结构

图 1-6 　"直到"型循环结构

用以上 3 种 N-S 流程图中的基本框可以组成复杂的 N-S 流程图，以表示算法。

应当说明，在图中的 A 框或 B 框，可以是一个简单的操作（如读入数据或打印输出等），也可以是 3 个基本结构之一。

例如，图 1-7 所表示的顺序结构，其中的 A 框可以又是一个选择结构，B 框可以又是一个循环结构。如图 1-8 所示那样，由 A 和 B 这两个基本结构组成一个顺序结构。

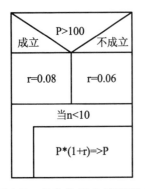

图 1-7 　复杂的 N-S 流程图 1

图 1-8 　复杂的 N-S 流程图 2

4. 伪代码

伪代码是指不能够直接编译运行的程序代码，它是用介于自然语言和计算机语言之间的文字和符号来描述算法和进行语法结构讲解的一个工具。表面上它很像高级语言的代码，但又不像高级语言那样要接受严格的语法检查。它比真正的程序代码更简明，更贴近自然语言。它不用图形符号，因此书写方便，格式紧凑，易于理解，便于向计算机程序设计语言算法程序过渡。用伪代码书写算法时，既可以采用英文字母或单词，也可以采用汉字，以便于书写和阅读。它没有固定的、严格的语法规则，只要把意思表达清楚即可。用伪代码描述算法时，自上而下地写。每一行（或每几行）表示一个基本操作。用伪代码书写的算法格式紧凑，易于理解，便于转化为计算机语言算法（即程序）。在书写时，伪代码采用缩进格式来表示三种基本结构。一个模块的开始语句和结束语句都靠着左边界书写，模块内的语句向内部缩进一段距离，选择结构和循环结构内的语句再向内缩进一段距离。这样的话，算法书写格式一致，富有层次，清晰易读，能直观地区别出控制结构的开始和结束。

5. 程序设计语言

对一些简单的问题，可以直接使用某种程序设计语言来描述算法。

6. 算法设计举例

【例 1–1】若给定两个正整数 m 和 n，试写出求它们的最大公约数（即能同时整除 m 和 n 的最大正整数）的算法。

解：在公元前 300 年左右，欧几里得在其著作《几何原本》（Elements）中阐述了求解两个数最大公约数的过程。

（1）该算法用自然语言描述如下：

第 1 步：读入两个正整数 m 和 n，大的数存入 m，小的数存入 n；

第 2 步：求 m 除以 n 的余数 r；

第 3 步：用 n 的值取代 m，r 的值取代 n；

第 4 步：判别 r 的值是否为零，如果 $r = 0$，则算法结束，输出 m 的值，即为最大公因子；否则返回第 2 步。

（2）流程图如图 1-9 所示。

（3）N-S 流程图如图 1-10 所示。

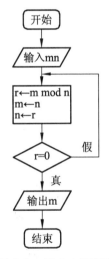

图 1-9　例 1-1 流程图

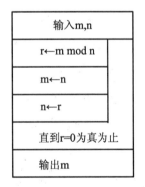

图 1-10　例 1-1 N-S 流程图

（4）伪代码描述表示如下：

```
INPUT m,n
DO
    r=m MOD n
    m=n
    n=r
LOOP UNTIL r=0
PRINT m
END
```

（5）C 语言描述如下：

C 源程序（文件名：li1_1.c）：

li1_1.c

```c
#include <stdio.h>
int main()
{
    int m,n,r;
    printf("请输入 m,n:");
    scanf("%d%d",&m,&n);
    do
    {
        r = m%n;
        m = n;
        n = r;
    }while (r);
    printf("最大公约数：%d\n",m);
    return 0;
}
```

【例 1-2】求 1+ 2+ 3+ … + 100 之和。分别用传统流程图、N-S 流程图及自然语言描述其算法，并将该算法转化为 BASIC 语言源程序。设变量 x 表示被加数，y 表示加数。

解：（1）该算法用自然语言描述如下：

步骤 1：将 1 赋值给 x；

步骤 2：将 2 赋值给 y；

步骤 3：将 x 与 y 相加，结果存放在 x 中；

步骤 4：将 y 加 1 结果存放在 y 中；

步骤 5：若 y 小于或等于 100 转到步骤 3 继续执行，否则算法结束，结果为 x。

（2）流程图如图 1-11 所示。

（3）N-S 流程图如图 1-12 所示。

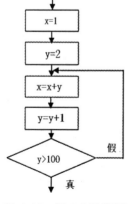

图 1-11　例 1-2 流程图

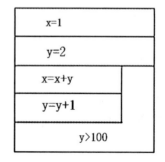

图 1-12　例 1-2 N-S 流程图

（4）伪代码描述表示如下：

```
x = 1
y = 2
WHILE y< = 100
x = x+y
y = y+1
WEND
print "x = ";  x
END
```

（5）C 语言描述如下：

C 源程序（文件名：li1_2.c）：

li1_2.c

```c
#include <stdio.h>
int main()
{
    int x,y;
    x=1;
    y=2;
    do
    {
        x = x+y;
        y=y+1;
    }while(y<=100);
    printf("1+2+3+…+100=%d\n",x);
}
```

【例 1-3】描述商家给客户打折问题，规定一种商品一次消费金额超过 200 元的客户可以获得折扣（10%）。

解：（1）该算法用自然语言描述如下：

步骤 1：输入 price，qyt；

步骤 2：price 和 qyt 相乘赋给 sum；

步骤 3：判断 sum 是否大于 200，如果大于转到步骤 4，否则转到步骤 5；

步骤 4：sum 乘以 0.1 赋值给 discount，sum 减去 discount 赋给 rsum 结束；

步骤 5：sum 赋给 rum 结束。

（2）流程图如图 1-13 所示。

（3）N-S 流程图如图 1-14 所示。

（4）伪代码描述表示如下：

```
sum = qyt * price
if （sum > 200）
    discount = sum * 0.1
    rsum = sum - discount
```

else

  rsum = sum

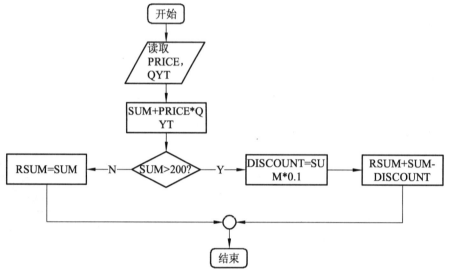

图 1-13　例 1-3 传统流程图

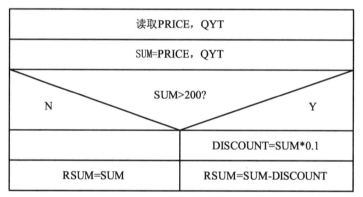

图 1-14　例 1-3 N-S 流程图

（5）C 语言描述如下：

C 源程序（文件名：li1_3.c）：

```
#include <stdio.h>

int main()
{
    int price,qyt,sum,discount,rsum;
    printf("请输入 price,qyt:");
    scanf("%d%d",&price, &qyt);
    sum = price *qyt;
    if (sum > 200)
    {
```

li1_3.c

```
        discount = sum * 0.1;
        rsum = sum - discount;
    }
    else
    {
        rsum = sum;
    }
    printf("sum=%d,rsum=%d\n",sum,rsum);
}
```

1.3　C 语言的发展及特点

1.3.1　C 语言的发展

　　C 语言最早的原型是 ALGOL 60。

　　1963 年，剑桥大学将其发展成为 CPL(Combined Programing Language)。

　　1967 年，剑桥大学的 Matin Richards 对 CPL 语言进行了简化，产生了 BCPL（Basic Combined Programming Language）语言。

　　20 世纪 60 年代，美国 AT&T 公司贝尔实验室（AT&T Bell Laboratory）的研究员 Ken Thompson 闲来无事，手痒难耐，想玩一个他自己编的、模拟在太阳系航行的电子游戏——Space Travel。他背着老板，找到了一台空闲的机器——PDP-7。但这台机器没有操作系统，而游戏必须使用操作系统的一些功能，于是他着手为 PDP-7 开发操作系统。后来，这个操作系统被命名为——UNIX。

　　1970 年，美国贝尔实验室的 Ken Thompson，以 BCPL 语言为基础，设计出很简单且很接近硬件的 B 语言（取 BCPL 的首字母），并且他用 B 语言写了第一个 UNIX 操作系统。

　　1971 年，同样酷爱 Space Travel 的 Dennis M.Ritchie 为了能早点儿玩上游戏，加入了 Thompson 的开发项目，合作开发 UNIX。他的主要工作是改造 B 语言，使其更成熟。

　　1972 年,美国贝尔实验室的 D.M.Ritchie 在 B 语言的基础上最终设计出了一种新的语言，他取了 BCPL 的第二个字母作为这种语言的名字，这就是 C 语言。

　　1973 年初，C 语言的主体完成。Thompson 和 Ritchie 迫不及待地开始用它完全重写了 UNIX。此时，编程的乐趣使他们已经完全忘记了那个 "Space Travel"，一门心思地投入到了 UNIX 和 C 语言的开发中。随着 UNIX 的发展，C 语言自身也在不断地完善。直到今天，各种版本的 UNIX 内核和周边工具仍然使用 C 语言作为最主要的开发语言，其中还有不少继承 Thompson 和 Ritchie 之手的代码。

　　在开发中，他们还考虑把 UNIX 移植到其他类型的计算机上使用。C 语言强大的移植性（Portability）在此显现。机器语言和汇编语言都不具有移植性，为 x86 开发的程序，不可能在 Alpha，SPARC 和 ARM 等机器上运行。而 C 语言程序则可以在任意机器上运行，只要那种计算机上有 C 语言编译器和库。随后不久，UNIX 的内核(Kernel)和应用程序全部用 C 语言改写，从此，C语言成为 UNIX 环境下使用最广泛的主流编程语言。

1977 年，Dennis M.Ritchie 发表了不依赖于具体机器系统的 C 语言编译文本——《可移植的 C 语言编译程序》。

1978 年，Dennis Ritchie 和 Brian Kernighan 合作推出了《The C Programming Language》的第一版（按照惯例，经典著作一定有简称，该著作简称为 K&R），书末的参考指南（Reference Manual）一节给出了当时 C 语言的完整定义，成为那时 C 语言事实上的标准，人们称之为 K&R C。从这以后，C 语言被移植到了各种机型上并受到了广泛的支持，使 C 语言在当时的软件开发中几乎一统天下。

随着 C 语言在多个领域的推广、应用，一些新的特性不断被各种编译器实现并添加进来。于是，建立一个新的"无歧义、与具体平台无关的 C 语言定义"成为越来越重要的事情。1982年，很多有识之士和美国国家标准协会为了使这个语言健康地发展下去，决定成立 C 标准委员会，建立 C 语言的标准。委员会由硬件厂商、编译器及其他软件工具生产商、软件设计师、顾问、学术界人士、C 语言作者和应用程序员组成。

1983 年，ASC X3(ANSI 属下专门负责信息技术标准化的机构，现已改名为 INCITS)成立了一个专门的技术委员会 J11（J11 是委员会编号，全称是 X3J11），负责起草关于 C 语言的标准草案。

1989 年，ANSI 发布了第一个完整的 C 语言标准——ANSI X3.159—1989，简称"C89"，不过人们也习惯称其为"ANSIC"。C89 在 1990 年被国际标准组织 ISO（International Organization for Standardization）一字不改地采纳，所以也有"C90"的说法。1999 年，在做了一些必要的修正和完善后，ISO 发布了 C 语言标准，命名为 ISO/IEC 9899：1999，简称"C99"。

随后，《The C Programming Language》第二版开始出版发行，书中内容根据 ANSI C（C89）进行了更新。1990 年，在 ISO/IECJTC1/SC22/WG14(ISO/IEC 联合技术第 I 委员会第 22 分委员会第 14 工作组)的努力下，ISO 批准 ANSI C 成为国际标准。于是 ISO C（又称为 C90）诞生了。除了标准文档在印刷编排上的某些细节不同外，ISO C（C90）和 ANSI C（C89）在技术上完全一样。

之后，ISO 在 1994、1996 年分别出版了 C90 的技术勘误文档，更正了一些印刷错误，并在 1995 年通过了一份 C90 的技术补充，对 C90 进行了微小的扩充，经过扩充后的 ISO C 被称为 C95。

1999 年，ANSI 和 ISO 又通过了最新版本的 C 语言标准和技术勘误文档，该标准被称为 C99。这基本上是目前关于 C 语言的最新、最权威的定义了。

现在，各种 C 编译器都提供了 C89（C90）的完整支持，对 C99 还只提供了部分支持，还有一部分提供了对某些 K&R C 风格的支持。

2011 年 12 月 8 日，ISO 正式发布了 C 语言的新标准 C11，之前被称为 C1X，官方名称为 ISO/IEC 9899:2011。

2018 年 6 月，ISO 发布了 ISO/IEC 9899:2018 标准，这个标准被称为 C18，是目前最新的 C 语言编程标准，该标准主要是对 C11 进行了补充和修正，并没有引入新的语言特性。

1.3.2　C 语言的特点

C 语言具有以下优点：

（1）简洁紧凑、灵活方便。

C 语言一共只有 32 个关键字、9 种控制语句，程序书写形式自由，区分大小写。把高级语言的基本结构和语句与低级语言的实用性结合起来。C 语言可以像汇编语言一样对位、字节和地址进行操作，而这三者是计算机最基本的工作单元。

（2）运算符丰富。

C 语言的运算符包含的范围很广泛，共有 34 种运算符。C 语言把括号、赋值、强制类型转换等都作为运算符处理。从而使 C 语言的运算类型极其丰富，表达式类型多样化。灵活使用各种运算符可以实现在其他高级语言中难以实现的运算。

（3）数据类型丰富。

C 语言有整型、实型、字符型、数组类型、指针类型、结构体类型、共用体类型等数据类型，能用来实现各种复杂的数据结构的运算，并引入了指针概念，使程序效率更高。

（4）表达方式灵活实用。

C 语言提供多种运算符和表达式值的方法，对问题的表达可通过多种途径获得，其程序设计更主动、灵活。它语法限制不太严格，程序设计自由度大，如对整型量与字符型数据及逻辑型数据可以通用等。

（5）允许直接访问物理地址，对硬件进行操作。

C 语言允许直接访问物理地址，可以直接对硬件进行操作，因此它既具有高级语言的功能，又具有低级语言的许多功能，能够像汇编语言一样对位（bit）、字节和地址进行操作，而这三者是计算机最基本的工作单元，可用来写系统软件。

（6）生成目标代码质量高，程序执行效率高。

C 语言描述问题比汇编语言迅速，工作量小、可读性好，易于调试、修改和移植，而代码质量与汇编语言相当。C 语言一般只比汇编程序生成的目标代码效率低 10% ~ 20%。

（7）可移植性好。

C 语言在不同机器上的 C 编译程序，86% 的代码是公共的，所以 C 语言的编译程序便于移植。在一个环境上用 C 语言编写的程序，不改动或稍加改动，就可移植到另一个完全不同的环境中运行。

（8）表达力强。

C 语言有丰富的数据结构和运算符。包含了各种数据结构，如整型、数组类型、指针类型和联合类型等，可用来实现各种数据结构的运算。C 语言的运算符有 34 种，范围很宽，灵活使用各种运算符可以实现难度极大的运算。

C 语言能直接访问硬件的物理地址，能进行位（bit）操作。兼有高级语言和低级语言的许多优点。它既可用来编写系统软件，又可用来开发应用软件，已成为一种通用程序设计语言。另外 C 语言具有强大的图形功能，支持多种显示器和驱动器，且计算功能、逻辑判断功能强大。

C 语言也存在一些缺点：

（1）C 语言在数据的封装性上不好，这一点使得 C 在数据的安全性上有很大缺陷，这也是 C 和 C++ 的一大区别。

（2）C 语言的语法限制不太严格，对变量的类型约束不严格，影响程序的安全性，对数组下标越界不作检查等。

（3）从应用的角度，C 语言比其他高级语言较难掌握。也就是说，要求用 C 语言的人对程序设计更熟练一些。

1.3.3　C 语言的应用领域

（1）应用软件。Linux 操作系统中的应用软件都是使用 C 语言编写的，因此这样的应用软件安全性非常高。

（2）对性能要求严格的领域。一般对性能有严格要求的地方都是用 C 语言编写的，比如网络程序的底层和网络服务器端底层、地图查询等。

（3）系统软件和图形处理。C 语言具有很强的绘图能力和可移植性，并且具备很强的数据处理能力，可以用来编写系统软件、制作动画、绘制二维图形和三维图形等。

（4）数字计算。相对于其他编程语言，C 语言是数字计算能力超强的高级语言。

（5）嵌入式设备开发。手机、PAD 等时尚消费类电子产品相信大家都不陌生，其内部的应用软件、游戏等很多都是采用 C 语言进行嵌入式开发的。

（6）游戏软件开发。游戏大家更不陌生，很多人就是由玩游戏而熟悉了计算机。利用 C 语言可以开发很多游戏，比如推箱子、贪吃蛇等。

1.4　简单 C 语言程序

1.4.1　C 语言实例

为了说明 C 语言源程序结构的特点，先看以下几个程序。这几个程序由简到难，表现了 C 语言源程序在组成结构上的特点。虽然有关内容还未介绍，但可从这些例子中了解到组成一个 C 源程序的基本部分和书写格式。

【例 1-4】 在屏幕上输出 Hello，World!
C 源程序：（文件名：li1_4.c）

```
#include<stdio.h>              /*文件包含*/
Void main()                    /*主函数 */
{                              /*函数体开始*/
    printf("Hello，World! \n");  /*输出语句*/
}                              /*函数体结束*/
```

li1_4.c

说明： main 是主函数名，每个 C 程序必须有一个主函数 main；void 是函数类型，表示空类型，说明主函数 main 没有返回值。{ }是函数开始和结束的标志，不可省。每个 C 语句以分号结束。C 语言提供了很多标准库函数供用户使用，使用时应在程序开头一行写：#include <stdio.h>。

【例 1-5】 输入一个 x，求出 sin(x) 并在屏幕上显示。
C 源程序：（文件名：li1_5.c）

li1_5.c

```
#include<math.h>                    /* include 称为文件包含命令*/
#include<stdio.h>                   /*扩展名为.h 的文件称为头文件 */
Void main()                        /* 主函数*/
{
    double x,s;                    /*定义两个实数变量,以被后面程序使用*/
    printf("input number:\n");     /*显示提示信息 */
    scanf("%lf",&x);               /*从键盘获得一个实数 x */
    s=sin(x);                      /*求 x 的正弦,并把它赋给变量 s*/
    printf("sine of %lf is %lf\n",x,s);   /*显示程序运算结果*/
}
```

说明:

程序的功能是从键盘输入一个数 x,求 x 的正弦值,然后输出结果。在 main()之前的两行称为预处理命令(详见后面)。预处理命令还有其他几种,这里的 include 称为文件包含命令,其意义是把尖括号<>或引号""内指定的文件包含到本程序来,成为本程序的一部分。被包含的文件通常是由系统提供的,其扩展名为.h。因此也称为头文件或首部文件。C 语言的头文件中包括了各个标准库函数的函数原型。因此,凡是在程序中调用一个库函数时,都必须包含该函数原型所在的头文件。在本例中,使用了三个库函数:输入函数 scanf,正弦函数 sin,输出函数 printf。sin 函数是数学函数,其头文件为 math.h 文件,因此在程序的主函数前用 include 命令包含了 math.h。scanf 和 printf 是标准输入输出函数,其头文件为 stdio.h,在主函数前也用 include 命令包含了 stdio.h 文件。

需要说明的是,C 语言规定对 scanf 和 printf 这两个函数可以省去对其头文件的包含命令。所以在本例中也可以删去第二行的包含命令#include<stdio.h>。

同样,在例 1-4 中使用了 printf 函数,也省略了包含命令。

在例题中的主函数体中又分为两部分,一部分为说明部分,另一部分为执行部分。说明是指变量的类型说明。例题 1-4 中未使用任何变量,因此无说明部分。

C 语言规定,源程序中所有用到的变量都必须先说明、后使用,否则将会出错。这一点是编译型高级程序设计语言的一个特点,与解释型的 BASIC 语言是不同的。说明部分是 C源程序结构中很重要的组成部分。本例中使用了两个变量 x 和 s,用来表示输入的自变量和 sin 函数值。由于 sin 函数要求这两个量必须是双精度浮点型,故用类型说明符 double 来说明这两个变量。说明部分后的 4 行为执行部分或称为执行语句部分,用以完成程序的功能。执行部分的第 1 行是输出语句,调用 printf 函数在显示器上输出提示字符串,请操作人员输入自变量 x 的值。第 2 行为输入语句,调用 scanf 函数,接受键盘上输入的数并存入变量 x 中。第 3 行是调用 sin 函数并把函数值送到变量 s 中。第 4 行是用 printf 函数输出变量 s 的值,即 x 的正弦值。程序结束。

运行本程序时,首先在显示器屏幕上给出提示串 input number,这是由执行部分的第一行完成的。用户在提示下从键盘上键入某一数,如 5,按下回车键,接着在屏幕上给出计算结果。

【例 1-6】求 3 个数中较大者。

C 源程序:(文件名:li1_6.c):

```
#include <stdio.h>
```

li1_6.c

```
void main( )                      /* 主函数*/
{
    int max(int x,int y);          /* 对被调用函数 max 的声明 */
    int a, b, c;                   /*定义变量 a、b、c */
    scanf("%d,%d",&a,&b );         /*输入变量 a 和 b 的值*/
    c=max(a,b );                   /*调用 max 函数,将得到的值赋给 c */
    printf("max=%d\\n",c );        /*输出 c 的值*/
}
int   max(int x, int y)            /*定义函数 max*/
{
    int z;                         /*定义变量 z*/
    if   (x>y)   z=x;              /*如果 x>y，将 x 赋值给 z*/
    else z=y;                      /*如果 x<y，将 y 赋值给 z */
    return (z);                    /*把 z 的值返回给函数 max*/
}
```

程序运行情况：

8,5　↙(输入 8 和 5 赋给 a 和 b)

max=8　(输出 c 的值)

说明： 本程序包括主函数 main 和被调用函数 max 两个函数。max 函数的作用是将 x 和 y 中较大者的值赋给变量 z。return 语句将 z 的值返回给主调函数 main。

1.4.2　C 程序构成简介

（1）C 程序是由函数构成的。这使得程序容易实现模块化。

（2）一个函数由两部分组成，即函数的首部和函数体。

函数的首部：【例 1-6】中的 max 函数首部为

　　int max(int x,int y)

函数体：花括号内的部分。若一个函数有多个花括号,则最外层的一对花括号为函数体的范围。函数体又包括两部分，即声明部分和执行部分。

如例 1-6 中的声明部分 int a,b,c; 可缺省。

执行部分：由若干个语句组成。可缺省。

例如：

```
    void dump ( )
    {
    }
```

这是一个空函数,什么也不做,但是合法的函数。

（3）C 程序总是从 main 函数开始执行的,与 main 函数的位置无关。

（4）C 程序书写格式自由,一行内可以写几个语句，一个语句可以分写在多行上，C 程序没有行号。

（5）每个语句和数据声明的最后必须有一个分号。

（6）C语言本身没有输入输出语句，输入和输出的操作是由库函数 scanf 和 printf 等函数来完成的。C 对输入输出实行"函数化"。

1.5　C 语言程序的执行

1.5.1　C 程序的运行步骤

按照 C 语言语法规则编写的 C 程序称为源程序。事实上，计算机只能识别和执行由 0 和 1 组成的二进制机器语言，而不能识别和执行高级语言。为了使计算机能够执行 C 源程序，设计好 C 源程序后，必须使用编译软件将源程序翻译成二进制的目标程序，然后将目标程序和系统的函数库以及其他目标程序链接起来，形成可执行的目标程序。所以在编好一个 C 源程序后，要经过以下几个步骤才能上机运行：输入编辑源程序→编译源程序→链接库函数→运行目标程序，具体过程如图 1-15 所示，其中实线表示操作流程，虚线表示文件的输入输出。

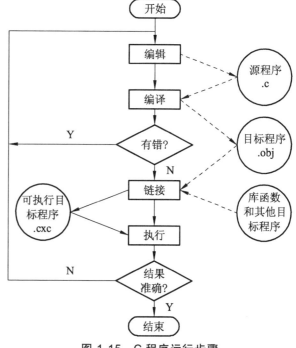

图 1-15　C 程序运行步骤

1. 编辑源程序

设计好的源程序要利用程序编辑器输入计算机，输入的程序一般以文本文件的形式存放在磁盘上，文件的扩展名为.c。所用的编辑器可以是任何一种文本编辑软件，比如像 Turbo C 和 VC++这样的专用编辑系统，或者是 Windows 系统提供的写字板或字处理软件等都可以用来编辑源程序。

2. 编译源程序

源程序是无法直接被计算机执行的，因为计算机只能执行二进制的机器指令，这就需要把源程序先翻译成机器指令，然后计算机才能执行翻译好的程序，这个过程是由 C 语言的编译系统完成的。源程序编译之后生成的机器指令程序叫目标程序，其扩展名为.obj。

3. 链接程序

在源程序中，输入输出等标准函数不是用户自己编写的，而是直接调用系统函数库中的库函数。因此，必须把目标程序与库函数进行链接，才能生成扩展名为.exe 的可执行文件。

4. 运行程序

执行.exe 文件，得到最终结果。

在编译、链接和运行程序的过程中，都有可能出现错误，此时可根据系统给出的错误提示对源程序进行修改，并重复以上环节，直到得出正确的结果为止。

1.5.2 C 程序的集成开发工具

程序的集成开发工具是一个经过整合的软件系统，它将编辑器、编译器、链接器和其他软件单元集合在一起，在这个工具里，程序员可以很方便地对程序进行编辑、编译、链接以及调试程序的运行过程，以便发现程序中的问题。

C 程序的集成开发工具很多，如 Turbo C、Microsoft C、Visual C++、Dev C++、Borland C++、C++ Builder、Gcc、CodeBlocks、Visual Studio、Clion、Visual Studio Code 等。这些集成开发工具各有特点，分别适用于 DOS 环境、Windows 环境和 Linux 环境，几种常用的 C 程序开发工具的基本特点和所适用的环境如表 1-2 所示。

表 1-2 C 程序的集成开发工具表

开发工具	运行环境	各工具的差异	基本特点
Turbo C	DOS	不能开发 C++语言程序	（1）符合标准 C；（2）各系统具有一些扩充内容；（3）能开发 C 语言程序（集程序编辑、编译、链接、测试、运行于一体）
Microsoft C	DOS		
Visual C++	Windows	能开发 C++语言程序（集程序编辑、编译、链接、测试、运行于一体）	
Dev C++	Windows		
Borland C++	DOS、Windows		
C++ Builder	Windows		
Gcc	Linux		
CodeBlocks	Windows、Linux		
Visual Studio	Windows、Linux		（1）具有强大的代码补全功能；（2）支持语法高亮
Clion	Windows、Linux		
Visual Studio Code	Windows、Linux		

从表 1-2 可以看出，有些集成开发工具不仅适合开发 C 语言程序，还适合开发 C++语言程序。这些既适合 C 语言又适合 C++语言的开发工具，一开始并不是为 C 语言而写的，而是为 C++语言设计的集成开发工具，但是因为 C++语言是建立在 C 语言基础之上的，C 语言的基本表达式、基本结构和基本语法等方面同样适合 C++语言，因此，这些集成开发工具也能开发 C 语言程序。

Dev C++是一个 Windows 下的 C 和 C++程序的集成开发环境。它使用 MingW32/GCC 编译器，遵循 C/C++标准。开发环境包括多页面窗口、工程编辑器以及调试器等，在工程编辑器中集成了编辑器、编译器、连接程序和执行程序，提供高亮度语法显示，以减少编辑错误，还有完善的调试功能，能够适合初学者与编程高手的不同需求，是学习 C 或 C++的首选开发工具。

VC++是 Mircorsoft 公司以 C++为基础开发的可视化集成开发工具。Microsoft Visual C++ 2010 版本，是微软公司于 1998 年 6 月 29 日发布的，是目前世界上最流行的 C++开发工具，同时也是 Microsoft Visual Studio(tm) 6.0 开发系统的成员之一。Visual C++ 2010 为不断增长的 C++开发产业带来了一系列提高生产力的新功能，这些新功能能够在不牺牲 Visual C++所特有的强大功能与性能的同时，提高程序的编写速度。另外，Visual C++ 2010 还将提供更好的对 Web 与企业开发的支持。Visual C++中加入的 IntelliSense(r)技术能够使开发人员编写代码的工作变得更快捷和更容易，新的“Edit 和 Continue”调试功能能够使开发人员做到以前完全不可能做到的事情，即不离开调试器就可以对代码进行编辑，从而大大缩短了程序的开发时间。

Turbo C2.0 不仅是一个快捷、高效的编译程序，同时还有一个易学、易用的集成开发环境。使用 Turbo C2.0 无须独立地编辑、编译和连接程序，就能建立并运行 C 语言程序。因为这些功能都组合在 Turbo 2.0 的集成开发环境内，并且可以通过一个简单的主屏幕使用这些功能。

1.6　小　　结

程序设计语言分为机器语言、汇编语言、高级语言三类。程序设计方法主要有结构化设计方法和面向对象设计方法两种，结构化程序设计方法的主要观点是采用自顶向下、逐步求精及模块化的程序设计方法；使用三种基本控制结构构造程序，任何程序都可由顺序、选择、循环三种基本控制结构构造。结构化程序设计主要强调的是程序的易读性。同时，养成良好的程序设计风格是初学者必须要认真关注的事。

C 语言是一种结构化程序设计语言，产生至今已逾 50 年，却仍然在编程软件排行榜稳居 1、2 名，尤其是近年来嵌入式软件的需求量呈爆发式增长，使得 C 语言的优势经久不衰。作为一个经典的程序设计语言，C 语言也不多地修订更新，其标准除了经典的 C89、C99，最新的是 2011 年的 C11 标准。

C 语言既具有高级语言的特点，又具有汇编语言的特点。C 语言提供了许多低级处理的功能，但仍然保持着良好的跨平台特性，以一个标准规格写出的 C 语言程序可在许多计算机平台上进行编译。

C 语言的运行必须通过主函数 main 实现，其运行步骤分为编辑、编译、链接、运行 4 步，其集成开发工具种类繁多。

1.7　习　　题

一、选择题

1. C 语言是一种（　　　）。

　　A. 机器语言　　　　　　B. 汇编语言　　　　　C. 高级语言　　　　　D. 低级语言

2. 下列各项中，不是 C 语言的特点是（　　　）。

　　A. 语言简洁、紧凑，使用方便　　　　　B. 数据类型丰富，可移植性好

　　C. 能实现汇编语言的大部分功能　　　　D. 有较强的网络操作功能

3. 下列叙述正确的是（　　　）。

　　A. C 语言源程序可以直接在 DOS 环境中运行

　　B. 编译 C 语言源程序得到的目标程序可以直接在 DOS 环境中运行

C. C 语言源程序经过编译、连接得到的可执行程序可以直接在 DOS 环境中运行

D. Turbo C 系统不提供编译和连接 C 程序的功能

4. 下列叙述错误的是（　　　）。

A. C 程序中的每条语句都用一个分号作为结束符

B. C 程序中的每条命令都用一个分号作为结束符

C. C 程序中的变量必须先定义，后使用

D. C 语言以小写字母作为基本书写形式，并且 C 语言要区分字母的大小写

5. 一个 C 程序的执行是从（　　　）。

A. 本程序的 main 函数开始，到 main 函数结束

B. 本程序文件的第一个函数开始，到本程序文件的最后一个函数结束

C. 本程序文件的第一个函数开始，到本程序 main 函数结束

D. 本程序的 main 函数开始，到本程序文件的最后一个函数结束

二、填空题

1. 汇编语言属于面向（　　　　　）的语言，高级语言属于（　　　　　）的语言。

2. 用高级语言编写的程序称为（　　　　）程序，它可以通过解释程序翻译一句执行一句的方式执行，也可以通过编译程序一次翻译产生（　　　　）程序，然后执行。

3. 各类计算机语言的发展历程大致为：先有（　　　　）语言，再有汇编语言，最后出现中级语言和（　　　　）语言。

三、简答题

1. 简述 C 语言的主要特点。

2. C 语言的主要应用领域是什么？

3. 写出一个 C 语言的构成。

第 2 章　C 语言的基础知识

　　数据是计算机程序处理的对象,计算机处理的数据又可以分为不同的类型,而数据类型决定了程序能够执行的基本运算。因此本章将针对 C 语言开发中必须掌握的数据类型、常量、运算符等基础知识进行讲解。

2.1　数据的机内表示

　　数据不等于数值和数字，它是一个广义的概念。数据是表示客观事物的、可被记录的、能够被识别的各种符号。因此，数据实际包含两种数据，即数值数据和非数值数据。

　　迄今为止，无论是数值数据还是非数值数据，在计算机内部都是以二进制的方式组织和存放的。任何数据交给计算机处理都必须使用二进制 0 和 1 表示，这一过程就是二进制编码。

2.1.1　数值数据的表示

1. 机器数

　　在计算机中，因为只有 0 和 1 两种形式，所以数的正、负号也必须以 0 和 1 表示。通常将二进制的首位（最左边的一位）作为符号位，符号位是 0 表示正数，符号位是 1 表示负数。像这种符号也数码化的二进制数称为"机器数"，原来带有"+""－"号的数称为"真值"。例如：

十进制	+67	－ 67
二进制（真值）	+1000011	－ 1000011
机器数（计算机内的数）	01000011	11000011

机器数在计算机内部也有 3 种不同的表示方法，即原码、反码和补码。

1）原码

用首位表示数的符号（正数用 0，负数用 1），其他位则为数的真值的绝对值，这样表示的数就是数的原码。

例：求+20 和 － 20 的原码。

解：$[+20]_原 = +0010100 = 00010100$（"＋"的符号位用 0 代替）

　　　$[-20]_原 = -0010100 = 10010100$（"－"的符号位用 1 代替）

0 的原码有两种，即$[+0]_原 = (00000000)_2$

　　　　　　　　　　　　$[-0]_原 = (10000000)_2$

　　原码比较简单，与真值转换起来很方便。但是，如果两个异号的数相加或两个同号的数相减就要做减法，这时就必须判断这两个数中哪一个绝对值大，用绝对值大的数减去绝对值小的数，运算结果的符号就是绝对值大的那个数的符号。这些操作比较麻烦，运算的逻辑电路实现起来也比较复杂。于是，为了将加法和减法运算统一成只做加法运算，就引进了反码和补码。

2）反码

反码使用得较少，它只是补码的一种过渡。正数的反码与其原码相同，负数的反码是这样求得的：符号位不变，其余各位按位取反（即 0 变为 1、1 变为 0）。例如：

$[+65]_原 = (01000001)_2$ $[+65]_反 = (01000001)_2$

$[-65]_原 = (11000001)_2$ $[-65]_反 = (10111110)_2$

容易验证：一个数反码的反码就是这个数本身。

3）补码

正数的补码与其原码相同，负数的补码是它的反码加 1，即求反加 1。例如：

$[+63]_原 = (00111111)_2$ $[+63]_反 = (00111111)_2$ $[+63]_补 = (00111111)_2$

$[-63]_原 = (10111111)_2$ $[-63]_反 = (11000000)_2$ $[-63]_补 = (11000001)_2$

同样容易验证：一个数补码的补码就是其原码。

引入了补码以后，两个数的加减法运算就可以统一用加法运算来实现。此时，两数的符号位也当成数值直接参加运算，并且有这样一个结论：两数和的补码等于两数补码的和。所以，在计算机系统中一般都采用补码来表示带符号的数。

例如：求$(32-10)_{10}$的值，事实上：

$(+32)_{10} = (+0100000)_2$ $(+32)_原 = (00100000)_2$ $(+32)_补 = (00100000)_2$

$(-10)_{10} = (-0001010)_2$ $(-10)_原 = (10001010)_2$ $(-10)_补 = (11110110)_2$

竖式相加：

```
      00100000    -----[32]补
+)    11110110    -----[-10]补
    1 00010110
```

由于只是一个字节，且一个字节只有 8 位，再进位则自然丢失。

$$(00010110)_2 = (+22)_{10} = (22)_补 = (22)_原$$

所以，$(32-10)_{10} = 22$。

再举一个例子，求$(34-68)_{10}$的值。事实上：

$(+34)_{10} = (+0100010)_2$ $(+34)_原 = (00100010)_2$ $(+34)_补 = (00100010)_2$

$(-68)_{10} = (-1000100)_2$ $(-68)_原 = (11000100)_2$ $(-68)_补 = (10111100)_2$

竖式相加：

```
      00100010    ---[34]补
+)    10111100    ---[-68]补
    11011110
```

运算结果也是一个补码，符号位是 1，此结果肯定是一个负数。按照补码的补码为原码法则，除符号位外，其余 7 位求反再加 1，就得到 10100010，这就是 -34 的原码，所以$(34-68)_{10} = -34$。

2. 数的定点和浮点表示

计算机处理的数有整数也有实数。实数有整数部分，也带有小数部分。机器数的小数点位置是隐含规定的，若约定小数点位置是固定的，则称为定点表示法；若约定小数点位置是可以变动的，则称为浮点表示法。

1）定点数

定点数是小数点位置固定的机器数。通常用一个存储单元的首位表示符号，小数点位置约定在符号位的后面或者约定在有效数位之后。当小数点位置约定在符号位之后时，此时的机器数只能表示小数，称为定点小数；当小数点位置约定在所有有效数位之后时，此时的机器数只能表示整数，称为定点整数。定点数的两种情况如图 2-1 所示。

图 2-1　定点数的两种情况

例如：字长为 16 位(2 个字节)，符号位占 1 位，数值部分占 15 位，小数点约定在尾部，于是机器数 0111 1111 1111 1111 表示二进制数+111 1111 1111 1111，也就是十进制数+32767，这就是定点整数。

如果小数点约定在符号位后面，那么机器数 1 000 0000 0000 0001 则表示二进制数 $-.000\ 0000\ 0000\ 0001$，也就是十进制数 -2^{-15}。

2）浮点数

浮点数是小数点位置不固定的机器数。从以上定点数的表示中可以看出，即便用多个字节来表示一个机器数，其范围大小也往往不能满足一些问题的需要，于是就增加了浮点运算的功能。

一个十进制数 M 可以规范化成 $M=10^e \cdot m$，例如 $123.456=0.123456 \times 10^3$，那么任意一个数 N 都可以规范化为：

$$N= b^e \cdot m$$

其中，b 为基数（权），e 为阶码，m 为尾数，这就是科学记数法。图 2-2 表示一个浮点数。

图 2-2　浮点数

在浮点数中，机器数可分为两部分：阶码部分和尾数部分。从尾数部分中隐含的小数点位置可知，尾数总是纯小数，它只是给出了有效数字，尾数部分的符号位确定了浮点数的正负。阶码给出的总是整数，它确定小数点移动的位数，其符号位为正则向右移动，为负则向左移动。阶码部分的数值部分越大，则整个浮点数所表示的值域肯定越大。

由于阶码的存在，同样多的字节所表示机器数的范围浮点数就比定点数大得多，另外，浮点数的运算比定点数复杂得多，实现浮点运算的逻辑电路也复杂一些。

2.1.2　西文字符的编码

前面所述是数值数据的编码，而计算机处理的另一大类数据是字符，各种字母和符号也必须用二进制数编码后才能交给计算机来处理。目前，国际上通用的西文字符编码是美国国家标准信息交换代码（American Standard Code for Information Interchange，ASCII）。ASCII 码有两个版本，即标准 ASCII 码和扩展的 ASCII 码。

标准 ASCII 码是 7 位码，即用 7 位二进制数来编码，用一个字节存储或表示，其最高位总是 0。7 位二进制数总共可编出 $2^7=128$ 个码，表示 128 个字符（见表 2-1）。前面 32 个码及最后 1 个码分别代表不可显示或打印的控制字符，它们为计算机系统专用。数字字符 0 ~ 9 的 ASCII 码是连续的，其 ASCII 码分别是 48 ~ 57；英文字母大写 A ~ Z 和小写 a ~ z 的 ASCII 码分别也是连续的，分别是 65 ~ 90 和 97 ~ 122。依据这个规律，当知道某个字母或数字字符的 ASCII 后，很容易推算出其他字母和数字字符的 ASCII 码。

表 2-1 ASCII 码对照表

ASCII 值	控制字符	ASCII 值	控制字符	ASCII 值	控制字符	ASCII 值	控制字符
0	NUL	32	(space)	64	@	96	`
1	SOH	33	!	65	A	97	a
2	STX	34	"	66	B	98	b
3	ETX	35	#	67	C	99	c
4	EOT	36	$	68	D	100	d
5	ENQ	37	%	69	E	101	e
6	ACK	38	&	70	F	102	f
7	BEL	39	'	71	G	103	g
8	BS	40	(	72	H	104	h
9	HT	41	)	73	I	105	i
10	LF	42	*	74	J	106	j
11	VT	43	+	75	K	107	k
12	FF	44	,	76	L	108	l
13	CR	45	-	77	M	109	m
14	SO	46	.	78	N	110	n
15	SI	47	/	79	O	111	o
16	DLE	48	0	80	P	112	p
17	DC1	49	1	81	Q	113	q
18	DC2	50	2	82	R	114	r
19	DC3	51	3	83	S	115	s
20	DC4	52	4	84	T	116	t
21	NAK	53	5	85	U	117	u
22	SYN	54	6	86	V	118	v
23	TB	55	7	87	W	119	w
24	CAN	56	8	88	X	120	x
25	EM	57	9	89	Y	121	y
26	SUB	58	:	90	Z	122	z
27	ESC	59	;	91	[	123	{
28	FS	60	<	92	\	124	|
29	GS	61	=	93	]	125	}
30	RS	62	>	94	^	126	~
31	US	63	?	95	_	127	DEL

扩展的 ASCI 码是 8 位码,即用 8 位二进制数来编码,用一个字节存储表示。8 位二进制数总共可编出 $2^8 = 256$ 个码,它的前 128 个码与标准的 ASCII 码相同,后 128 个码表示一些花纹图案符号。

对于西文字符还存在另外一种编码方案,这就是 EBCDIC 码(Extended Binary Coded Decimal Interchange Code),它主要用于 IBM 系列大型主机,而 ASCII 码普遍用于微型机和小型机。

2.2　C 语言的基本数据类型

2.2.1　引入数据类型的原因

不同类型的数据,在计算机中的存储方式和处理方式都不相同。由于计算机不能自动识别某个数据是属于哪种类型的,所以只好事先对在计算机中使用到的各种数据进行分类定义,这样不同类型的数据便属于不同的数据类型。在这种情况下,计算机在遇到一个数据时,根据它所属的数据类型就可以采取相应的处理方式而不会发生错误。这就是为什么要在计算机中引入数据类型的原因。

2.2.2　C 语言的数据类型

C 语言一个很重要的特点是数据类型十分丰富。因此,C 语言程序的数据处理能力很强。C 语言的数据类型可归纳如图 2-3 所示。

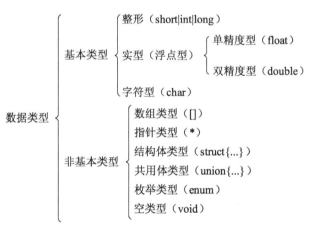

图 2-3　数据类型的分类

由图 2-3 可知,C 语言中的数据类型可以分为基本数据类型和非基本数据类型。非基本数据类型也是由基本数据类型构成的。本节我们重点介绍一下 3 个基本数据类型:整型、实型和字符型。

1. 整　型

整型数据就是没有小数部分的整数类型的数据。整型数据可分为基本型、短整型、长整型和无符号型 4 种。

（1）基本整型——类型说明符 int；

（2）短整型——类型说明符为 short int 或 short；

（3）长整型——类型说明符为 long int 或 long；

（4）无符号型——存储单元中全部二进位用来存放数据本身，没有符号位。无符号型可与上述 3 种类型匹配而构成：无符号基本整型（unsigned int 或 unsigned），无符号短整型（unsigned short）和无符号长整型（unsigned long）。VC++2010 编译环境下各种整型类型所占的内存字节数及其取值范围如表 2-2 所示。

表 2-2　VC++2010　编译环境下的整型数据类型

类型说明符	分配字节数	取值范围
[signed]short	2	$-32\,768 \sim 32767$（即 $-2^{15} \sim 2^{15}-1$）
[signed]int	4	$-2\,147\,483\,648 \sim 2\,147\,483\,647$（即 $-2^{31} \sim 2^{31}-1$）
[signed]long	4	$-2\,147\,483\,648 \sim 2\,147\,483\,647$（即 $-2^{31} \sim 2^{31}-1$）
unsigned short	2	$0 \sim 65\,535$（即 $2^{16}-1$）
unsigned [int]	4	$0 \sim 4\,294\,967\,295$（即 $2^{32}-1$）
unsigned long	4	$0 \sim 4\,294\,967\,295$（即 $2^{32}-1$）

从表 2-2 中可以看到，虽然各种无符号类型所占的内存字节数与相应的有符号类型相同，由于省去了符号位，不能表示负数，并且其最高位仍为数据位，所以取值范围不同。

需要说明的是，C 标准没有具体规定以上各种数据所占内存的字节数，C 标准上只要求各个类型的长度满足条件：long≥int≥short。同一种类型的数据在内存中占用的字节数跟以下因素有关：

（1）编译器。在 Turbo C 2.0 编译环境下，int 类型占 2 个字节；在 VC++2010 编译环境下，int 类型占 4 个字节。

（2）计算机字长（机器）。int 类型在 16 位计算机中占 2 个字节，而在 32 位计算机中占 4 个字节。

总体说来，以上各种整型数据类型实际占用的字节数与编译器的编译环境以及计算机字长有关，在不确定的时候，使用运算符 sizeof（类型名）检测一下就知道了（关于 sizeof 运算符的用法详见本章 2.4.8 节）。

C 语言中，整型数据可以用十进制、八进制和十六进制 3 种形式来表示。

（1）十进制整数。没有前缀，其数码为 0~9，用+、–号表示数值的正负。例如：59、+12、–7 都是正确的十进制整数。

（2）八进制整数。必须以数字 0 开头，数码取值为 0~7。例如：024 等价于十进制数 20；018 则是一个非法的八进制整数。

（3）十六进制整数。必须以 0x 或 0X 开头，数码取值为 0~9，a~F 或 a~f。例如：0x1f 等价于十进制数 31。

注意:

① 在程序中是根据前缀来区分各种进制数的，因此，在书写时应小心不要把前缀弄错。（十六进制的前导符 0x 中，x 前面是数字 0，不是字母）。

② 以上任何形式的有符号整数，在计算机内部都会自动转化为二进制的补码形式存储。但是，在表示一个整型数据时，不能使用二进制形式。

③ 在一个整型数据后面加上后缀、字母 l 或者 L，则认为是长整型数据。例如：78L，025L，0x3aL 等，尽管 78 和 78L 在数值上并无分别，但 C 编译系统为它们分配的存储空间大小是不同的。这往往用于函数调用中，假设某一函数形参为 long int 型，则用 78 作实参是不行的，必须用 78L 作为实参。在一个整型数据后面加上后缀字母 U 或者 u，则认为是无符号数据。例如：0X38U。

2. 实型（浮点型）

在 C 语言中，实型也称为浮点型，与数学中的实数概念相同，这种数据由整数和小数两个部分组成。实型数据分为以下 2 种：

（1）单精度型——类型说明符为 float；

（2）双精度型——类型说明符为 double。

在 VC++2010 编译环境下，各种实型数据类型分配的内存字节数、精度及其取值范围如表 2-3 所示。

表 2-3　VC++2010 编译环境下的实型数据类型

类型说明符	分配字节数	有效数字/精度（位）	取值范围
float	4	7	$-3.4 \times 10^{-38} \sim 3.4 \times 10^{38}$
double	8	$15 \sim 16$	$-1.7 \times 10^{-308} \sim 1.7 \times 10^{308}$

在 C 语言中，实型数据只能采用十进制，有如下两种表达形式：

（1）十进制小数形式。由 + 或 − 号、数字 0~9 和小数点组成（注意必须有小数点）。若整数部分是 0，则可以省略整数部分。例如：− 2.5，.71，12.，0.0，.0，0.等都是正确的十进制小数形式（其中，.71 等价于 0.71，12.等价于 12.0，0. 0 等价于. 0 和 0）。

（2）指数形式（科学计数法）。在计算机中，用字母 E（或 e）表示以 10 为底的指数。一般形式为：$a\mathrm{E} \pm n$ 或 $ae \pm n$，代表 $a \times 10^{\pm n}$（其中，a 为十进制数，n 为十进制整数），字母 E（或 e）后面的 "+" 号可以省略，E（或 e）之前必须有数字，E（或 e）后面的指数必须为整数。例如：12E+3 或 12e3 代表 12×10^3；− 1.5E − 7 代表 -1.5×10^{-7}。

注意:

① 没有无符号的浮点数，所有浮点数都是有符号数。

② 所有浮点常量都被默认为 double 型。如有必要，可以使用后缀 f 或 F 来表示 float 型实数。例如：1.8E3f、1.6f、9F 等等。这里，特别说明一下，1.6 与 1.6f 是不同的，C 编译系统把 1.6 默认为双精度数，分配 8 个字节；1.6f 则按单精度处理，分配 4 个字节。

3. 字符型

字符型的类型说明符为 char，可以分为有符号和无符号两种，字符型数据在内存中分配的字节数及取值范围如表 2-4 所示。

表 2-4　字符型数据类型

类型说明符	分配字节数	取值范围
[signed] char	1	$-128 \sim 127$（$-2^7 \sim 2^7 - 1$）
unsigned char	1	$0 \sim 255$（即 $2^8 - 1$）

字符型用于储存字符，如英文字母或标点等。严格来说，字符型其实也是整数类型。因为字符数据在内存中存储的是字符的 ASCII 码值。例如，小写字母 a 的 ASCII 码值是 97，因此，实际上在计算机中存储的是整数 97，而不是字符 a。所以，C 语言允许字符型数据与整型数据通用（当然是在一定的取值范围内）。

在 C 语言中，字符型数据有如下两种：

(1)用一对单引号括起来的单个(不能是多个)字符。例如：'A'、'n'、'*'、'6'。

(2)转义字符——以反斜杠'\'开头的特殊字符。其意思是将反斜杠后面的字符转变成另外的意思。例如：'\n'表示一个换行符。常用的转义字符及其含义如表 2-5 所示。

表 2-5　常用的转义字符及含义

字符形式	含义	ASCII 码值
'\n'	回车换行，将当前位置移动到下一行开头	10
'\t'	横向跳到下一制表位置（一个制表占八列）	9
'\b'	退格，将当前位置移动到前一列的位置	8
'\r'	回车，将当前位置移到本行开头	13
'\f'	走纸换页，将当前位置换到下页开头	12
'\\'	代表一个反斜杠字符	92
'\''	代表一个单引号字符	39
'\"'	代表一个双引号字符	34
'\ddd'	1～3 位八进制数所代表的字符	
'\xhh'	1～2 位十六进制数所代表的字符	

注意：

同一个字符可以有不同的表达形式。

例如：'A'、'\101'、'\x41'均表示大写字母 A；'\012'、'\xa'均表示换行符。

's'和'S'是不同的字符。大小写字母的 ASCII 码差值为 32。

'''、'"'和'\'都是不合法的，必须用转义字符来表示单引号'\'',双引号'\"'和反斜杠'\\'。'\0'或'\00'是代表 ASCII 码为 0 的控制字符，代表空操作，常用在字符串中。

char i = '\101' ;

printf("%c\n",i);　　//输出结果为 A

注意：'\0'是代表编码值为 0 的字符，它和零字符（'0'）完全不同。

【思考】字符'9'和数字 9 有何区别？它们代表同一个数值吗？

字符型数据可以像整数一样在程序中参与相关的算术运算。例如，'a' – 32 的结果为 65，即得到大写字母 A 的编码值。或者说，将小写字母转换为相应的大写字母只要用其减去 32 即可。

两个字符型数据也可以进行算术运算，其实质就是利用它们的 ASCII 编码值进行运算，也就是将字符转化为整数再进行运算。'a'+'b'的结果为 195，'9' – '0'的结果为 9。

例如：字符型数据输出。程序代码如下：

```c
#include<stdio.h>
 void main()
{
printf("I\t\x3\tC\tlanguags\be\n");
printf("c\tis\t\userf\165\x6c\rC\n");
}
```

运行结果：

```
I    ♥              C    language
C    is    userful
```

注意：'\t'是制表符，使用多个'\t'字符时，各个制表位置之间间隔 8 格。'\b'表示退格，其作用效果是将已输出字符 s 用后面的 e 代替。'\x3'表示字符♥，'\165'表示字符 u，'\x6c'表示字符 l。'\r'表示将当前输出位置回到本行的开头，然后，该行最前面的小写 c 字符会被后面输出的大写 C 字符代替。

2.3 常量和变量

程序处理的对象是数据，而每项数据不是常量就是变量，二者的区别在于：变量的值在程序的执行过程中可以改变，而常量的值在程序的执行过程中是不可以改变的。

2.3.1 常量和符号常量

1. 常 量

在 C 语言中，常量不需要进行类型说明就可以直接使用，其类型由常量本身隐含决定。

常量有两种形式：一种是以字面值的形式直接出现在程序中，如 2、3.14、'a'、"hello"等，称为字面常量或直接常量；另种是以符号的形式来表示，称为符号常量。C 语言中的常量如图 2-4 所示。

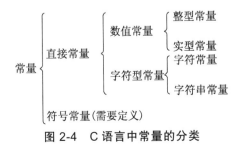

图 2-4 C 语言中常量的分类

1）整型常量

合法的整型常量：10，10L，010，0x10；

不合法的整型常量：039，FF，0x3H，Ox11。

2）实型常量

合法的实型常量：-5.3，2.5e-5，.33，10.；

不合法的实型常量：E7，5-E3，2.7E，6e7.5，e.，.e3。

3）字符常量

合法的字符常量：'a'，'0'，'+'，'t'，'\105'，'\x10'；

不合法的字符常量："a"，'12'，'\'，'\x101'，'\128'，'\2a'。

字符还可以用转义符加编码值来表示，具体有两种办法。

（1）\ddd：用1~3位八进制数（ddd）表示字符。

（2）\xhh：用1~2位十六进制数（hh）表示字符，其中的x必须是小写。

4）字符串常量

字符串常量是由一对双引号括起的字符序列。例如："It is red"，"12"，"3*2=6"等都是合法的字符串常量，字符串常量和字符常量是不同的。它们之间主要有以下区别：

（1）字符常量由单引号括起来，字符串常量由双引号括起来。

（2）字符常量只能是一个字符，字符串常量则可以是零个、一个或多个字符。当字符串中字符个数为0时，用""来表示，它表示一个空串。

（3）在内存中，字符常量只占一个字节，而字符串常量所占的内存字节数等于字符串中字符的个数加1。增加的一个字节用于存放字符串结束标志'\0'（ASCII码为0）。例如，字符串"china"在内存中的存储形式如图2-5所示。因此，字符'a'在内存中占1个字节，而字符串"a"在内存中占2个字节。

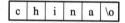

图2-5 字符串"china"在内存中的存储

注意：'ab'是不合法的，它既不是字符常量，也不是字符串常量。

2. 符号常量

在C语言中，可以用一个标识符来表示一个常量，称之为符号常量。符号常量是一种特殊的常量，在使用之前必须先定义，其定义格式如下：

#define 标识符 常量

例如，符号常量的使用。从键盘输入圆的半径。计算对应的圆周长、圆面积和球体积并输出。

源程序如下：

```
#include<stdio.h>
#define PI 3.1415926
int main( )
{
float r,c,s,v;
```

```
printf("Please input the radius:");          //
scanf("%f",&r);
c=2*PI*r;                                     //程序编译前用 3.1415926 替换了 PI
s=PI*r*r;                                     //程序编译前用 3.1415926 替换了 PI
v=4.0/3.0*PI*r*r*r;                           //程序编译前用 3.1415926 替换了 PI
printf("c=%f\ns=%f\nv=%f\n",c,s,v);
return 0;
}
```

运行结果：
Please input the radius:3
c=18.849556
s=28.274334
v=113.097336

说明：

（1）程序中的#define 是编译预处理命令，即程序在进行正常编译前就要处理的命令。程序中定义 PI 代表圆周率常量 3.1415926，此后程序在进行正常编译前把程序中所有的 PI 都用 3.1415926 来替换。所以在程序中不能再对 PI 的值做修改，同时 C 语言中变量名习惯用小写字母表示，而符号常量名常用大写字母以示区别。

（2）使用符号常量的好处主要有两个：一是含义清楚，见名知意，如在上面的程序中，从 PI 便可知道它代表圆周率；二是修改方便，一改全改，如要调整圆周率的精度要求，改动 #define PI 3.1416，在程序中所有出现 PI 的地方就会一律自动改为 3.1416。

2.3.2　标识符

1．标识符

C 语言中的标识符是可以用来标识变量名、符号常量名、函数名、数组名、类型名、文件名的有效字符序列。C 语言规定标识符只能由字母、数字和下划线三种字符组成，且第一个字符必须为字母或下划线，不能是 C 语言的关键字。

例如，每个人的姓名就是每个人所对应的标识符。标识符的命名规则如下：

（1）只能由字母、数字或下划线组成，并且第一个字符不能是数字。

（2）C 语言是区分大小写的，所以，Student 和 student 代表不同的标识符。

（3）不能使用关键字。

（4）给标识符取名时，最好能做到"见名知意"，例如 score，age，name 等。

（5）以下是不合法的标识符：n-12，2a，L.S，x+y，int，#a。

（6）以下是合法的标识符：_a2，day，a_b7，time1，Student。

2．关键字

所谓关键字就是被 C 语言保留的，具有特定含义，不能用作其他用途的一批标识符。用户只能按规定使用它们。根据 ANSI 的标准，C 语言中的关键字如图 2-6 所示。

char	short	int	unsigned
long	float	double	struct
union	void	enum	signed
const	volatile	typedef	auto
register	static	extern	break
case	continue	default	do
else	for	goto	if
return	switch	while	sizeof

C99新增关键字

_Bool	_Complex	_Imaginary	inline	restrict

图 2-6　C 语言中的关键字

注意：大写字母和小写字母被认为是两个不同的字符，因此 Student 和 student 是两个不同的变量名，通常变量名用小写字母表示，不允许使用 C 语言关键字为标识符命名，不提倡使用系统预定义符号为标识符命名，如库函数名 printf、fabs 等。

在 C 语言中，不限制标识符的长度，建议变量名的长度不要超过 8 个字符，并注意做到"见名知意"，以提高程序的可移植性和可读性。

2.3.3　变　量

1. 什么是变量

在 C 语言中，变量是指在程序的运行过程中其值可以改变的量，变量实质上代表计算机中的一个存储单元，它是用来存放数据的。变量类似于我们存放东西的抽屉。如果有多个抽屉，则需要给抽屉编号加以区别。因而，每个变量都有一个变量名，用来标识该变量。变量通常用来保存程序运行过程中的输入数据，以及计算获得的中间结果或最终结果。变量包括变量名、存储单元和变量值三个要素，如图 2-7 所示。一个变量用一个名字表示，在内存中占据一定的存储单元，用于存放变量的值,变量名通常用合法的标识符来表示。

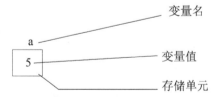

图 2-7　值为 5 的变量 a 在内存中的存储

变量名在 C 程序中实际上是与该存储单元的地址对应的，在对程序进行编译、链接时，由编译系统给每个变量分配对应的内存地址。从变量中取值，实际上是通过变量名找到相应的内存地址，从该存储单元中读取数据。

有一点需要注意，一个变量中只能存放一个数据。例如，假设变量 a 中存放的数据是 5，后又将数据 20 存放到变量 a 中，则变量 a 的值就是 20，原来的 5 便不存在了。

2. 变量的定义

C 语言规定，变量必须先定义，后使用。变量的定义格式如下：

　　　　数据类型　　变量名 1 [, 变量名 2，…];

例如：

```
float score;          /*定义了 1 个单精度型变量
char m,n;             /*定义了 2 个字符型变量 m 和 n*/
```

说明：

（1）数据类型与变量列表之间至少用一个空格隔开。

（2）数据类型决定了变量的属性，即变量的取值范围、变量所占存储单元的字节数、所能施加于该变量的操作类型。

（3）变量列表可以是一个或多个变量，多个变量之间要用逗号间隔。

（4）变量名必须符合标识符的命名规则，习惯上变量名中的英文字母用小写。

（5）方括号[ ]中的内容为可选项（后文在格式中出现的[]都表示这个含义）。

在 C 语言中，所有用到的变量必须强制定义，其目的有以下几点：

（1）每一个变量被指定为一个确定的类型，在编译时就能为其分配相应的存储单元。例如，若指定 a 为 int 型，则 VC++2010 编译系统将为 a 分配 4 个字节，并按整数方式存储数据。

（2）指定每一个变量属于一个类型，这就便于在编译时据此检查该变量所进行的运算是否合法。

（3）凡未被事先定义的，C 编译系统不把它认作变量名，这就能保证在程序中正确使用变量名。例如，如果在定义部分写了

```
int student;
```

而在执行语句中将 student 错写成 stadent，如 stadent=30;在编译时检查出 stadent　未被定义，就会给出错误提示信息。

变量定义后，在程序编译链接时由系统根据变量数据类型给每个变量在内存中分配一定大小的存储单元，并且把变量名与变量所占据的若干个存储单元的首地址相对应。

3. 变量的赋值

在 C 语言中，如果只定义了变量而没有对它进行赋值，那么该变量的值是一个不确定的随机数(静态变量和全局变量除外，将在后续章节介绍)。因此对变量要先定义，赋值后再引用其中的值。例如:

```
int age;
char letter;
float score;
age=18;
letter='A';
score=89.5;
```

C 语言允许在定义变量的同时对变量赋初值，称为变量的初始化。例如：

```
int age=18;              /*定义 age 为整型变量，初始值为 18*/
```

```
char letter='A';          /*定义 letter 为字符型变量，初始值为'A'*/
float score=89.5;         /*定义 score 为浮点型（单精度）变量，同时初始值为 89.5*/
```

注意：对于变量不能连续初始化，如果想对多个变量初始化为相同的值，不能写成如下形式：

```
int a=b=c=2;
```

而应写成：

```
int a=2,b=2,c=2;
```

变量定义后，若没有初始化，系统将赋一个随机值给变量。

2.4 运算符和表达式

运算符是表示某种操作的符号。运算符操作的对象叫操作数。根据运算符所操作的操作数个数，可把运算符分为单目运算符，双目运算符和三目运算符。用运算符把操作数按照 C 语言的语法规则连接起来的式子叫作表达式。例如：表达式 5+6 中"+"运算符表示对 5 和 6 这两个操作数执行相加的操作，这里的"+"运算符属于双目运算符。C 语言为了加强对数据的表达、处理和操作能力，提供了大量的运算符和丰富的表达式类型。

2.4.1 算术运算符及其表达式

1. 加法运算符（+）

双目运算符，即应有两个量参与加法运算。例如：a+b，4+8 等。

说明：也可以作为正号运算符，此时为单目运算，例如：+2。

2. 减法运算符（－）

双目运算符。例如：x－y、14－m 等。

说明：也可以作为负号运算符，此时为单目运算，例如：－x、－5 等。

3. 乘法运算符（*）

双目运算符。需要注意的是，跟数学表达式不同，C 语言表达式中的乘号不能省略，也不能用一个点来代替。例如：数学表达式 2x+y 写成 C 语言算术表达式应该为 2*x+y，否则会出错。

4. 除法运算符（/）

双目运算符。C 语言对除法运算做了如下规定：

（1）两个整型数相除，结果也为整型，小数部分被舍弃。例如：算术表达式 5/2 的值为 2。

（2）只要有一个操作数为实型，则结果为 double 型。例如：算术表达式 5.0/2 的值为 2.5。

5. 求余运算符（%）

双目运算符，也称模运算符。C 语言规定，求余运算中的两个操作数必须为整型，否则会提示出错。余数正负号与被除数相同。

例如：算术表达式 7%4 的值为 3；算术表达式 – 7%4 的值为 – 3；算术表达式 7%-4 的值为 3；算术表达式 – 7%-4 的值为 – 3；5.3%2 是错误的表达式。

6. 自增运算符（++）和自减运算符（– –）

（1）自增运算符（++）：使单个变量的值自动加 1。

（2）自减运算符（– –）：使单个变量的值自动减 1。

自增、自减运算符都属于单目运算符，有以下两种用法：

（1）自增前缀运算。即运算符放在变量之前，如++a、– – a。运算规则：先使变量的值加（或减）1，然后再以变化后的值参与其他运算，即先加减、后运算。

（2）自增后置运算。即运算符放在变量之后，如 a++，a– –。运算规则：变量先参与其他运算，然后再使变量的值加（或减）1，即先运算、后加减。

注意事项：

（1）自增、自减运算只能用于变量，不能用于常量和表达式。例如：5++或 – –(a + B)等都是非法的。

（2）自增、自减运算要求操作对象的值为一个整数。

例如：若 x 是一个 float 型变量，则 x++或者 – – x 都是错误的。

2.4.2　关系运算符及其表达式

1. 关系运算符

所谓关系运算实际上就是比较运算，就是将两个数据进行比较，判定两个数据是否符合给定的关系。

C 语言提供 6 种关系运算符：

（1）<　　　　　　　　（小于）

（2）<=　　　　　　　（小于或等于）

（3）>　　　　　　　　（大于）

（4）>=　　　　　　　（大于或等于）

（5）==　　　　　　　（等于）

（6）!=　　　　　　　（不等于）

所有的关系运算符都是双目运算符。关系运算符及其优先顺序：

（1）前 4 种关系运算符（<，<=，>，>=）的优先级别相同，后两种也相同。前 4 种高于后两种。例如，">"优先于"= ="。而">"与"<"优先级相同。

（2）关系运算符的优先级低于算术运算符。

（3）关系运算符的优先级高于赋值运算符。

（4）以上关系如图 2-8 所示。

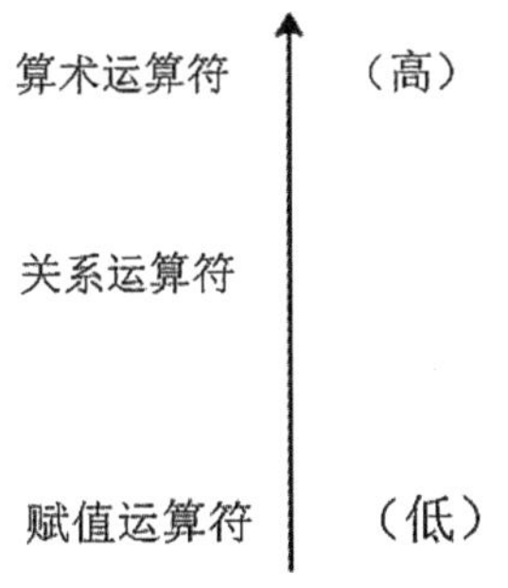

算术运算符　　（高）

关系运算符

赋值运算符　　（低）

2. 关系表达式

图2-8　运算符优先顺序

用关系运算符将两个数值或数值表达式连接起来的序列，称为关系表达式。例如下面都是合法的关系表达式：a>b, a+b>b+c, (a=3)>(b=5), (a>b）>(b>c）。

关系表达式的一般形式为：

表达式　关系运算符　　表达式；

例如：

```
main()
{
char c='k';
int i=1,j=2,k=3;
float x=3e5,y=0.85;
printf("%d,%d\n","a"+5<c,-i-2*j>=k+1);
printf("%d,%d\n",1<j<5,x-5.25<=x+y);
printf("%d,%d\n",i+j+k==-2*j,k==j==i+5);
}
```

程序分析： 在本例中求出了各种关系运算符的值。字符变量是以它对应的 ASCII 码参与运算的。对于含多个关系运算符的表达式，如 k==j==i+5，根据运算符的左结合性，先计算 k==j，该式不成立，其值为 0，再计算 0==i+5，也不成立，故表达式值为 0。

注意区分 "=="和 "="。在 C 语言中，"=="是关系运算符，而 "="则是赋值运算符。关系运算的结果是一个逻辑值，只有两种可能：要么关系成立，为 "真"；要么关系不成立，为 "假"。由于 C 语言没有逻辑型数据类型，所以用 1 代表 "真"，用 0 代表 "假"。因而，所有 C 语言的关系表达式的运算结果实质上是数值型（1 或者 0）。

例如，下面的式子都是正确的关系表达式：

```
0<=0              /*表达式值为 1*/
3.0==3            /*表达式值为 1*/
5 !='5'           /*表达式值为 1*/
'A'>'a'           /*表达式值为 0*/
```

说明： 对于字符型数据，将其转化为字符的 ASCII 码，再进行大小比较。

2.4.3　逻辑运算符及其表达式

关系表达式只能描述单一条件。例如，x 表示是一个非负数，可用关系表达式 x>=0 来描述。如果需要表示 x 的数值范围是[0, 100]，即 x>=0 且 x<=100，也就是说，当需要描述的条件有 2 个或更多时，就要借助逻辑表达式了。

用逻辑运算符将关系表达式或逻辑量连接起来的式子，就是逻辑表达式。其中，逻辑量就是值为 "真" 或 "假" 的数据。C 语言规定，所有的 "非 0" 数据判定为 "真"，只有 "0" 判定为 "假"。

C 语言提供 3 种逻辑运算符：

（1）&&（逻辑与）：双目运算符。表示 "并且"，两个条件须同时满足的意思。

（2）||（逻辑或）：双目运算符。表示 "或者"，只需满足其中任意一个条件的意思。

（3）!（逻辑非）：单目运算符。表示 "否定"，取反的意思。

逻辑表达式的一般形式为：

表达式　　逻辑运算符　　表达式；

说明：（1）表达式可以又是逻辑表达式，从而组成了嵌套的情形。例如：

    (a&&b)&&c

根据逻辑运算符的左结合性，上式也可写为：

    a&&b&&c

（2）逻辑表达式的值是式中各种逻辑运算的最后值，以"1"和"0"分别代表"真"和"假"。

例如：

main()

{

char c='k';

int i=1,j=2,k=3;

float x=3e+5,y=0.85;

printf("%d,%d\n",!x*!y,!!!x);

printf("%d,%d\n",x||i&&j-3,i<j&&x<y);

printf("%d,%d\n",i==5&&c&&(j=8),x+y||i+j+k);

}

程序分析：本例中!x 和!y 分别为 0,!x*!y 也为 0,故其输出值为 0。由于 x 为非 0,故!!!x的逻辑值为 0。对 x||i&&j-3 式,先计算 j-3 的值为非 0,再求 i&&j-3 的逻辑值为 1,故x||i&&j-3 的逻辑值为 1。对 i<j&&x<y 式,由于 i<j 的值为 1,而 x<y 为 0,故表达式的值为 1、0 相与,最后为 0。对 i==5&&c&&(j=8)式,由于 i==5 为假,即值为 0,该表达式由两个与运算组成,所以整个表达式的值为 0。对于式 x+y||i+j+k,由于 x+y 的值为非 0,故整个或表达式的值为 1。

与关系运算一样,逻辑运算的结果,也只有"真"或"假"两种情况。即所有 C 语言的逻辑表达式的运算结果实质上也是数值型（1 或者 0）。逻辑运算的真值表如表 2-6 所示。

表 2-6　逻辑运算的真值表

x	y	!x	x&&y	x||y
真	真	假	真	真
真	假	假	假	真
假	真	真	假	真
假	假	真	假	假

例如,下面的式子都是正确的逻辑表达式：

x>=0&&x<=100（描述 x 的取值范同是[0，100]，注意不能表示为：0<=x<=100）

ch>='A'&&ch<='Z'（描述 ch 是大写字母）

!9.5　　　　　　/*表达式值为 0*/（因为 9.5 是非 0 数,按"真"处理）

'0' ||0　　　　　/*表达式值为 1/（因为字符'0'的 ASCII 值为非 0 数,按"真"处理）

'0'&&0　　　　　/*表达式值为 0*/

2.4.4　条件运算符及其表达式

C 语言提供的条件运算符"?:"，其一般形式为：

表达式 1?表达式 2: 表达式 3

运算规则：如果"表达式 1"的值为非 0(即逻辑真)，则运算结果等于"表达式 2"的值，否则，运算结果等于"表达式 3"的值。也就是说，"表达式 2"与"表达式 3"中，只有一个被执行，而不会全部执行。

例如，下面的式子都是正确的条件表达式：

(a>b)?a:b   /*返回 a 和 b 中较大的数*/

x?1:0   /*若 x 是非 0 数，返回 1，否则返回 0*/

(score>=60)? 'Y':'N'   /*若及格，返回字符 Y，否则返回字符 N*/

说明：

（1）条件运算符"?:"是 C 语言中唯一的三目运算符，要求有 3 个操作对象。其中，"表达式 1""表达式 2""表达式 3"可以是任意合法的表达式，它们的类型可以各不相同。

（2）条件运算符可以用来表示简单的双分支选择结构，当双分支选择结构中语句部分都较为简单时，可以用条件运算符来代替，使程序更为简练。

2.4.5　赋值运算符及其表达式

C 语言中的赋值运算符都是双目运算符，主要包括以下两种：

1. 直接赋值运算符（=）

运算规则：先求"="右边的值，然后赋给"="左边的变量。赋值表达式的值就是左边变量的值。例如：

　　　　a=7　　　　/*执行表达式后，变量 a 的值为 7，赋值表达式的值也为 7*/

　　　　x=3*5　　　/*执行表达式后，变量 x 的值为 15，赋值表达式的值也为 15*/

注意：若已知 a 是 char 型变量，则 a='*'是合法的赋值表达式，而 a="*"则是非法的赋值表达式。因为 C 语言没有字符串类型的变量，所以不能把一个字符串赋予一个字符变量。在 C 语言中通常用字符数组变量来存放字符串，这部分内容将在数组这一章予以介绍。

2. 复合赋值运算符（+=、－=、*=、/=、%=、&==、|=、>>=、<<=、^=）

在"="之前加上其他运算符，可以构成复合赋值运算符。C 语言采用复合赋值运算符，一是为了简化程序，使程序精练；二是为了提高编译效率，产生质量较高的目标代码。

例如，下面的式子都是正确的赋值表达式：

　　　　a+=5　　　 /*等价于 a=a+5*/

　　　　x－=4　　　 /*等价于 x=x－4*/

　　　　x*=y+7　　 /*等价于 x=x*(y+7)*/

　　　　x/=++y　　 /*等价于 x=x/(++y)*/

　　　　a%=b　　　 /*等价于 a= a%b*/

　　　　a&=b　　　 /*等价于 a=a&b*/

　　　　a<<=2　　　/*等价于 a=a<<2*/

注意：赋值的过程实际上是把值送到变量代表的存储单元。因此，赋值运算符的左边必须是变量，右边则可以是变量、常量或表达式。例如，以下均是不合法的赋值表达式：

```
7=x        /*非法*/
a+2=b      /*非法*/
'x'='y'    /*非法*/
```

2.4.6　逗号运算符及其表达式

逗号运算符就是我们常用的逗号 "，" 操作符，又称为 "顺序求值运算符"。通过逗号运算符可以将多个表达式连接起来，构成逗号表达式。逗号表达式的一般形式如下：

表达式 1，表达式 2[，表达式 3，…表达式 *n*]

运算规则：先求表达式 1 的值，然后求表达式 2 的值，依次类推，直到求出最后一个表达式 *n* 的值。整个逗号表达式的值是最后一个表达式 *n* 的值。

例如：逗号表达式 "m+7,2*a,7%2" 的值为 1。

通常情况下，使用逗号表达式不是为了取得和使用这个逗号表达式的最终结果值，而是为了分别按顺序求得每个表达式的结果值。

注意：并不是任何地方出现的逗号都是逗号运算符。很多情况下，逗号仅用作分隔符。例如，定义 int a,b,c; 中的逗号是用作分隔符，而不是逗号运算符。

2.4.7　位运算符及其表达式

位运算是指按二进制位进行的运算。C 语言提供 6 种位操作运算符：

（1）&   （按位与）
（2）| （按位或）
（3）^   （按位异或）
（4）~   （取反）
（5）<<   （左移）
（6）>>   （右移）

位运算符只能用于整型操作数，即只能用于带符号或无符号的 char、short、int 与 long 类型。

1．按位与运算符（&）

双目运算符。其功能是参与运算的两数各对应的二进位进行与运算。只有对应的两个二进位均为 1 时，结果位才为 1，否则为 0。参与运算的数以补码形式出现。

例如：9&5 可写算式如下：

```
  00001001（9 的二进制补码）
& 00000101（5 的二进制补码）
  00000001（1 的二进制补码）
```

可见，表达式 9&5 的值为 1。

按位与运算的应用介绍如下。

1）清零

若想对一个存储单元清零，即使其全部二进制位为 0，只要找一个二进制数，其中各个位符合以下条件：原来的数中为 1 的位，新数中相应位为 0。然后二者进行&运算，即可达到清零目的。

例如：原数为 43，即 00101011，另找一个数，设它为 148，即 10010100，将两者按位与运算：

　00101011

& 10010100

　00000000

2）取一个数中某些指定位

若有一个整数 a（2 byte），想要取其中的低字节，只需要将 a 与 8 个 1 按位与即可。

　a 00101100 10101100

&b 00000000 11111111

　C 00000000 10101100

3）保留指定位

与一个数进行"按位与"运算，此数在该位取 1，即可保留该位。

例如：有一数 84，即 01010100，想把其中从左边算起的第 3、4、5、7、8 位保留下来，运算如下：

　01010100

&00111011

　00010000

即：a=84，b=59，a&b=16。

2. 按位或运算符（|）

双目运算符。其功能是参与运算的两数各对应的二进位进行或运算。只要对应的两个二进位有一个为 1 时，结果位就为 1。参与运算的两个数均以补码出现。

例如：9|5 可写算式如下：

　00001001

|00000101

　00001101　　　　（十进制为 13）可见，9|5=13

3. 按位异或运算符（^）

双目运算符。其功能是参与运算的两数各对应的二进位相异或，当两对应的二进位相异时，结果为 1。参与运算数仍以补码出现。

例如：9^5 可写成算式如下：

　00001001

^00000101

　00001100（十进制为 12）

按位异或的应用介绍如下。

1）使特定位翻转

假设有二进制数 01111010，想使其低 4 位翻转，即 1 变 0、0 变 1，可以将其与 00001111 进行"异或"运算，即：

　01111010

^00001111

　01110101

运算结果的低 4 位正好是原数低 4 位的翻转。可见，要使哪几位翻转就将与其进行^运算的该几位置为 1 即可。

2）与 0 相"异或"，保留原值

例如：012^00=012

　00001010

^00000000

　00001010

因为原数位中的 1 与 0 进行异或运算得 1，0^0 得 0，故保留原数。

4．求反运算符（~）

单目运算符，具有右结合性。其功能是对参与运算的数的各二进位按位求反。

例如：~9 的运算：

~(0000000000001001)

结果为：1111111111110110。

5．左移运算符（<<）

双目运算符。其功能是把"<<"左边的运算数的各二进位全部左移若干位，由"<<"右边的数指定移动的位数，高位丢弃，低位补 0。

例如：a<<4 是指把 a 的各二进位向左移动 4 位。假设 a=00000011（十进制 3），左移 4 位后为 00110000（十进制 48）。

左移 1 位相当于该数乘以 2，左移 2 位相当于该数乘以 2*2=4，15<<2=60，即乘了 4。但此结论只适用于该数左移时被溢出舍弃的高位中不包含 1 的情况。

假设以一个字节（8 位）存一个整数，若 a 为无符号整型变量，则 a=64 时，左移一位时溢出的是 0，而左移 2 位时，溢出的高位中包含 1。

6．右移运算符（>>）

双目运算符。其功能是把">>"左边的运算数的各二进位全部右移若干位，">>"右边的数指定移动的位数。

例如：设 a=15，a>>2 表示把 000001111 右移为 00000011（十进制 3）。

应该说明的是，对于有符号数，在右移时，符号位将随同移动。当为正数时，最高位补 0，而为负数时，符号位为 1，最高位是补 0 还是补 1 取决于编译系统的规定（Turbo C 和很多系统规定为补 1）。

2.4.8　求字节运算符

sizeof 运算符是一个求字节数运算符。它是一个单目运算符，求字节运算的一般形式为：

sizeof（数据类型名|变量名|常量）

功能：返回某数据类型、某变量或者某常量在内存中的字节长度。

例如，用 sizeof 求各数据类型、常量、变量的字节数。

程序代码：

#include <stdio.h>

```
void main （ ）
{
float x;
printf("%d\n",sizeof(short));              /*输出字节数 2*/
printf("%d\n",sizeof(x));                  /*输出字节数 2*/
printf("%d\n",sizeof('x'));                /*输出字节数 2*/
printf("%d\n",sizeof(2));                  /*输出字节数 2*/
printf(%d\n",sizeof(2+3.14));              /*输出字节数 2*/
}
```

2.5 运算符的优先级及结合性

2.5.1 运算符的优先级

C 语言中，运算符的运算优先级共分为 15 级。1 级最高，15 级最低。在表达式中，优先级较高的先于优先级较低的进行运算。而在一个运算量两侧的运算符优先级相同时，则按运算符的结合性所规定的结合方向处理。

C 语言中常用运算符的优先级和结合性如表 2-7 所示。

表 2-7 运算符的优先级和结合性

优先级	运算符	含义	结合性	说明
1	( )	圆括号	左结合	双目运算符
2	－(取负运算) ++(自增运算符) －－(自减运算符)	算术运算符	右结合	双目运算符
	(类型)	强制类型转换		
	!	逻辑非运算符		
	sizeof	求字节运算符		
	~(按位取反)	位运算符		
3	*(乘法) /(除法) %(求余)	算术运算符	左结合	双目运算符
4	+(加法) －(减法)		左结合	双目运算符
5	<<(左移) >>(右移)	位运算符	左结合	双目运算符
6	>(大于) >=(大于等于) <(小于) <=(小于等于)	关系运算符	左结合	双目运算符
7	==(等于) !=(不等于)		左结合	双目运算符
8	&(按位与)	位运算符	左结合	双目运算符
9	^(按位异或)			
10	|(按位或)			
11	&&(逻辑与运算)	逻辑运算符	左结合	双目运算符
12	||(逻辑或运算)			
13	?:	条件运算符	右结合	双目运算符
14	= += －= *= /= %=	赋值运算符	右结合	双目运算符
15	,	逗号运算符	左结合	双目运算符

一般而言，单目运算符优先级较高，赋值运算符优先级低，逗号运算符优先级最低。算术运算符优先级较高，关系和逻辑运算符优先级较低。

2.5.2　运算符的结合性

C 语言中各运算符的结合性分为以下两种：

1. 左结合性（自左至右）

自左至右的结合方向称为"左结合性"。例如，算术运算符的结合性是左结合。若有表达式"x – y+z"，则 y 应先与"–"号结合，执行"–"运算，然后再执行"+z"的运算。即相当于表达式"（x – y）+z"的运算。

2. 右结合性（自右至左）

自右至左的结合方向称为"右结合性"。最典型的右结合性运算符是赋值运算符。如：赋值表达式 x=y=z，应先执行 y=z，再执行 x=（y=z）运算。

多数运算符具有左结合性，单目运算符、三目运算符、赋值运算符具有右结合性。各运算符的结合性应注意区别，避免理解错误。

2.6　表达式的书写规则

表达式是由运算符连接常量、变量、函数所组成的式子。每个表达式都按照其中运算符的优先级、结合性以及运算规则依次对运算对象进行运算，最终获得一个数据，该数据称为表达式的值。表达式值的数据类型就是该表达式的数据类型。

由于在复杂的表达式中可能出现各种运算符，它们的优先级别不同。因此，可以使用括号来改变运算次序，内层的括号优先运算。

书写表达式应注意以下规则：

（1）在 C 语言中，所有括号全部使用圆括号，没有小括号、中括号以及大括号之分。

（2）C 语言表达式中的乘号不能省略。

例如：数学表达式 3[x+2(+2)]写成 C 语言表达式为：3*(x+2*(y+z))。

（3）表达式中各操作数和运算符应在同一水平线上，没有上下标和高低之分。

【举例】用 C 语言表达式描述以下数学表达式：

$x_1 + x_2$，正确的 C 语言表达式为：x1+x2；

$\dfrac{y-1}{2x}$，正确的 C 语言表达式为：(y – 1)/(2*x)或(y – 1)/2/x。

思考：y – 1/2*x 或 y – 1/(2*x)或(y – 1)/(2*x)为何不对？

（4）数学中的不等式 $a \leqslant x \leqslant b$，在 C 语言表达式应表示为：a<=x&&x<=b

思考：以上不等式若用 C 语言表达式 a<=x<=b 来表示，会得到怎样的结果，编译会报错吗？

（5）数学表达式中一些符号，在 C 语言中用相应的数学函数表示。注意，凡使用数学函数，必须使用"#include <math.h>"或者"#include "math.h""命令，将 math.h 头文件包含到源程序文件中。常用的数学函数如附录所示。

【举例】用 C 语言表达式描述以下数学表达式：

$\dfrac{-b \pm \sqrt{b^2 - 4ac}}{2a}$ 正确的 C 语言表达式为：(-b+sqrt(b*b-4*a*c))/(2*a)

$e^{|10-x^5|}$，正确的 C 语言表达式为：exp(fabs(10-pow(x,5)))

2.7 各种数据类型的转换

在 C 语言中，整型数据（包括 int，short 和 long）和实型数据（包括 float 和 double）都是数值型数据，字符型数据可以与整型数据通用。因此，整型、实型、字符型数据之间可以进行混合运算。例如：62+'a'-15*2.4 是一个合法的混合运算表达式。

在进行运算时，不同类型的数据要先转换成同一类型，然后再进行运算。

C 语言的数据类型转换可以归纳成 3 种转换方式：自动转换、赋值转换和强制转换。

2.7.1 数据类型自动转换

数据类型的自动转换规则如图 2-9 所示。

（1）自动转换按数据长度增加的方向进行，以保证精度不降低。

若两种类型的字节数不同，转换成字节数高的类型；

若两种类型的字节数相同，且一种有符号，一种无符号，则转换成无符号类型。

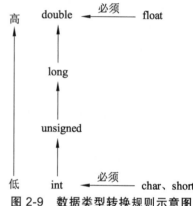

图 2-9　数据类型转换规则示意图

（2）图 2-9 中，横向向左的箭头表示必定要完成的转换。也就是说，表达式中的 char 型或 short 型数据一律先自动转换成 int 型；float 型数据一律先自动转换为 double 型。

（3）图 2-9 中，纵向向上的箭头表示当运算对象为不同类型时的转换方向，遵循由低级向高级转换的原则。也就是说，在任何涉及两种数据类型的操作中，它们之间等级较低的类型会被转换成等级较高的类型。

注意，不要理解成 int 型先转换成 unsigned 型，再转换成 long 型，最后转换成 double 型。如果一个 int 型数据和一个 double 型数据一起运算，是直接将 int 型转换成 double 型进行计算，结果为 double 型。同理，一个 int 型与一个 long 型数据一起运算，先将 int 型数据直接转换成 long 型，然后再进行计算，结果为 long 型。

（4）这里介绍的是一般算术转换，这种类型转换是系统自动进行的。

例如，有如下算术表达式：100+'a'+u－f*s，其中，u 为 unsigned 型，f 为 float 型，s 为 short 型，请问表达式的数据类型，并说明它的转换过程。

表达式处理步骤如下：

（1）首先将'a'和 s 换成 int 型，将 f 转换为 double 型。

（2）计算 fs，因 f 已经转为 double 型，则将 s 转换为 double，结果为 double 型。

（3）计算 100+'a'，因'a'已转换为 int 型，于是结果为 197（int 型）。

（4）计算 197+u，将 197 转换为 unsigned 型，结果为 unsigned 型。

（5）计算（197+u）－（f*s），由于 f*s 为 double 型，于是，将上一步结果转换为 double，因而整个表达式的计算结果为 double 型。

由此可知，算术表达式中只要存在实型数据，则表达式的计算结果一定为 double 型。

2.7.2　赋值转换

在赋值运算中，当赋值运算符两边的操作数类型不同时，将要发生类型转换。转换的规则是：把赋值运算符右侧表达式的类型转换为左侧变量的类型，赋值时的类型转换也是系统自动进行的。具体的转换如下：

1. 实型与整型之间的赋值转换

（1）将实型数据赋值给整型变量时，将舍弃实型数据的小数部分，只保留整数部分。

例如：已知 a 是 int 型变址，若有 a=3.54，则 a 中存储的数据将是 3，小数部分被舍弃。注意，如果实型数据的整数部分超过了整型变量的取值范围，则会发生溢出。

（2）将整型数据赋值给实型变量时，数值不变，但是会将该数值以浮点数形式存储到变量中。例如：已知 b 是 float 型变量，若有 b=78，则先将 78 转换为 78.000000，再存储到变量 b 中。

2. float 型与 double 型之间的赋值转换

float 型数据赋值给 double 型变量时，数值不变，只是在 float 型数据尾部加 0 延长为 double型数据参加运算，然后直接赋值。有效数字从 7 位扩展到 16 位，占用内存从 4 个字节扩展到8 个字节。

double 型数据赋值给 float 型变量时，截取其前面 7 位有效数字并存放到 float 型变量的存储单元（4 个字节），截断前要进行四舍五入操作。

例如：已知 f 是 float 型变量，若有 f=8.234 567 823 459 8，则 f 中实际存放的数据是8.23457。需要注意的是，如果要赋值的 double 型数据超出了 float 型变量的范围，则会发生溢出，造成错误的结果。

char 型数据赋值给 int 型变量时，将字符的 ASCII 码赋给整型变量。例如：已知 x 是 int型变量，若 x='a'，则赋值后，x 的值为 97。

3. 截断赋值

将一个占字节多的整型数据赋值给一个占字节少的整型变量/字符变量，例如，将 int 型数据赋值给 char 型变量，或将 long 型数据赋值给 short 型变量时，只将其低字节原封不动地送到该变量(即发生截断)，高字节部分被舍弃。

4. 无符号整数与有符号整数之间的赋值转换

（1）将一个无符号整数赋值给长度相同的有符号整型变量时（如：unsigned->int, unsigned long->long, unsigned short->short），按字节原样赋值，内部的存储方式不变，但外部值却可能改变。因此，要注意不要超出有符号数整型变量的数值范围，否则会出错。

（2）将一个有符号整数赋值给长度相同的无符号整型变量时，按字节原样赋值，即内部存储形式不变，但外部表示时总是无符号的（原有的符号位也作为数值位）。

计算机中数据用补码表示，int 型数据的最高位是符号位，为 1 时表示负值，为 0 时表示正值。如果一个无符号数的值小于 32 768，则最高位为 0，赋给 int 型变量后，得到正值。如果无符号数大于等于 32 768，则最高位为 1，赋给整型变量后就得到一个负整数值。反之，当一个负整数赋给 unsigned 型变量时，得到的无符号值是一个大于 32 768 的值。

以上赋值规则看起来比较复杂，其实，不同类型的整型数据间的赋值归根到底就是：按存储单元中的存储形式直接传送。若是已经掌握了前面小节的补码知识，那么以上规则并不难理解。

从上面可以看出，将一个低类型的数据存放到高类型的变量中时，数据不会发生变化。而将高类型的数据存放到低类型变量中时，数据的精度有可能降低。同时，也可能导致整个运算结果出错，对于这一类转换，在进行程序设计时一定要注意。

C 语言这种赋值时的类型转换形式可能会使人感到不精密和不严格，因为不管表达式的值怎样，系统都自动将其转为赋值运算符左部变量的类型。而转变后数据可能有所不同，在不加注意时就可能带来错误。这确实是个缺点，也遭到许多人们批评。但不应忘记的是：C语言最初是为了替代汇编语言而设计的，所以类型变换比较随意。当然，用强制类型转换是一个好习惯。这样，至少从程序上就可以看出想做什么。

2.7.3　强制类型转换

C 语言也提供了强制类型转换的机制，可以利用强制类型转换运算符将一个表达式转换成所需的类型。其一般形式为：

（类型说明符）（表达式）

功能：把表达式的运算结果强制转换成类型说明符所表示的类型。例如：

(float)a	/*把变量 a 的值转换为实型*/
(int)(x+y)	/*把表达式 x+y 的结果转换为整型*/
(int) x+y	/*把变量 x 的值转换为整型，然后与变量 y 的值相加*/

注意：无论自动转换还是强制转换，都不会改变变量原本的类型和值。转换时，只不过是得到了某种类型的中间变量。例如，(int)x，如果变量 x 原来定义为 float 型，那么，进行强制类型运算后得到一个 int 型的中间变量，它的值等于 x 的整数部分，而变量 x 本身的类型和值都没改变。

下面以表达式 "2.7 + 7 % 3 * (int) (2.5 + 4.8) % 2" 的计算过程为例进行说明。按照运算符的优先级和结合性，其计算过程如下。

（1）先计算 7%3，其结果为 1。表达式变为 "2.7 + 1 * (int) (2.5 + 4.8) % 2"。

（2）计算 2.5+4.8，其结果为 7.3。表达式变为 "2.7 + 1 * (int) (7.3) % 2"。

（3）将 7.3 强制转换为 int，也就变为 7。表达式变为 "2.7 + 1 * 7 % 2"。

（4）计算 1*7，其结果为 7。表达式变为 "2.7 + 7 % 2"。

（5）计算 7%2，其结果为 1。表达式变为 "2.7 + 1"。

（6）最后表达式的结果为 3.7。

【例 2-1】混合运算的数据类型转换。程序代码如下：

C 源程序：（文件名：li2_1.c）

```
#include <stdio.h>
void main()
{
char c = 'a';
int d = 'c'-c;          // 两字符相减结果为它们的 ASCII 编码值之差
```

li2_1.c

```
int x = c+1;          // 字符与整数运算时，将字符转换为整数后再运算
char c2 =(char)x;     // 强制转换为 char 型
printf("%c\t%d\t%d\t%c\n",c,d,x,c2);
}
```

运行结果：

a   2   98   b

2.8　程序举例

【例 2-2】符号常量的使用，求半径为 r、高为 2.5 的圆柱体体积。

算法分析：使用符号常量在程序中不能赋值，它的好处是：含义清楚，能做到"一改全改"。

C 源程序：（文件名：li2_2.c）

li2_2.c

```
#include <stdio.h>
#define   PI   3.14          //符号常量 PI
int main()
{
float v,r,h=2.5;
scanf("r=%f",&r);
v=PI*r*r*h;
printf("Volume=%f",v);
return 0;
}
```

运行结果：输入 r=1

Volume=7.850000

【例 2-3】整型变量的使用。

算法分析：变量定义必须放在变量使用之前。一般放在函数体的开头部分。因为定义了变量 a=12;b= – 24;u=10;c=a+u;d=b+u;所以，可以求出 c 和 d 值。

C 源程序：（文件名：li2_3.c）

li2_3.c

```
#include <stdio.h>
void main()
{
int a,b,c,d;
unsigned u;
a=12;
b=-24;
u=10;
c=a+u;
```

```
d=b+u;
printf("a+u=%d,b+u=%d\n",c,d）;
}
```

运行结果：

a+u=22,b+u=34

【例 2-4】各种数据类型之间的转换。

算法分析： a 为整型，被赋予实型量 y 值 8.88 后只取整数 8。x 为实型，被赋予整型量 b 值 322 后增加了小数部分。字符型 c1 的值转换成整型后（按 ASCII 码表找到对应对应的值 107）赋予 c，整型量 b 赋予 c2 后取其低八位成为字符型（b 的低八位为 01000010，即十进制 66，按 ASCII 码对应于字符 B）。

C 源程序：（文件名：li2_4.c）

```
#include<stdio.h>
void main()
{
int a,b=322,c;
float x,y=8.88;
char c1='k',c2;
a=y;
x=b;
c=c1;
c2=b;
printf("%d,%f,%d,%c",a,x,c,c2);
}
```

li2_4.c

运行结果：

8,322.000000,107，B

【例 2-5】分析下面程序的运行结果 。

算法分析：

（1）语句 x1=++a&&b&&++a 的计算过程。

由于单目运算符++比双目运算符优先级更高，因此，表达式++a&&b 等价于表达式（++a）&&b，从而表达式++a 的值为 2，变量 a 的值也为 2，然后执行 2&&b 的结果为 0，对于表达式 0&&++a，此表达式等价于 0&&(++a)，此时系统完全可以确定表达式的运算结果是 0，因此，对表达式 0&&(++a) 中的后一个操作数不再执行，然后将 0 赋值给变量 x1。

（2）语句 x2=－－c||a||b++的计算过程。

与上面类似，表达式－－c||a 等价于表达式(－－c)||a，而表达式－－c 的值为 0，变量 c 的值也为 0，然后执行 0&&a 的结果为 1。对于表达式 1&&b++，此表达式等价于 1&&(b++)，此时系统完全可以确定表达式的运算结果是 1，因此对表达式 1&&(b++)中的后一个操作数不再执行，然后将 1 赋值给变量 x2。

C 源程序：（文件名：li2_5.c）

li2_5.c

```
#include<stdio. h>
void main()
{
int a=1,b=0,c=1,x1, x2;
x1=++a&&b&&++a;
x2=--c||a||b++：
printf("x1=%d, x2=%d\n",x1,x2);
printf("a=%d, b=%d, c=%d\n",a,b,c);
}
```

运行结果：

x1=0，x2=1

a=2，b=0，c=0

2.9　小　结

本章主要介绍 C 语言的基础知识，这些知识是正确进行程序设计的前提，读者必须熟练掌握，并且要做到能灵活运用。在了解基本概念的基础上，关键掌握如下知识点：

（1）计算机常用的二进制数与十进制数、八进制数、十六进制数的相互转换。C 语言整型常量只有八进制、十进制、十六进制表示，没有二进制。但是运行时候，所有的进制都要转换成二进制来进行处理。

（2）计算机中数的表示——原码、反码和补码，重点掌握补码形式。

（3）C 语言的基本数据类型以及各类型的取值范围。不同类型的数据在计算机中所占的空间大小和存储方式是不同的。整数以二进制补码形式存储，字符型数据以其 ASCII 码存储，实数以指数形式存储。

（4）各类型常量的表示方法，掌握符号常量的定义，要区别字符和字符串。

（5）了解标识符的命名规则，不要使用系统已有的关键字。

（6）变量必须先定义后使用。掌握变量的三要素：变量名、变量类型、变量值。变量名对应变量在内存中的地址，变量类型决定变量在内存中分配的字节数，变量值存储在计算机分配给该变量的内存空间中。

（7）熟练掌握各种运算符的运算规则，优先级以及结合性。

（8）关系表达式和逻辑表达式是两种重要的表达式，主要用于条件执行的判断和循环执行的判断。

（9）各种数据类型可以混合运算，要理解数据类型之间的各种转换。

2.10　常见的错误

（1）变量没有定义就直接使用。

（2）忽视变量的大小写，使得定义的变量与使用的变量不一致。如：

    int newValue ;

    newvalue=1;

（3）将变量定义在执行语句之后。例如：

    x=5;

    int x;

（4）在定义变量时，对多个变量连续赋初值，比如：int a=b=c=3;

（5）在表达式中使用非法标识符，如 2*π*r。

（6）将乘法运算符*省略，或者写成"×"。

（7）表达式中使用了中括号或大括号，如 1.0/2.0-[x-(y+z)]。

（8）对浮点数执行求余运算，如 2.5%1.5。

（9）将浮点数除法作为整数除法，如 1/2。

（10）误将赋值符号"="当成等号"=="使用。

（11）强制类型转换中忘记加上小括号，如 int(m+2)/3。

（12）误以为强制类型转换可以改变变量的类型和值。

（13）在复合运算符之间加一个空格，比如+=写成+ =。

（14）对一个常量或表达式执行自增或自减操作，如 4++，或（a+b）--。

2.11 习　题

一、选择题

1. 设 a = 8，则表达式 a >> 2 的值是（　　　）。

    A. 1　　　　　　　　B. 2　　　　　　　　C. 3　　　　　　　　D. 4

2. 表达式 10/4*2.5 的值的数据类型为（　　　）。

    A. int　　　　　　　B. float　　　　　　C. double　　　　　D. 不确定

3. 在以下几类运算符中，优先级最低的是（　　　）运算符。

    A. 逻辑　　　　　　　B. 算术　　　　　　C. 赋值　　　　　　D. 关系

4. 设"int   x=0, y=1;"，表达式 (x||y) 的值是（　　　）。

    A. 0　　　　　　　　B. 1　　　　　　　　C. 2　　　　　　　　D. – 1

5. 在 C 语言中，要求运算量必须是整型或字符型的运算符是（　　　）。

    A. &&　　　　　　　B. ||　　　　　　　C. &　　　　　　　D. !

6. 以下能正确定义且赋初值的语句是（　　　）。

    A. int   n1=n2=10;　　　　　　　　B. char   c='32';

    C. float   f=1.1;　　　　　　　　　D. double   x=12.3E2.5;

7. 设以下变量均为 int 型，则值不等于 7 的表达式是（　　　）。

    A. (x=y=6, x+y, x+1)　　　　　　B. (x=y=6, x+y,   y+1)

    C. (x=6, x+1, y=6, x+y)　　　　　D. (y=6, y+1, x=y, x+1)

8. 若有定义"int x, a;"，则语句"x= (a=3, a+1);"运行后，x、a 的值分别为（　　　）。

    A. 3, 3　　　　　　　B. 4, 4　　　　　　C. 4, 3　　　　　　D. 3, 4

9. 设 a、b 和 c 都是 int 型变量，且 a=3, b=4, c=5, 则下列表达式中, 值为 0 的表达式是(　　　)。

    A. "a"&&"b"　　　　　　　　　　　　B. a<=b

    C. a||b+c&&b-c　　　　　　　　　　D. ! ((a<b) &&!c||1)

10. 设整型变量 a=2, 则执行下列语句后, 浮点型变量 b 的值不为 0.5 的是（　　　）。

    A. b=1.0/a　　　　　　　　　　　　B. b= (float) (1/a)

    C. b=1/ (float) a　　　　　　　　　D. b=1/ (a*1.0)

11. 能正确表示逻辑关系 "a≥10 或 a≤0" 的 C 语言表达式是（　　　）。

    A. a>=10 or a<=0　　　　　　　　　B. a>=0 | a<=10

    C. a>=10 && a<=0　　　　　　　　　D. a>=10 || a<=0

12. 以下运算符中, 优先级最高的运算符是（　　　）。

    A. ||　　　　　　　B. %　　　　　　　C. !　　　　　　　D. ==

13. 设 x 为 int 型变量, 则执行以下语句后, x 的值为（　　　）。

    x=8; x-=x-=x;

    A. 8　　　　　　　B. 0　　　　　　　C. 16　　　　　　　D. -8

14. 设 "int a=10, b=20, c=30;", 则表达式 a<b?a=5:c 的值是（　　　）。

    A. 5　　　　　　　B. 10　　　　　　　C. 20　　　　　　　D. 30

15. 在 C 语言中, 要求参加运算的数必须是整数的运算符是（　　　）。

    A. /　　　　　　　B. *　　　　　　　C. =　　　　　　　D. %

16. 若变量均已正确定义并赋值, 以下合法的 C 语言赋值语句是（　　　）。

    A. x=y==5;　　　　B. x=n%2.5;　　　C. x+n=i;　　　D. x=5=4+1;

17. 设 int a = 2, 则表达式 a>1 ? 2 : 1.5 的运算结果是（　　　）。

    A. 1　　　　　　　B. 2　　　　　　　C. 2.0　　　　　　D. 1.5

18. 数字字符 0 的 ASCII 码为 48, 运行以下程序的输出结果是（　　　）。

```
main()
{    char a='1',b='2';
printf("%c,",b++);
printf("%d",b-a);
}
```

    A. 3, 2　　　　　　B. 50, 2　　　　　C. 2, 2　　　　　D. 2, 50

19. 有以下程序：

```
main()
{    int   x,y,z; x=y=1; z=x++,y++,++y;
     printf("%d,%d,%d\n",x,y,z);
}
```

    程序运行后的输出结果是（　　　）。

    A. 2, 3, 3　　　　　B. 2, 3, 2　　　　C. 2, 3, 1　　　　D. 2, 2, 1

20. 以下选项中, 值为 1 的表达式是（　　　）。

    A. 1 - '0'　　　　　B. 1 - '\0'　　　　C. '1' - 0　　　　D. '\0' - '0'

21. 已知 a=2, b=1, c=3, d=4, 则表达式 (a=a>c) && (b=c> -- d)执行后 b 的值为（　　　）。

    A. 3 　　　　　　B. 2 　　　　　　C. 0 　　　　　　D. 1

22. 假定变量 a=2, b=3, c=1, 则表达式 (c==b>a||a+1==b -- , a+b)的值是（　　　　）。

    A. 4 　　　　　　B. 0 　　　　　　C. 1 　　　　　　D. 5

23. 以下选项中，当 x 为大于 2 的偶数时，值为 1 的表达式是（　　　　）。

    A. x%2==1 　　　　B. x%2==0 　　　　C. x%2!=0 　　　　D. x/2

24. 设有定义 int k=1, m=2; float f=7;，则以下选项错误的表达式是（　　　　）。

    A. - k++ 　　　　B. k>=f>=m 　　　　C. k=k>=k 　　　　D. k % int (f)

25. 设 int x=2, y=3;，则表达式(y - x==1)? (!1?1:2): (0?3:4) 的值为（　　　　）。

    A. 1 　　　　　　B. 2 　　　　　　C. 3 　　　　　　D. 4

二、填空题

1. 设 float x=2.5, y=4.7; int a=7;则表达式 x+a%3*(int)(x+y)%2/4 的值为_____。

2. 设 c='w', a=1, b=2, d= - 5, 则表达式'x'+1>c, 'y'!=c+2, - a - 5*b<=d+1, a=b==2 的值分别为_____、_____、_____、_____。

3. 计算逗号表达式 x=a=3,6*a 后，表达式的值为_____、x 的值为_____、a 的值为_____。

4. 以下不合法的用户标识符是_____。

    ① a-1 　　　② 1_a 　　　③ a3B 　　　④ if

    ⑤ INT 　　　⑥ _22 　　　⑦ b.txt

5. 表达式 2/3+7%4+3.5/7 的值是_____。

6. 以下合法的 C 语言常量是_____。

    ① "\n" 　　② e-31 　　③ a'105' 　　④ 7ff 　　⑤ '\x111'

    ⑥ '\18' 　　⑦ "x" 　　⑧ 'do' 　　⑨ - 0x3b1

7. int k=11，则++k 后表达式的值为_____，变量 k 的值为_____。

8. 若 x 和 y 都是 double 型变量，且 x 的初值为 3.0，y 的初值为 2.0，则表达式 pow(y, fabs(1 - x))的值为_____。

9. 若 x 和 n 均是 int 型变量，且 x 和 n 的初值均为 5，则执行表达式 x+=n++后，x 的值为_____，n 的值为_____。

10. 表达式 8/4*(int)2.5/(int)(1.25*(3.7+2.3))值的数据类型为_____。

三、写出下列程序的运行结果

程序 1：

```
int a = 2;
printf("%d\n",a++);
printf("%d\n",a ) ;
printf("%d\n",++a ) ;
```

程序 2：

```
int x = 125; printf("%d\n",x%2); printf("%d\n",x/10); printf("%d\n",x%3==0);
```

程序 3：

```
char a = '6'; int d = a - '0';
```

```
printf("%c\n",(a+2));
printf("%d\n",d+1);
```

程序 4：
```
int a = 2; printf("%d,%d,%d,%d,%d\n",++a,a,++a,a++,a++); printf("%d\n",a）;
```

程序 5：
```
int a=2,b=3;
a=(++a + b++)*2+(++b+a++ +(++a）)*3;
printf("%d,%d",a,b）;
```

四、编程题

1. 输入一个 3 位十进制整数，分别输出百位、十位以及个位上的数。

2. 要将 china 译成密码，密码规律是：用原来的字母后面第四个字母代替原来的字母。例如，字母 a 用其后面第四个字母 e 代替。因此，china 应译为 glamre。请编写一个程序，用赋初值的方法使 c1、c2、c3、c4、c5 五个变量的值分别为'c'、'h'、'i'、'n'、'a'，经过运算后，使 c1、c2、c3、c4、c5 分别变为'g'、'l'、'm'、r'、'e'，并输出。

3. 输入矩形的宽和高，计算矩形的周长和面积，输出结果精确到小数点后 2 位。

4. 从键盘输入一个实数，获取该实数的整数部分，并求出实数与整数部分的差，将结果用两种形式输出：一种是直接输出；另一种是用精确到小数点后 4 位的浮点格式输出。

第 3 章　程序设计基本结构——顺序结构

结构化程序设计由三种基本结构组成，即顺序结构、选择结构、循环结构。它们的共同点是都包含一个入口和一个出口，它们的每个代码都有机会被执行，不会出现死循环。

顺序结构是三种结构中最简单的一种，是一种线性、有序的结构，它依次执行各语句模块。即依照顺序逐条执行指令序列，由程序开头逐条顺序地执行直至程序结束为止，期间无转移、无分支、无循环、无子程序调用，每条指令必须执行一次且只执行一次。由于顺序结构程序的执行特点就是将执行语句序列依次执行一遍，所以顺序程序设计时，只需要将解决问题的步骤依次用 C 语言规定的方式书写到程序中即可。

3.1　C 语句的描述

语句用来向计算机发出操作命令，是 C 语言的任务的真正执行部分。一个语句经过编译后产生若干条机器指令。就好比写文章，文章就类似于我们的程序，通过文章可以表达见解想法，而通过程序可以完成某个任务。文章是由一行行的文字构成的，类似于程序中的语句。下面我们就来学习语句。

C 语言语句的分类如图 3-1 所示。

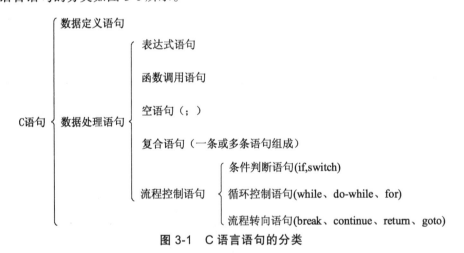

图 3-1　C 语言语句的分类

C 语言规定，一个语句必须以分号作为结束。分号是语句的结束标记。一般情况下，一个语句占用一行，尽量不要将一个语句分成几行，也尽量不要将几个语句放在同一行。

1. 表达式语句

由表达式加上分号";"组成的语句称为表达式语句。其一般形式为：

表达式；

例如：

　　x=y+z;　　　　　/*赋值语句*/

　　y+z;　　　　　　/*加法运算语句，但计算结果不能保留，无实际意义*/

说明：

（1）任何表达式都可以加上分号而成为语句，执行表达式语句就是计算表达式的值。

（2）当自增（或自减）表达式独自构成语句时，语句 i++;和++i;是等价的，都表示 i=i+1；

2．函数调用语句

函数调用语句由函数名、实际参数加上分号“;”组成。其一般形式为：

**　　　　　　函数名(实际参数表);**

执行函数语句就是调用函数体并把实际参数赋予函数定义中的形式参数，然后执行被调函数体中的语句，求取函数值（在后面函数章节中再详细介绍）。例如：

　　printf("C Program");　　　　/*调用库函数，输出字符串*/

3．空语句

单独一个分号“;”构成的语句称为空语句。空语句是什么也不执行的语句。在程序中空语句可用来做空循环体。

4．复合语句

把多个语句用括号{}括起来组成的一个语句称为复合语句。在语法上，应把复合语句看成是单条语句，而不是多条语句。例如，以下是一条复合语句。

```
{ x=y+z;
  a=b+c;
  printf("%d%d", x, a);
}
```

注意：

（1）复合语句内的每一条语句都必须以分号“;”结尾，

（2）复合语句结束的括号“}”之后不能加分号。

5．控制语句

控制语句用于控制程序的流程，以实现程序的各种结构方式。它们由特定的语句定义符组成。C 语言有 9 种控制语句，可分成以下 3 类：

（1）条件判断语句：if 语句、switch 语句；

（2）循环执行语句：do while 语句、while 语句、for 语句；

（3）转向语句：break 语句、goto 语句、continue 语句、return 语句。

控制语句暂时只作简单了解就好，后面的章节将详细介绍各控制语句的功能和用法。

3.2　数据输入/输出

数据的输入/输出是程序最基本的一种操作，几乎每一个 C 程序都包含输入/输出，它是程序运行中与用户交互的基础。C 语言没有提供专门的输入/输出语句，输入/输出通过相关库函数完成，例如，printf 函数和 scanf 函数，而这些函数是在头文件 "stdio.h" 中定义的。因此，在使用标准输入/输出函数时，要用以下预编译命令将头文件包含在源程序中：

   #include <stdio.h>

或

   #include"stdio.h"

3.2.1 格式化输出函数（printf）

printf 函数是格式化输出函数，它的作用是按指定的格式把指定的数据输出。

1. printf 函数的一般调用格式

   printf（**"格式控制"** [,**输出值列表**]）；

其中，括号内包含两部分内容。

（1）格式控制——用双引号括起来的字符串，用于指定输出格式和输出一些提示信息，它可包含以下 3 种信息：

① 普通字符：按原样输出。

② 转义字符：按转义字符的含义输出，例如：'\n'表示换行，'\b'表示退格。

例如：

   printf("***\t123\b#\n###\n");

屏幕上输出：

    ***□□□□□12#

    ###

③ 格式说明符：由 "%" 和格式字符组成。如：%d、%f 等。

（2）输出值列表——列出要输出的数据，如变量、常量和表达式等。它可以是零个、一个或多个，每个输出项之间用逗号 "," 分隔。格式说明符和各输出项在数量和类型上应该一一对应。

例如：

   int a=5;

   printf("the value is:%d\n",a）;

输出：the value is: 5

其中，"the value is:" 为普通字符原样显示，%d 为格式说明，指定对应变量 a 的输出格式为整型；'\n'是转义字符，其作用是换行。

2. 常用的格式字符

（1）d 格式符：用来控制输出十进制整型数据。

（2）c 字符：控制输出一个字符。一个整数，只要其值在 0～255 范围内，就可以用"%c"格式输出。在输出前，系统会将该整数作为 ASCII 码转换成相应的字符；反之，一个字符数据也可以用整数形式输出。

例如：

```
char ch='A';
printf("%c,%c,%d",ch,97,ch);
```
输出结果为：A，a，65

（3）f 字符：以小数形式输出十进制实数（包括单、双精度），小数位数由系统自动指定，一般是输出 6 位小数。注意，在输出的数字中，并非全部数字都是有效数字。单精度数的有效位数一般为 7 位，双精度数的有效位数一般为 16 位。

例如：

```
float f=123.456;
printf("%f",f）;
```
输出结果为：

123.456001

这里，f 的值应为 123.456，但输出为 123.456001，这是因为实数在内存中的存储误差引起的。单精度变量只保证 6~7 位有效数字，后面几位数字是无意义的。

3.2.2　格式化输入函数（scanf）

scanf 函数是格式化输入函数，它的作用是按指定的格式从键盘输入数据，并赋予指定的变量。

scanf 函数的一般调用格式：

scanf("格式控制"，地址列表);

其中，括号内包含两部分内容。

（1）格式控制——用双引号括起来的字符串，用于指定输入格式，可包含以下两种信息：

① 格式说明：与 printf 函数类似，格式说明必须以%开头，由"%"和格式字符组成。用于指定输入数据的格式。

② 普通字符：除了格式说明之外的其他字符，要求用户必须原样输入。例如：

```
scanf("a=%d",&a）;
```
其中，"a="是普通字符，需要原样输入。

假如要给 a 赋值 2，则必须按如下方式输入：

a=2<回车>

（2）地址列表——由若干个地址项组成，相邻地址之间用逗号","分隔。

C 语言中，变量地址的表示方法为：

& 变量名

其中，"&"是取地址运算符。例如：

```
scanf("%d%d%d",&a,&b,&c）;
```
说明：

● 格式控制字符串"%d%d%d"，表示要输入 3 个十进制整数数据。此时，格式控制串中除了格式说明符之外没有任何其他字符，在这种情况下，输入的数据可以用一个或多个空格、回车键或 tab 键来分隔。

以下输入形式都是正确的：

① 11□22□□33<回车>

② 11<回车>

　　22<tab 键>33<回车>

③ 11<回车>

　　22<回车>

　　33<回车>

④ 11□22<回车>

　　33<回车>

下面的输入方式是错误的：

　　　11,22,33<回车>

● &a,&b,&c 是地址列表，分别表示变量 a、b、c 的内存地址。键盘输入的 3 个数据分别存进变量 a、b、c 所在的存储单元里。

3.2.3　字符输出函数（putchar）

putchar 函数的功能：在显示器上输出单个字符。

putchar 的一般形式：

　　　putchar(c);

说明：

① 函数的参数 c 可以是字符变量、字符常量（包括转义字符）、整型变量或者整型常量。

② putchar 函数只能用于单个字符的输出，且一次只能输出一个字符。

例如：

```
char c1='A';
int c2=65;
putchar(c1);        /*输出字符变量 c1 的值*/
putchar('A');       /*输出字符常量'A'*/
putchar(c2);        /*输出整型变量值代表的字符'A',其 ASCII 码值是 65*/
putchar(65);        /*输出整型常量代表的字符'A'*/
putchar('\n');      /*输出转义字符,表示换行*/
```

前 4 条输出语句都输出大写字母 A，最后 1 条输出语句用来换行。

3.2.4　字符输入函数（getchar）

getchar 函数的功能：从键盘输入一个字符。

getchar 一般形式为：

　　　getchar();

注意：

① getchar 函数没有参数。

② getchar 函数只能接受单个字符，输入数字也按数字字符处理。输入多于一个字符时，只接收第一个字符。

③ 使用 getchar 函数输入字符时，键入字符后需要按回车键后，程序才会相应输入继续执行后面的语句。

④ getchar 函数也将回车键作为一个回车符读入，因此在用 getchar 函数连续输入两个字符时需要注意回车符。

⑤ getchar 函数得到的字符可以赋给字符变量或整型变量，也可以不赋给任何变量。

例如：

```
char c;
int d;
c=getchar();            /*将输入的字符赋给字符变量 c*/
d=getchar();            /*将输入字符的 ASCII 码赋给整型变量 d*/
putchar(getchar());     /*将输入的字符输出*/
```

3.3　较复杂的输入输出格式控制

前面讨论的简单的格式输入/输出，只能满足最基本的要求。在程序设计中，还要用到一些更复杂的输入/输出控制，比如输出所占的位数、向左或者右对齐等。在本节中，将具体讲解 scanf/printf 更加复杂的格式控制。

3.3.1　输出数据格式控制

1. printf 函数较复杂的格式控制的一般形式

%[标志][宽度][.精度][长度]类型

其中，方括号[ ]代表可选项，各部分说明如下。

（1）类型：用以表示输出数据的类型，printf 函数的格式字符和意义如表 3-1 所示。

表 3-1　printf 函数格式字符

格式字符	意　义
d	以十进制形式输出带符号整数（正数不输出符号）
o	以八进制形式输出无符号整数（不输出前缀 0）
x,X	以十六进制形式输出无符号整数（不输出前缀 Ox）
u	以十进制形式输出无符号整数
c	输出单个字符
s	输出字符串
f	以小数形式输出单、双精度实数
E、e	以指数形式输出单、双精度实数
G、g	以%f 或%e 中较短的输出宽度输出单、双精度实数
%	输出百分号（%）

例如：

    int a=-1;

    printf("%x,%d",a,a);

输出结果为：

    ffffffff, – 1

（2）标志：标志字符为 – 、+、#、空格四种，其意义如表 3-2 所示。

表 3-2   printf 函数标志符

标　志	意　义
-	输出的数据左对齐，即右边填空格
+	输出符号(正号或负号)
0	在指定输出宽度时，数据的多余空格处用 0 填充
#	输出八进制加前缀 0，输出十六进制加前缀 0x；对 e，g，f 类，当输出结果有小数时才给出小数点；对 c、s、d、u 类输出无影响

（3）宽度：用十进制整数来表示输出的位数。若实际位数多于定义的宽度，则按实际位数输出，若实际位数少于定义的宽度，则在输出数据的左边或者右边补以空格或 0（根据标识符决定）。

例如：

    int a=123,b=123456;

    printf("%5d,%-5d,%05d,%5d", a, a, a, b）;

输出结果：

    □□123,123□□,00123,123456

（4）精度：精度格式符以"."开头，后跟十进制整数。本项的意义是：如果输出是数字，则表示小数的位数；如果输出的是字符，则表示输出字符的个数；若实际位数大于所定义的精度数，则截去超过的部分。

例如：

    printf("%s,%.4s,%5.2s,%-5.3s\n","Hello","Hello","Hello","Hello");

输出结果：

    Hello,Hell,□□□He,Hel□□

其中，第二个输出项格式说明为"%.4s"，即只指定了精度，没指定宽度，则系统自动将宽度值设定为和精度值相等，故输出 4 个字符。

（5）长度：有以下两种表达。

h——表示按短整型量输出。

l——表示按长整型量输出。

例如：

    #include<stdio.h>

    void main()

```
    {
        int x1=15;
        double x2=123.456;
        printf("%d,%6d,%o,%x\n",x1,x1,x1,x1);
        Printf("%lf,%12lf,%12.2lf,%-12.2lf,%0.2lf\n",x2,x2,x2,x2,x2);
    }
```

输出结果：

15,□□□□15,17,f

123.456000，□□123.456000,□□□□□□123.46,123.46□□□□□□,123.46

程序分析：

（1）第一个 printf 语句分别以十进制、八进制、十六进制形式输出整型 15，其中%6d 要求输出整型数的宽度为 6，即在 15 前补上 4 个空格后输出。

（2）第二个 printf 语句是实型数的输出：

● "%lf"默认是 6 位小数，所以补上了 4 个 0；

● "%12lf"表示输出占 12 位，小数点也占一位，123.456000 占 10 位，默认右对齐，前面还要补上两个空格；

● "%12.2lf"表示输出保留两位小数，所以四舍五入是 123.46，前面还要补上 6 个空格；"%–12.2lf"中 "–"表示左对齐，所以后面补上 6 个空格；

● "%0.2lf"表示保留两位小数，因此是 123.46。

2. 使用 printf 函数应注意的问题

（1）在输出数据时，格式说明与输入项从左至右在类型上必须一一对应。如果出现不一致的情况，系统将按照强制类型转换的方式，按照对应格式所指定的类型输出数据。

（2）除了 X、E、G 外，其他格式字符必须用小写字母，如%d 不能写成%D。

（3）可以在 printf 函数中的"格式控制"内像使用普通字符一样使用转义字符。如：'\n'、'\t'、'\b'、'\r'等，通过使用转义字符可以改变程序结果的输出格式。

（4）d、o、x、u、c、s、f、e、g 等字符，如用在"%"后面就作为格式符号，用在其他位置则为普通字符。一个格式说明以"%"开始，以上述 9 个格式字符之一为结束，中间可以插入附加格式字符（也称修饰符）。

例如：

```
    printf("c=%cf=%fs=%s",c,f,s);
```

其中，第一个格式说明为"%c"而不包括其后的 f；第二个格式说明为"%f"，不包括其后的 s；第三个格式说明为"%s"。其他字符为原样输出的普通字符。

（5）字符"%"在"格式控制"内是输出格式的标识，如果想输出字符"%"，则应该在"格式控制"中用连续两个"%"表示。

例如：

```
    printf("%f%%",1.0/3);
```

输出：

```
    0.333333%
```

3.3.2 输入数据格式控制

1. scanf 函数较复杂的格式控制的一般形式

"%[*][输入数据宽度][长度]类型"

其中，方括号[ ]代表可选项。各部分的意义如下。

（1）类型——指定输入数据的类型，scanf 的格式字符和意义如表 3-3 所示。

表 3-3　scanf 函数格式字符

格式字符	意　义
d	输入有符号十进制整数
o	输入无符号八进制整数
X 或 x	输入无符号十六进制整数，大小写形式相同
u	输入无符号十进制整数
c	输入单个字符
s	输入字符串
f	输入实数（可用小数形式或指数形式输入）
e，E，g，G	输入实数，与 f 作用相同，e、f、g 可以互相替换（大小写作用相同）

（2）"*"符——输入赋值抑制符，表示该输入项读入后，不赋予变量，即跳过该输入值，成为虚读。

例如：

scanf("%d%*d%d",&a,&b);

若运行时，从键盘按如下方式输入：

1<回车>

2<回车>

3<回车>

则程序会把 1 赋予 a，2 被跳过，3 赋予 b。

（3）输入数据宽度——域宽（指定要输入数据的列数），用十进制整数指定输入项最多可输入的字符个数(必须为正整数)。如遇空格或不可转换的字符，读入的字符将减少。

例如：

scanf("%5d",&a);

若运行时，从键盘输入：12345678<回车>，则只把 12345 赋值给变量 a，其余部分被截去。

又如：

scanf("%4d%5d%f",&a,&b,&c);

若运行时，从键盘输入：200812□5.1<回车>，将把 2008 赋予变量 a，而把 12 赋予变量 b，将 5.1 赋予变量 c。这是因为，格式控制中，"%4d"控制第一个数据只取 4 个字符，"%5d"控制第二个数据只取后面的 5 个字符，但由于输入 12 后面是空格，则认为该数据结束，因此只把 12 赋予变量 b。

再如：

scanf("%3c%3d",&ch,&a);

若运行时，从键盘输入：12x45699<回车>，由于变量 ch 只能接收一个字符，系统从"12x"
3 个字符中取出第 1 个字符"1"赋予字符变量 ch，变量 a 则读取 456，99 则是多余数据，将
留在键盘缓冲区，作为下一次输入使用。

（4）长度——格式符为 l 和 h。

● l 表示输入长整型数据（如%ld、%lo、%lx、%lu）和双精度浮点数（如%lf、%le）。

● h 表示输入短整型数据（如%hd、%ho、%hx、%hu）。

例如：

```
#include <stdio.h>
void main()
{
    int x1,x2,x3,x4;
    long x5;
    scanf("%2d%*2d%3d",&x1,&x2);
    scanf("x3=%2d,x4=%3d",&x3,&x4);
    scanf("%ld",&x5);
    printf("x1=%d,x2=%d,x3=%d,x4=%d,x5=%ld",x1,x2,x3,x4,x5);
}
```

若运行时，从键盘按如下输入：

1234567<回车>

x3=12,x4=345<回车>

12345<回车>

则程序的运行结果为：

x1=12,x2=567,x3=12,x4=345,x5=12345

程序分析：

第一个 scanf 函数中，"%2d"、"%3d"分别得到值 12 和 567，其中"%*2d"有"*"表示不
赋给变量，所以 34 被跳过。

第二个 scanf 中"x3=,x4="为普通字符，所以输入时必须原样输入"x3=,x4="。

第三个 scanf 函数为"%ld"表示输入长整型。

2. 使用 scanf 函数应注意的问题

（1）使用 scanf 函数输入数据，是将数据存到某个变量对应的内存单元，因此，"格式控
制"后面必须给出变量的地址，而不是变量名。

例如：

```
int a;
scanf("%d",a);          /*错误!许多初学者易犯!*/
scanf("%d",&a);         /*正确*/
```

（2）scanf "格式控制"中的格式符必须与地址列表中的各项在类型、数量上一一匹配，比如，float 型变量对应的格式控制符必须为"%f"，double 型变量对应的格式控制符必须为"%lf"，否则，将不能得到正确的数据。

例如：

```
float f;
double e;
scanf("%lf",&f);              /*错误*/
scanf("%f",&f);               /*正确*/
scanf("%f",&e);               /*错误*/
scanf("%lf",&e);              /*正确*/
```

（3）利用 scanf 函数输入数据时不能规定精度。

例如：

```
float f;
scanf("%8.2f",&f);            /*错误*/
```

这是不符合 C 语言规则的。不要企图输入"1234567"，而使 x 的值为 12345.67。

（4）在用"%c"格式字符输入字符时，空格字符、回车字符等均作为有效字符被输入。

例如：

```
char a,b,c;
scanf("%c%c%c",&a,&b,&c）；
```

若从键盘按如下方式输入：

```
r <回车>
s<回车>
t<回车>
```

则变量 a 的值为'r'，变量 b 的值为'\n'，变量 c 的值为's'。

正确的输入方法是：

```
rst<回车>      /*字符间不能有空格*/
```

（5）在输入数据时，若遇到以下情况，则认为该数据结束。

① 遇空格，或按<回车>或<tab>键；

② 指定的宽度结束；

③ 遇非法输入。

例如：

```
scanf("%3d%3c",&c,&a);
```

若运行时，从键盘按如下输入：

```
12x4□kkk9<回车>
```

第 1 项数据对应"%3d"格式，在输入 12 之后遇字符'x'，因此认为数值 12 后已经没有数字了，第 1 项数据到此结束，把 12 送给变量 c。由于"%3c"只要求输入 3 个字符，但"x4"之后遇到空格，第 2 个数据到此结束，把字符'x'，赋予变量 a，"kk9"则是多余的数据，留在键盘缓冲区，作为下一次读入时使用。

（5）如果在"格式控制"中除了格式说明字符以外还有其他字符，则在输入数据时在对应位置应输入与这些字符完全相同的字符。

　　例如：

　　　　scanf("a=%d,b=%d",&a,&b）;

　　输入时只能使用如下形式：

　　　　a=1,b=2<回车>　　　　　　　　/*正确*/

　　其他的输入形式都是不对的：

　　　　a=1□b=2<回车>　　　　　　/*错误*/

　　　　1,2<回车>　　　　　　　　　/*错误*/

3.4　程序举例

　　顺序结构的程序是由一组顺序执行的语句组成,顺序结构程序设计是最简单的程序设计。本节主要通过几个实例来讲解顺序结构程序设计。

　　【例 3-1】从键盘上输入圆锥地面半径 r 和高度 h , 计算圆锥的体积。

　　N-S 流程图（见图 3-2）:

定义变量：
double v;
float r,h;
提示输入圆锥底面半径：
printf("请输入圆锥的底面半径：\n");
输入圆锥底面半径：
scanf("%f",&r);
提示输入圆锥的高：
printf("请输入圆锥的高：\n");
输入圆锥的高：
scanf("%f",&h);
计算圆锥的体积：
v=PI*r*r*h/3;
输出圆锥的体积：
printf("圆锥的体积为%f\n",v);

图 3-2　例 3-1 的 N-S 流程图

C 源程序（文件名：li3_1.c）

```c
#include<stdio.h>
#define PI 3.1415926   /*定义 PI 为符号常量*/
void main()
{
```

li3_1.c

```
    double v;
    float r,h;
    printf("请输入圆锥的底面半径：\n");
    scanf("%f",&r);
    printf("请输入圆锥的高：\n");
    scanf("%f",&h);
    v=PI*r*r*h/3;
    printf("圆锥的体积为%f\n",v);
}
```

运行结果（见图 3-3）：

```
请输入圆锥的底面半径:
11
请输入圆锥的高:
12
圆锥的体积为1520.530818
Press any key to continue_
```

图 3-3　例 3-1 的运行结果

【例 3-2】编写程序，输入 3 个双精度，求它们的平均值（保留小数点后两位）。

C 源程序（文件名：li3_2.c）

li3_2.c

```
#include<stdio.h>
void main()
{
    double x1,x2,x3,aver;
    printf("请输入三个双精度的实数：\n");
    scanf("%lf%lf%lf",&x1,&x2,&x3);
    aver=(x1+x2+x3)/3;
    printf("aver=%6.2f\n",aver);
}
```

N-S 流程（见图 3-4）：

定义变量：
double x1,x2,x3,aver;
提示输入：
printf("请输入三个双精度的实数：\n");
输入：
scanf("%lf%lf%lf",&x1,&x2,&x3);
计算平均值：
aver=(x1+x2+x3)/3;
输出平均值：
printf("aver=%6.2f\n",aver);

图 3-4　例 3-2 的 N-S 流程图

运行结果（见图 3-5）：

图 3-5　例 3-2 的运行结果

【例 3-3】输入 3 个小写字母，输出其 ASCII 码和对应的大写字母。

C 源程序（文件名：li3_3.c）

```
#include<stdio.h>
void main()
{
    char c1,c2,c3,b1,b2,b3;
    printf("请输入三个小写的字母：\n");
    scanf("%c%c%c",&c1,&c2,&c3);
    b1=c1-32;
    b2=c2-32;
    b3=c3-32;
    printf("%d,%d,%d\n%c,%c,%c\n",c1,c2,c3,b1,b2,b3);
}
```

li3_3.c

N-S 流程（见图 3-6）：

定义变量： char c1,c2,c3,b1,b2,b3;
提示输入： printf("请输入三个小写的字母:\n");
输入： scanf("%c%c%c",&c1,&c2,&c3);

计算：
b1=c1-32;
b2=c2-32;
b3=c3-32;

输出 ASCII 码和对应的大写字母： printf("%d,%d,%d\n%c,%c,%c\n",c1,c2,c3,b1,b2,b3);

图 3-6　例 3-3 的 N-S 流程图

运行结果（见图 3-7）：

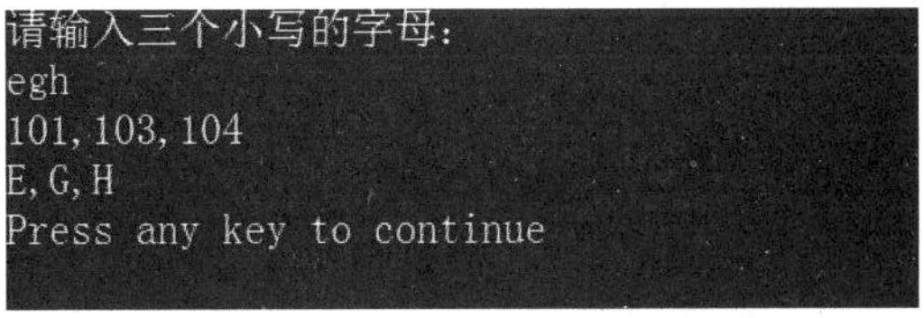

图 3-7　例 3-3 的运行结果

3.5　小　结

本章的内容是学习后面各章的基础。本章的主要知识点如下：

（1）从程序执行的流程来看，程序可分为三种最基本的结构：顺序结构，分支结构以及循环结构。顺序结构是程序设计最基本最简单的结构。在顺序结构中，程序中的语句按照书写顺序逐条执行。

（2）程序中执行部分最基本的单位是语句。C语言的语句可分为5类：

① 表达式语句。任何表达式末尾加上分号即可构成表达式语句，常用的表达式语句为赋值语句。

② 函数调用语句。由函数调用加上分号即组成函数调用语句。

③ 控制语句。用于控制程序流程，由专门的语句定义符及所需的表达式组成。主要有条件判断执行语句、循环执行语句、转向语句等。

④ 复合语句。由{ }把多个语句括起来组成一个语句。复合语句被认为是单条语句，它可出现在所有允许出现语句的地方，如循环体等。

⑤ 空语句。仅由分号组成，无实际功能。

（3）C语言中没有提供专门的输入输出语句，所有的输入输出都是由调用标准库函数中的输入输出函数来实现的。

① scanf 和 getchar 函数是输入函数，接收来自键盘的输入数据。

● scanf 是格式输入函数，可按指定的格式输入任意类型数据。

● getchar 函数是字符输入函数，只能接收单个字符。

② printf 和 putchar 函数是输出函数，向显示器屏幕输出数据。

● printf 是格式输出函数，可按指定的格式显示任意类型的数据。

● putchar 是字符显示函数，只能显示单个字符。

3.6　本章常见的编程错误

（1）格式说明与参数不符。

例如：

```
float a;
a= 1.1;
printf("%d %d",a,2.2);
```

此处想要输出 1.1 和 2.2，输出结果显然与期望不符，这是因为格式说明是整形，所以输出的是整形，而定义的时候变量 a 及数据 2.2 是按浮点型数据定义的二进制编码，格式说明不会更改数据二进制编码的存储方式，只是起到了翻译数据的作用，因此，当格式说明与数据的存储方式不同时，会输出错误的结果。

（2）格式说明未与参数一一对应。

例如：

```
float a,b;
a= 1.1;
printf("%f %f",a）;
```

例子中有两个格式说明，但是只有一个参数，因此输出结果会出错。若格式说明个数少于输出项个数，则多余的输出项不予输出；若格式说明的个数多于输出项的个数，则将输出一些无意义的数字乱码。

（3）scanf 函数中没有转义字符。

例如：

```
int a;
scanf("%d\n",&a);
```

如果我们想把 10 赋值给 a，就需要在键盘上输入 10\n 回车，因为这里\n 已经不是转义字符，而是普通字符。

（4）输入列表的变量未使用取地址符&。

例如：

```
int a,b;
scanf("%d%d",a,b);
```

这是不合法的。应改为

```
scanf("%d%d",&a,&b);
```

即输入列表的变量一定要使用取地符&。

（5）输入数据的方式与要求不符。

① scanf("%d%d",&a,&b);

输入数据时，3，4 输入数据时，在两个数据之间以一个或多个空格间隔，也可用回车键、跳格键 tab，不能用逗号作两个数据间的分隔符。例如下面输入是不合法的：

② scanf("%d,%d",&a,&b);

如果在"格式控制"字符串中除了格式说明以外还有其他字符，则在输入数据时应输入与这些字符相同的字符。下面输入是合法的：3，4

此时不用逗号而用空格或其他字符则是不对的，例如：

3   4   /*错误*/

又如：scanf("a=%d,b=%d",&a,&b);

输入应如以下形式：a=3,b=4，其他方式则不对。

3.7　习　题

一、选择题

1. 以下选项中，不正确的赋值语句是（　　　）。

A. x=y;   B.x++;

C.x%=2;   D. x==5;

2. 以下选项中，不是 C 语句的是（　　　　）。

   A. i++;　　　　　　　　　　　　　B. ;

   C. {a++;b++;}　　　　　　　　　　D. scanf("%d",&a)

3. 下面输出语句的执行结果是（　　　　）。

   printf("%x", -1);

   A. -1　　　　　　　　　　　　　　B. –ffff

   C. 1　　　　　　　　　　　　　　　D. Ffff

4. 以下程序运行后的结果是（　　　　）。

```
#include <stdio.h>
main( )
{   int x;
printf("x=%d\n",x);
}
```

   A. 编译出错　　　　　　　　　　　B.有不确定输出值

   C. 无输出值　　　　　　　　　　　D.运行出错

5. 若有以下输入语句，欲使 a 值为 10，b 值为 20，正确的输入为（　　　　）。

   scanf("a=%f,b=%f",&a,&b);

   A. 10,20<回车>　　　　　　　　　B. 10□20<回车>

   C. a=10,b=20<回车>　　　　　　　D. a=10□b=20<回车>

6. 以下程序段中，为使变量 a、b、c 的值分别为数据 1、A、2,则不正确的输入格式是（　　　　）。

   int a,c;

   char b;

   scanf("%d%c%d",&a,&b,&c);

   A. 1A<回车>2<回车>　　　　　　　B. 1A2<回车>

   C. 1A□2<回车>　　　　　　　　　D. 1<回车>A<回车>2<回车>

7. 已有如下定义语句，则不能正确执行的语句是（　　　　）。

   float a=32.7;

   A.printf("%3.2f\n",a);　　　　　　B.scanf("%3f",&a);

   C.printf("%3f",a);　　　　　　　　D.scanf("%3.2f",&a);

8. 有以下程序段：

   char c1='1',c2='2';

   c1=getchar();

   c2=getchar();

   putchar(c1);

   putchar(c2);

   若运行时输入：

   a<回车>

以下叙述正确的是（　　　）。

A. 变量 c1 被赋予字符 a，c2 被赋予回车符

B. 程序将等待用户输入第 2 个字符

C. 变量 c1 被赋予字符 a，c2 中仍是原有字符 2

D. 变量 c1 被赋予字符 a，c2 中将无确定值

9. 以下程序段的运行结果是（　　　）。

```
int a,b,d=241;
a=d/100%9;
b=(-1)&&(-1);
printf("%d,%d",a,b);
```

A. 6,1　　　　　　　　B. 2,1　　　　　　　　C. 6,0　　　　　　　　D. 2,0

10. 若运行时给变量 x 输入 12，则以下程序的运行结果是（　　　）。

```
int x,y;
scanf("%d",&x);
y=x>12?x+10:x-12;
printf("%d\n",y);
```

A. 0　　　　　　　　B. 22　　　　　　　　C. 12　　　　　　　　D. 10

二、填空题

1. 以下程序段的输出结果为_____。

```
int a=10,b=20,c=30;
printf("%d\n",(a=50,b*a,c+a)) ;
```

2. 运行以下程序段时，采用以下形式输入了 3 个数据：

40000□12.345A<回车>

分别将 40000、12.345、A 赋给变量 a、b、c，请填空。

```
long a;
double b;
char c;
scanf( _____,&a,&b,&c);
```

3. 以下程序的运行结果是_____。

```
int k=4,a=3,b=2,c=1;
printf("\n%d\n",k<a?k:c<b?c:a);
```

三、改错题

1. 下面程序段有 3 处错误，请改正。

```
Main
{ int a;
  float b;
  a=3,b=4.5;
```

```
          printf("%f%d\n",a,b）；
      }
```

2. 下面程序段是把摄氏温度 c 转化为华氏温度 f，转化公式为 f=9c/5+32，有 4 处错误，请改正。

```
      float c,f;
      scanf("%f",c）；
      f=(9/5)*c+32;
      print("c=%f,f=%f\n",&c,&f）；
```

3. 下面程序段有 3 处错误，请改正。

```
      char b=Y;
      putchar('b');          /*输出变量 b 中的字符*/
      putchar("\n");
```

4. 下面程序有 5 处语法错误，请改止。

```
      main();
      {   int x;
          scanf("%d",&x);
          int y;
          y=5x;
      printf("y=%d\n",Y)
      }
```

四、阅读题

1. 以下程序段输出的结果是_____。

```
      int a=789;
      float b=5.686,c=4.56;
      long d=135790;
      printf("*%6d%06d%-6d%2d*\n",a,a,a,a）；
      printf("#%0.4f#%8.4f%-07.1f\n",b,b,c）；
      printf("%ldc%9ldf%-9ld\n",d,d,d）；
```

2. 以下程序段输出的结果是_____。

```
      int x=40,y=4,z=4;
        x =y==z;
        printf("%d\t",x);
        x=x==(y-z);
        printf("%d\n",x);
```

3. 以下程序段输出的结果是_____。

```
      int i=16,j;
      j=(i++)+i;
```

```
printf("%d\n",j);
i=15;
printf("%d,%d\n",++i,i);
```
4. 有以下程序段：
```
char c1,c2,c3,c4,c5,c6;
scanf("%c%c%c%c",&c1,&c2,&c3,&c4);
c5=getchar();
c6=getchar();
putchar(c1);
putchar(c2);
printf("%c%c\n",c5,c6);
```
若运行时从键盘输入以下内容（从第 1 列开始），则输出结果是：＿＿＿＿＿＿＿。
123<回车>
45678<回车>

5. 有以下程序段：
```
int i=0,j=0,k=0;
scanf("%d%*d%d",&i,&j,&k);
printf("%d%d%d ",i,j,k);
```
若运行时从键盘输入：
10 20 30<回车>
则输出结果是＿＿＿＿＿＿＿。

6. 有以下程序段：
```
char a,b;
a=getchar();
scanf("%d",&b );
a=a-'A'+'0';
b=b*2;
printf("%c%c",a,b );
```
若运行时从键盘输入：
B33<回车>
则输出结果是＿＿＿＿＿＿＿。

7. 有以下程序段：
```
char c1='a',c2='b',c3='c',c4='\101',c5='\116';
  printf( "a%c b%c\tc%c\tabc\n",c1,c2,c3);
  printf("\t \b%c %c\n",c4,c5);
```
则输出的结果是＿＿＿＿＿＿＿。

第 4 章　选择结构

上一章介绍了顺序结构程序设计。在顺序结构中，程序便自顶向下地执行这些语句，执行完上一条语句就自动执行下一条语句，无需条件。但是，在程序设计过程中，有时需要根据不同的条件，采用不同的操作。选择结构就是根据这样的需要设计的。在选择程序结构中，通过判断给定的条件，来控制程序的流程。

4.1　用条件表达式实现选择结构

日常生活中也是存在很多选择和判断的，像"下雨时"会选择"携带雨伞外出"，选择结构的特点就是根据"给定的条件"做出判断，如果条件为真，则执行某条语句，否则执行另外的语句或不做任何操作。在选择结构语句中，"条件"就用表达式来描述。

在 C 语言中，如果在选择结构的语句中只执行单个的赋值语句，则可使用条件表达式来实现。不但使程序简洁，也提高了运行效率。条件表达式是用条件运算符连接的表达式。

1. 条件运算符

条件运算符为"? :"，它是一个三目运算符，即有三个参与运算的量。

由条件运算符组成条件表达式的一般形式为：

表达式 1? 表达式 2:表达式 3

其求值规则为：如果表达式 1 的值为真，则以表达式 2 的值作为整个条件表达式的值，否则以表达式 3 的值作为整个条件表达式的值。

2. 条件表达式通常用于赋值语句中

例如，条件表达式：

max=(a>b)?a:b;

执行该语句的语义是：如 a>b 为真，则把 a 赋予 max，否则把 b 赋予 max。相当于完成了下列条件语句：

if(a>b)max=a;

else max=b;

3. 使用条件运算符时应注意的几点

（1）条件运算符的运算优先级低于关系运算符和算数运算符，但高于赋值符。因此

max=(a>b)?a:b

可以去掉括号而写为

max=a>b?a:b

（2）条件运算符"?:"是一对运算符，不能分开单独使用。

（3）条件运算符的结合方向是自右向左。

a>b?a:c>d?c:d

应理解为

a>b?a:(c>d?c:d）

这也就是条件表达式嵌套的情形，即其中的表达式 3 又是一个条件表达式。

例如，用条件表达式编程，输出两个数中的大数。

```c
main()
{
    int a,b,max;
    printf("\n input two numbers:");
    scanf("%d%d",&a,&b）;
    printf("max=%d",a>b?a:b）;
}
```

【例 4-1】编写一个程序，从键盘输入 1 个整数给 a，然后判断 a 的值，若 a 为偶数，则输出 a/2 的值，否则输出 a。

分析：用条件表达式来完成不同的赋值操作，当数值为偶则赋值为 a/2，当数值为奇则赋值为 a。

N-S 流程图（见图 4-1）：

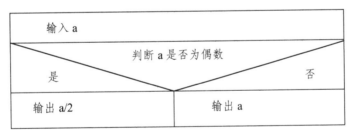

图 4-1　例 4-1 N-S 流程图

C 源程序：（文件名 li4_1.c）

```c
#include<stdio.h>
void main()
{
    int a,ch;
    printf("Input a\n");
    scanf("%d", &a);
    ch = a % 2 ? a : a / 2;
    printf("%d\n", ch);
}
```

li4_1.c

运行结果（见图 4-2）：

图 4-2　例 4-1 运行结果

【例 4-2】从键盘输入一年份，判别该年是否为闰年。

分析：关于公历闰年是这样规定的：地球环绕太阳公转一周叫作一回归年，一回归年长 365 日 5 时 48 分 46 秒。因此，公历规定有平年和闰年，平年一年有 365 日，比回归年短 0.242 2 日，四年共短 0.968 8 日，故每四年增加一日，这一年有 366 日，就是闰年。但四年增加一日比四个回归年又多 0.031 2 日，400 年后将多 3.12 日，故在 400 年中少设 3 个闰年，也就是在 400 年中只设 97 个闰年，这样公历年的平均长度与回归年就相近似了。由此规定：年份是整百数的必须是 400 的倍数才是闰年，例如 1900 年、2100 年就不是闰年。

我们居住的地球总是绕着太阳旋转的。地球绕太阳转一圈需要 365 天 5 时 48 份 46 秒，也就是 365.242 2 天。为了方便，一年定为 365 天；这样每过四年差不多就要多出一天来，把这一天加在 2 月里，这一年就有 366 天，称为闰年。

通常，每四年里有三个平年一个闰年。公历年份是 4 的倍数的，一般都是闰年。也就是我们通常所说的：

四年一闰，百年不闰，四百年再闰。

所以 2000 年是闰年，2100 年不是闰年。因此，判断闰年有两种标准：

（1）能被 4 整除，但不能被 100 整除；

（2）能被 4 整除，也能被 400 整除。

这两个条件只要有一个满足就可以了。例如，2000 年不满足第一个条件，但满足第二个条件，所以是闰年。

N-S 流程图（见图 4-3）：

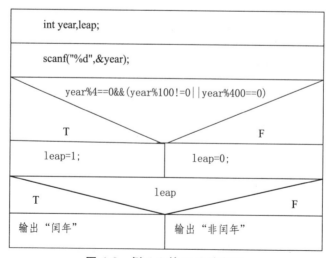

图 4-3　例 4-2 的 N-S 流程图

C 源程序：（文件名 li4_2.c）：

li4_2.c

```c
#include<stdio.h>
void main()
{
    int year,leap;
    printf("Enter year:");
    scanf("%d",&year);
    if(year%4==0&&(year%100!=0||year%400==0))
        leap=1;
    else
        leap=0;
    if(leap)
        printf("%d is a leap year.\n",year);
    else
        printf("%d is not a leap year.\n",year);
}
```

运行结果（见图 4-4）。

图 4-4　例 4-2 运行结果

　　其中,(year%4==0&&(year%100!=0||year%400==0))是判断闰年的条件,程序首先判断 year 是否可以被 4 整除，如果不可以被 4 整除，则不是闰年，如果可以被 4 整除，则继续判断是否不能被 100 整除或可以被 400 整除，这两个条件满足其一，则是闰年，若都不满足，则不是闰年。例如输入 1900,可以被 4 整除，继续判断，1900 能被 100 整除但不能被 400 整除，所以不是闰年；输入 2016,可以被 4 整除，继续判断，2016 不能被 100 整除，所以是闰年；输入 2018，不可以被 4 整除，所以不是闰年。

　　在逻辑表达式的求解中，并不是所有的运算符都被执行，例如 a&&b&&c 只有 a 为真时，才需要判别 b 的值，只有 a 和 b 都为真的情况下才需要判别 c 的值。只要 a 为假，就不必判别 b 和 c 的值。

　　a||b||c 与之相同，只要 a 为真，就不必判别 b 和 c。只有 a 为假时，才判别 b，只有 a 和 b 都为假时，才判别 c。

4.2　if 语句

　　从 4.1 节可以看到，条件表达式主要是应用在赋值语句中，而一般情况下的选择结构还是需要通过条件语句（也称 if 语句）来完成的。

条件语句有多种形式：单分支、双分支和多分支等。它根据给定的条件进行判断，以决定执行某个分支程序段。

4.2.1　if 语句的 3 种形式

1. if 语句的基本形式

if 语句的一般形式为：

if(表达式) 语句

如图 4-5（a）所示，首先计算条件表达式的值，然后对其值进行判断，若其值为真（非零），则顺序执行语句序列；若其值为假（零），则跳过语句序列（即不执行语句序列），执行 if 语句之后的后续语句。它的 N-S 流程图如图 4-5（b）所示。

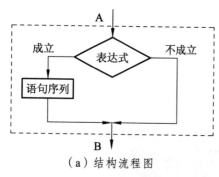

（a）结构流程图　　　　　　　　　　　　　　（b）N-S 流程图

图 4-5　if 语句基本形式流程图

【**例 4-3**】从键盘接收三个整数，分别存放在变量 a,b,c 中，编程输出三个数中的最小数。

分析：用 if 单分支结果求三个数的最小值，可以先把一个值认为是最小的，分别和其他两个对比，若有更小的则更新最小值。

N-S 流程图（见图 4-6）：

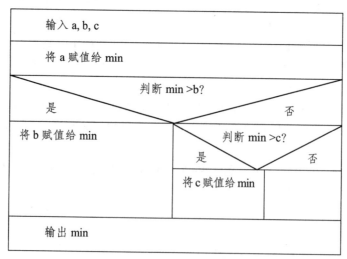

图 4-6　例 4-3 N-S 流程图

C 源程序（文件名 li4_3.c）：

li4_3.c

```c
#include<stdio.h>
void main()
{
    int a, b, c, min;
    printf("Please input 3 numbers:");
    scanf("%d%d%d", &a, &b, &c);
    min = a;
    if (min>b)
        min = b;
    if (min>c)
        min = c;
    printf("min=%d\n", min);
}
```

运行结果（见图 4-7）：

图 4-7 　例 4-3 运行结果

【例 4-4】从键盘输入一个三角形的三条边，判断是否能组成三角形，若能组成三角形，则输出它的面积。

分析： 任意两边之和大于第三边则可以组成三角形，再利用三角形的面积公式即可完成本题。

N-S 流程图（见图 4-8）：

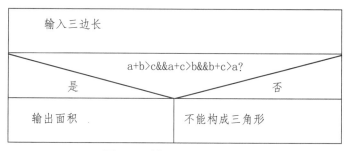

图 4-8 　例 4-4 N-S 流程图

C 源程序（文件名 li4_4.c）：

li4_4.c

```c
#include<stdio.h>
#include <math.h>
void main()
{
```

```c
float a, b, c, s, area;
printf("输入三条边：\n");
scanf("%f%f%f", &a, &b, &c);
if (a + b > c&&a + c > b&&b + c > a){
    s = (a + b + c) / 2;
    area = sqrt(s*(s - a)*(s - b)*(s - c));
    printf("area =%7.2f\n", area);
}
else printf("不能构成三角形\n");
}
```

运行结果（见图4-9）：

图 4-9   例 4-4 运行结果

2. if-else 语句形式

if-else 语句的一般形式为：

> **if(表达式)**
> **语句序列 1；**
> **else**
> **语句序列 2；**

语句的执行过程为：先计算条件表达式的值，对其进行逻辑"真""假"判断，若其值为真，则顺序执行语句序列 1，然后执行 if-else 语句之后的后续语句；若其值为假，则顺序执行语句序列 2，然后执行 if-else 语句之后的后续语句。其执行过程如图 4-10（a）所示，如 4-10（b）为它的 N-S 流程图。

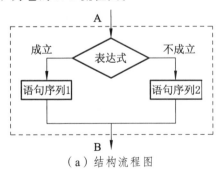
（a）结构流程图

（b）N-S 流程图

图 4-10   if-else 语句形式流程图

前面判别闰年的题目，用 if-else 语句实现，代码如下：

```c
#include<stdio.h>
```

```
void main()
{
    int year,leap;
    printf("Enter year:");
    scanf("%d",&year);
    if(year%4==0)
    {
        if(year%100==0)
        {
            if(year%400==0) leap=1;
            else leap=0;
        }
        else leap=1;
    }
    else
        leap=0;
    if(leap)
        printf("%d is a leap year.\n",year);
    else
        printf("%d is not a leap year.\n",year);
}
```

【例 4-5】计算分段函数

$$y = \begin{cases} x^2 - 5 & x \geq 0 \\ 2x + 5 & x < 0 \end{cases}$$

分析： 可以用多种分支结构实现分段函数的计算。

方法一　单行结构。

C 源程序（文件名 li4_5_1.c）：

```
#include<stdio.h>
void main()
{
    int x,y;
    printf("Enter x:");
    scanf("%d",&x);
    if(x>=0) y=x*x-5;
    if(x<0) y=2*x+5;
    printf("x=%d,y=%d\n",x,y);
}
```

li4_5_1.c

运行结果（见图 4-11）：

图 4-11　例 4-5 运行结果 1

方法二　双分支结构。

C 源程序（文件名 li5_5_2.c）：

```
#include<stdio.h>
void main()
{
    int x,y;
    printf("Enter x:");
    scanf("%d",&x);
    if(x>=0) y=x*x-5;
    else y=2*x+5;
    printf("x=%d,y=%d\n",x,y);
}
```

li4_5_2.c

运行结果（见图 4-12）：

图 4-12　例 4-5 运行结果 2

我们把上面的 if 语句改成如下方式，同学们想想结果如何。

y=x*x – 5;

if(x<0) y=2*x+5;

通过验证，上述方法是可行的，上面两条语句是不管 x 的取值范围，首先让 y=x*x – 5，然后判断 x 的值，如果 x 小于 1，y 的赋值不对，要重新赋值 y=2*x+5。

思考一下，把 if 语句改成下列语句能否实现上述功能：

if(x<1) y=2*x+5;

y=x*x – 5;

提示：不管 x 的值，最后结果都是 y=x*x – 5。

3. if-else-if 语句形式

前两种形式的 if 语句一般都用于两个分支的情况。当有多个分支选择时，可以采用 if-else-if 语句形式。

if-else-if 语句的一般形式为：

```
if(表达式 1)
语句序列 1;
else if(表达式 2)
语句序列 2;
```

else if(表达式 3)

语句序列 3;

······

else if(表达式 n)

语句序列 n;

else

语句序列 n+1;

依次判断多个条件表达式,选择执行第一个逻辑值为真的条件表达式所对应的语句序列。该语句具体的执行过程如图 4-13（a）所示,系统依次判断每个语句中的条件表达式,遇到第一个逻辑值为真的表达式时,则执行该条件下的语句序列,之后其他语句被忽略,转去执行 if 语句之后的语句。若所有的语句之后的表达式的值均为假,在没有可选项 else 语句的情况下,将执行 if 语句之后的语句;在有可选项的情况下,则执行 else 语句下的序列,然后再执行 if 语句之后的语句。它的 N-S 流程图如图 4-13（b）所示。

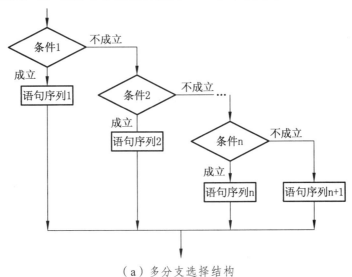

（a）多分支选择结构

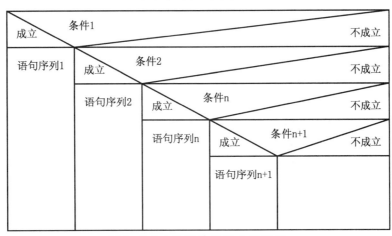

（b）多分支选择结构 N-S 流程图

图 4-13　if-else-if 语句形式流程图

【**例 4-6**】编程输入一元二次方程的三个系数，求解一元二次方程的实根，无实根时不用求虚根，给出相应提示信息即可。

分析：对于一元二次方程，当 $b^2 - 4ac = 0$ 时有两个相同的实数根，当 $b^2 - 4ac > 0$ 时有两个不同的实数根，当 $b^2 - 4ac < 0$ 时没有实数，。

N–S 流程图（见图 4-14）：

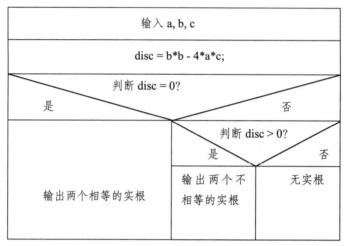

图 4-14　例 4-6 N-S 流程图

C 源程序：（文件名 li4_6.c）

li4_6.c

```c
#include<stdio.h>
#include <math.h>
void main()
{
    float a, b, c, disc, x1, x2;
    printf("输入一元二次方程的三个系数（其中 a 不为 0）：");
    scanf("%f%f%f", &a, &b, &c);
    disc = b*b - 4 * a*c;
    if (disc == 0)
        printf("x1=x2=%7.2fn", -b / (2 * a));/*输出两个相等的实根*/
    else if (disc > 0)
    {
        x1 = (-b + sqrt(disc)) / (2 * a);/*求出两个不相等的实根*/
        x2 = (-b - sqrt(disc)) / (2 * a);
        printf("xl=%7.2f,x2=%7.2f\n", x1, x2);
    }
    else printf("无实根\n");
}
```

运行结果（见图 4-15）：

图 4-15　例 4-6 运行结果

【例 4-7】已知银行整存整取存款不同期限的月息利率分别为：

月息利率 = 0.315%，期限一年

月息利率 = 0.330%，期限二年

月息利率 = 0.345%，期限三年

月息利率 = 0.375%，期限五年

月息利率 = 0.420%，期限八年

要求输入存钱的本金和期限，求到期时能从银行得到的利息与本金的合计。

分析：需要 5 个分支，根据存钱的期限选择不同分支，若存钱的期限不是 1 年、2 年、3 年、5 年和 8 年其中之一，则不存在此存钱方案。

C 源程序：（文件名 li4_7.c）

li4_7.c

```c
#include<stdio.h>
void main()
{
    float money, y;
    printf("请输入存钱的本金：");
    scanf("%f", &money);
    printf("请输入存钱的期限：");
    scanf("%f", &y);
    if (y == 1)
    {
        money = money + 0.00315 * 12 * y;
        printf("到期时利息和本金合计为%f 元。\n", money);
    }
    else if (y == 2)
    {
        money = money + 0.00330 * 12 * y;
        printf("到期时利息和本金合计为%f 元。\n", money);
    }
    else if (y == 3)
    {
        money = money + 0.00345 * 12 * y;
        printf("到期时利息和本金合计为%f 元。\n", money);
    }
```

```
else if (y == 5)
{
    money = money + 0.00375 * 12 * y;
    printf("到期时利息和本金合计为%f 元。\n", money);
}
else if (y == 8)
{
    money = money + 0.00420 * 12 * y;
    printf("到期时利息和本金合计为%f 元。\n", money);
}
else
    printf("没有这种存款方式！ ");
}
```

运行结果（见图 4-16）：

图 4-16　运行结果

4. 使用 if 语句应注意的问题

（1）在 if 语句中，条件判断表达式必须用括号括起来，在语句之后必须加分号。整个 if 语句可以写在一行，也可以写在多行，其每条单独语句结束的标志是分号，即分号是语句的必要成分。如：

```
if(a==b)  语句 1; else   语句 2;
```

是允许的，其中"语句 1"、"语句 2"后必须有分号，否则语法错误

（2）在 if 语句的三种形式中，所有的语句应为单个语句，如果要想在满足条件时执行一组（多个）语句，则必须把这一组语句用花括号{}括起来组成一个复合语句。但要注意的是在右花括号}之后不能再加分号。

例如：

```
if(a>10)
{
    a+=b;
    b++;
}
else
{
    a=10;
```

```
        b=0;
    }
```

（3）else 语句是 if 语句的一部分，不能单独使用，必须与 if 配对使用。

（4）if 语句后面的表达式一般是逻辑表达式或关系表达式，但也可以是其他表达式，如赋值表达式等，甚至也可以是一个变量。根据表达式的值判断条件是否满足，即"非零"为"真"，"零"为"假"。

例如：

```
    if(a=5) 语句;
    if(b) 语句;
```

都是允许的。

又如 if(a=5)…if(a=5)…;中表达式的值永远为非 0，所以其后的语句总是要执行的，当然这种情况在程序中不一定会出现，但是在语法上是合法的。

再看以下例子：

```
    if(a=b)
        语句 1;
    else
        语句 2;
```

注意例子中 if 后的语句并非是关系判断表达式，而是赋值表达式，因此本语句的语义是，把 b 的值赋予 a，如为非 0 则执行语句 1，否则执行语句 2。这种用法在程序中是经常出现的。

4.2.2　嵌套的 if 语句

当 if 语句中的执行语句又是 if 语句时，则构成了 if 语句嵌套的情形。其一般形式可表示如下：

```
    if(表达式)
        if 语句;
```

或者为

```
    if(表达式)
        if 语句;
    else
        if 语句;
```

在嵌套内的 if 语句可能又是 if-else 型的，这将会出现多个 if 和多个 else 重叠的情况，这时要特别注意 if 和 else 的配对问题。

例如：

```
    if(表达式 1)
        if(表达式 2)
        语句 1;
    else
        语句 2;
```

其中的 else 究竟是与哪一个 if 配对呢？

应该理解为：

```
if(表达式 1)
{
    if(表达式 2)
        语句 1;
    else
        语句 2;
}
```

还是应该理解为：

```
if(表达式 1)
{
    if(表达式 2) 语句 1;
}
else
    语句 2;
```

为了避免这种二义性，C 语言规定，else 总是与它前面最近的 if 配对，因此对上述例子应按照前一种情况理解。

【**例 4-8**】用 if 语句的嵌套形式，完成两个数大小关系（大于、小于、等于）的比较与输出。

分析：采用嵌套结构即进行有包含关系的多次条件判断。本例子中可以先判断两个数是否相等，若不等则再判断是大于还是小于的关系。

N–S 流程图（见图 4–17）：

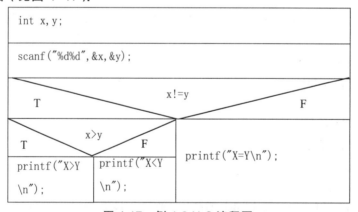

图 4-17　例 4-8 N-S 流程图

C 源程序：（文件名：li4_8.c）

```c
#include<stdio.h>
void main()
{
int x,y;
printf("please input X,Y: ");
scanf("%d%d",&x,&y);
```

li4_8.c

```
    if(x!=y)
        if(x>y) printf("X>Y\n");
        else printf("X<Y\n");
    else printf("X=Y\n");
}
```

可以看到采用嵌套结构实质上也是进行了多分支选择，本题有 3 个分支，分别为 X>Y、X<Y 或 X=Y。这种问题用 if-else-if 语句也可以完成，而且程序更加清晰，在一般情况下较少使用 if 语句的嵌套结构，可以使程序更容易被阅读和理解。以下用 if-else-if 语句完成上例：

```
#include<stdio.h>
void main()
{
    int x,y;
    printf("please input X,Y: ");
    scanf("%d%d",&x,&y);
    if(x==y) printf("X=Y\n");
    else if(x>y) printf("X>Y\n");
    else printf("X<Y\n");
}
```

图 4-18　例 4-8 运行结果图

运行结果（见图 4-18）：

4.3　switch 语句

C 语言还提供了另一种用于多分支选择的 switch 语句，其一般形式为：

```
switch(表达式)
{
    case 常量表达式 1: 语句序列 1;
    case 常量表达式 2: 语句序列 2;
    ……
    case 常量表达式 n: 语句序列 n;
    default: 语句序列 n+1;
}
```

计算表达式的值，并逐个与其后的常量表达式值相比较，当表达式的值与某个常量表达式的值相等时，即执行其后的语句，然后不再进行判断，继续执行后面所有 case 后的语句。如果没有任何一个 case 后面的"常量表达式"的值，与"表达式"的值匹配，则执行 default 后面的语句（组）。然后，再执行 switch 语句的后面的语句。

说明：

（1）switch 后面的"表达式"，可以是 int、char 和枚举型中的一种。

（2）每个 case 后面"常量表达式"的值必须各不相同，否则会出现相互矛盾的现象（即对表达式的同一值，有两种或两种以上的执行方案）。

（3）case 后面的常量表达式仅起语句标号作用，并不进行条件判断。系统一旦找到入口标号，就从此标号开始执行，不再进行标号判断，所以一般在语句序列的末尾加上 break 语句，以便结束 switch 语句。

（4）各 case 及 default 子句的先后次序，不影响程序的执行结果。

（5）多个 case 子句，可共用同一语句（组）。

（6）用 switch 语句实现的多分支结构程序，完全可以用 if 语句或 if 语句的嵌套来实现。

【例 4-9】输入学生成绩（0～100），给出对应的等级转换关系如下：90 分以上为"A"，80～89 为"B"，70～79 为"C"，60～69 为"D"，60 分以下为"E"。

分析：从题目可知学生成绩的十位数值决定了成绩的等级，若十位数为 9，则是 A 等级，十位数为 8，则是 B 等级，依此类推。

C 源程序：（文件名：li4_9.c）

li4_9.c

```c
#include <stdio.h>
void main()
{
int score;
char grade;
printf("输入成绩：");
scanf("%d",&score）;
switch(score/10)
{
case 10:
case 9: grade='A';break; //90 分以上
case 8: grade='B';break; //80~89 分
case 7: grade='C';break;
case 6: grade='D';break;
default: grade='E'; //60 分以下
}
printf("等级为%c\n",grade）;
return 0;
}
```

图 4-19　例 4-9 运行结果

运行结果（见图 4-19）：

【例 4-10】要求输入一个 1-7 的数字，输出对应的星期的英文单词。

算法分析：用 switch 语句实现，输入的数字依次与 1-7 进行对比，符合则输出对应的单词。

C 源程序（文件名 li4_10_1.c）：

li4_10_1.c

```c
#include<stdio.h>
void main()
{
    int a;
```

```
    printf("Input the Numble(1-7):");
    scanf("%d", &a);
    switch (a)
{

    case 1:printf("Monday\n"); break;
    case 2:printf("Tuesday\n"); break;
    case 3:printf("Wednesday\n"); break;
    case 4:printf("Thursday\n"); break;
    case 5:printf("Friday\n"); break;
    case 6:printf("Saturday\n"); break;
    case 7:printf("Sunday\n"); break;
    default:printf("Error\n");
}
}
```

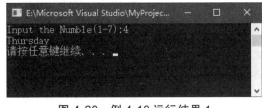

图 4-20　例 4-10 运行结果 1

运行结果（见图 4-20）：

可以发现，在本程序中，每一个 case 后都有一条"break;"语句，这里的 break 语句是什么作用呢？实际上，在 switch 语句中，"case 常量表达式"只相当于一个语句标号，表达式的值和某标号相等则转向该标号执行，但不能在执行完该标号的语句后自动跳出整个 switch 语句，这会导致程序会继续执行后面所有 case 语句的情况。例如，将本例题源程序中"break"删掉。

C 源程序（文件名 li4_10_2.c）：

li4_10_2.c

```
#include <stdio.h>
void main()
{
    int a;
    printf("Input the Numble(1-7):");
    scanf("%d", &a);
    switch (a)
    {
    case 1:printf("Monday\n");
    case 2:printf("Tuesday\n");
    case 3:printf("Wednesday\n");
    case 4:printf("Thursday\n");
    case 5:printf("Friday\n");
    case 6:printf("Saturday\n");
    case 7:printf("Sunday\n");
    default:printf("Error\n");
    }
}
```

当输入为 1 时，其运行结果如图 4-21 所示，明显看到程序执行了 case 1 及其之后的所有语句，即输出了 case 2 到 default 中的所有结果，这当然是不希望的。为了避免这种情况，C 语言提供了 break 语句，专用于跳出 switch 语句，break 语句只有关键字 break，没有参数。这是与前面介绍的 if 语句完全不同的，应特别注意。

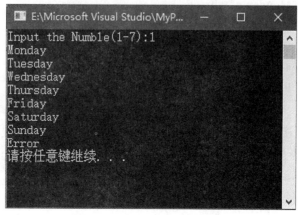

图 4-21　例 4-10 运行结果 2

因此，在 swicth 语句中，在每一个 case 语句之后增加 break 语句，可使每一次执行之后跳出 switch 语句，从而避免执行其他 case 中的语句。

4.4　程序举例

【例 4-11】某运输公司运费计算时根据运输距离 s 打折计算，折扣的计算方法如下：

$$discount = \begin{cases} 0 & s < 250 \\ 2\% & 250 \leqslant s < 800 \\ 5\% & 800 \leqslant s < 1500 \\ 8\% & s \geqslant 1500 \end{cases}$$

其中，discount 表示折扣，s 表示运输距离。编写一完整程序，输入运输距离，统计运费并输出。

分析： 典型的分段函数，可用 if 的多分支结构完成。

C 源程序：（文件名 li4_11.c）

li4_11.c

```c
#include<stdio.h>
#define price 2.5
void main()
{
    float discount, cost, s;
    printf("input distance\n");
    scanf("%f", &s);
    if (s<250) discount = 0;
```

```
else if (s<800) discount = 0.02;
else if (s<1500) discount = 0.05;
else discount = 0.08;
cost = s*(1 - discount)*price;
printf("distance=%5.1f;cost=%5.1f\n", s, cost);
}
```

运行结果（见图 4-22）：

图 4-22　例 4-11 运行结果

【例 4-12】输入三个整数，输出最大数和最小数。

算法分析：本程序中，首先比较输入的 a 和 b 的大小，并把大数装入 max，小数装入 min 中；然后再将 max、min 分别与 c 比较，若 max 小于 c，则把 c 赋予 max；如果 c 小于 min，则把 c 赋予 min。由此 max 内总是最大数，min 内总是最小数。最后输出 max 和 min 的值即可。

C 源程序（文件名 li4_12.c）：

li4_12.c

```
#include<stdio.h>
void main()
{
    int a,b,c,max,min;
    printf("Input three numbers:");
    scanf("%d%d%d",&a,&b,&c）;
    if(a>b)
    {max=a;min=b;}
    else
    {max=b;min=a;}
    if(max<c）
        max=c;
    else
        if(min>c）
            min=c;
    printf("max=%d,min=%d\n",max,min);
}
```

图 4-23　例 4-12 运行结果

运行结果（见图 4-23）：

【例 4-13】对任意的 a、b、c，求 $ax^2 + bx + c = 0$ 的根。

分析：本题与例题 4-6 不同，需要考虑更多种情况，针对 a、b、c 不同的取值，其方程的解不同，具体分析如下：

（1）如果 a=0：

如果 b = 0，有两种情况，如果 c = 0，方程有无穷解；如果 c≠0，方程无解。

如果 b≠0，此时为一元一次方程，有一个解。

（2）如果 a≠0：

当 $b^2 - 4ac = 0$ 时，有两个相等的实根；

当 $b^2 - 4ac > 0$ 时，有两个不等的实根；

当 $b^2 - 4ac < 0$ 时，有两个共轭的复根。

C 源程序（文件名 li4_13.c）：

li4_13.c

```c
#include<stdio.h>
#include<math.h>
void main()
{
    float a,b,c,disc,x1,x2,realpart,imagpart;
    printf("please enter a,b,c:");
    scanf("%f,%f,%f",&a,&b,&c);
    printf("The equation ");
    if(fabs(a)<=1e-6)
    {
        if(fabs(b)<=1e-6)
        {
            if(fabs(c)<=1e-6)
                printf("has Infinite solution\\n");
            else
                printf("has no solution\\n");
        }
        else
        {
            x1=c/b;
            printf("has %8.4f\n",x1);
        }
    }
    else
    {
        disc=b*b-4*a*c;
        if(fabs(disc)<=1e-6)
            printf("has two equal roots:%8.4f\n",-b/(2*a));
        else if(disc>1e-6)
        {
```

```
                x1=(-b+sqrt(disc))/(2*a);
                x2=(-b-sqrt(disc))/(2*a);
                printf("has distinct real roots:%8.4f and %8.4f\n",x1,x2);
            }
            else
            {
                realpart=-b/(2*a);
                imagpart=sqrt(-disc)/(2*a);
                printf("has complex roots:\n");
                printf("%8.4f+%8.4fi\n",realpart,imagpart);
                printf("%8.4f+%8.4fi\n",realpart,imagpart);
            }
        }
    }
```

运行结果（见图 4-24 ）:

分析上面的程序，我们可以得出如图 4-25 所示的过程，其中每一个花括号代表一个 if 语句。

图 4-24　例 4-13 运行结果

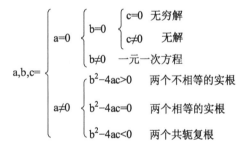

图 4-25　例 4-13 求解方程的根

4.5　小　结

选择结构表示程序的处理步骤出现了分支，需要根据某一特定的条件选择其中的一个分支执行。C 语言提供了多种形式的条件语句以构成分支结构。

（1）if 语句主要用于单项选择。

（2）if-else 语句主要用于双向选择。

（3）if-else-if 语句和 switch 语句用于多向选择。

这几种形式的条件语句一般来说是可以互相替代的。

在本章中我们主要掌握 if 语句、switch 语句结构，并能够使用嵌套 if 语句和 switch 语句编写选择结构程序。

4.6 本章常见的编程错误

1. 条件判断表达式的常见错误

（1）关系表达式的错误表示：M<x<N，正确表示应为：M<x && x<N。

（2）C语言的判等运算符是"=="而不是"="。

例如：

　　if(x=10) printf("x is 10");

该语句不管 x 原先等于多少，都会执行 printf 语句。

2. if 语句一般形式的常见错误

if 语句的一般形式为：

　　　　if(表达式) {语句组；}

不要忘了给 if 语句的条件加括号，也不要忘了给含有多条语句的任务加大括号，否则只有第 1 条语句被作为任务，并会产生一些连带的错误。

例如：

　　if(x>0)

　　　　sum=sum+x;

　　　　printf("Greater than zero\n");

　　else

　　　　printf("Less than or equal to zero\n");

程序会报错，因为 if 和 else 无法配对。

再例如：

　　if(x>0);

　　　　sum=sum+x;

程序中无论 x 条件判断结果如何，都会执行语句"sum=sum+x;"，因为 if 圆括号后有分号"；"，使得在此处 if 语句任务结束。

3. switch 语句的常见错误

switch 语句一般形式为：

　　switch(表达式)

　　{

　　　　case 常量表达式 1: 语句序列 1;break;

　　……

　　　　case 常量表达式 n: 语句序列 n;break;

　　　　default: 语句序列 n+1;

　　}

注意：

（1）在 switch 语句中，要确保控制表达式和 case 标签是相同的允许类型。

（2）switch 中每个选项的语句不放在大括号中，而是由 break 语句结束每个选项。如果忽略了 break 语句，程序会贯穿并执行下一个 case 语句。

（3）case 后要有空格，且只能是常量表达式。

例如：

　　　　case x<0;

是不允许的。

4.7　习　题

一、选择题

1. 对如下程序，若用户输入为 A，则输出结果为（　　　）。

```
main()
{
char ch;
scanf("%c",&ch);
ch=(ch>='A'&&ch<='Z')?(ch+32):ch;
printf("%c\n",ch);
}
```

A. A　　　　　　　　B. 2　　　　　　　　C. a　　　　　　　　D. 空格

2. 以下非法的赋值语句是（　　　）。

A. n=(i=2,++i)　　　B. j++　　　　　C. ++(i+1)　　　D. x=j>0

3. 下列表达式中能表示 a 在 0 到 100 之间的是（　　　）。

A. a>0&a<100　　　　　　　　　　B. !(a<0||a>100)

C. 0<a<100　　　　　　　　　　　D. !(a>0&&a<100)

4. 已有定义:int x=3,y=4,z=5;，则表达式!(x+y)+z-1 && y+z/2 的值是（　　　）。

A. 6　　　　　　　B. 0　　　　　　　C. 2　　　　　　　D. 1

5. 阅读以下程序：

```
main()
{ int x;
scanf("%d",&x);
if(x--<5) printf("%d",x);
else printf("%d",x++);
}
```

程序运行后，如果从键盘上输人 5，则输出结果是（　　　）。

A. 3　　　　　　　B. 4　　　　　　　C. 5　　　　　　　D. 6

6. C 语言的 switch 语句中，case 后（　　　）。

A. 只能为常量

B. 只能为常量或常量表达式

C. 可为常量及表达式或有确定值的变量及表达式

D. 可为任何量或表达式

7. 设有如下程序

```
#include<stdio.h>
void main()
{
float x=2.0,y;
if(x<0.0) y=0.0;
else if(x<10.0) y=1.0/x;
else y=1.0;
printf("%f\n",y);
return 0;
}
```

该程序的输出结果是（　　　）。

A. 0.000000　　　　B. 0.250000　　　　C. 0.500000　　　　D. 1.000000

8. 有下面程序，程序运行后的输出结果是（　　　）。

```
main()
{
int a=15,b=21,m=0;
switch(a%3)
    {
case 0:m++;break;
case 1:m++;
switch(b%2)
        {
default:m++;
case 0:m++;break;
        }
    }
printf("%d\n",m);
}
```

A. 1　　　　　　　B. 2　　　　　　　C. 3　　　　　　　D. 4

9. 运行两次下面的程序，如果从键盘上分别输入 6 和 4，则输出结果是（　　　）。

```
main()
{
int x;
scanf("%d",&x);
if(x++>5) printf("%d",x);
else printf("%d\n",x--);
}
```

A. 7 和 5　　　　　B. 6 和 3　　　　　C. 7 和 4　　　　　D. 6 和 4

10. 若运行时给变量 x 输入 12，则以下程序的运行结果是（　　　　）。

```
#include<stdio.h>
void main()
{
int x,y;
scanf("%d",&x);
    y=x>12?x+10:x-12;
printf("%d\n",y);
return 0;
}
```
A. 4　　　　　　　　　B. 3　　　　　　　　　C. 22　　　　　　　　　D. 0

二、填空题

1. C 语言中用(_____)表示逻辑值"真"，用(_____)表示逻辑值"假"。

2. 输入一个字符，如果它是一个大写字母，则把它变成小写字母，如果它是小写字母，则把它变成一个大写字母，其他字符不变。请填空。

```
main()
{    char ch;
scanf("%c",&ch);
if(_____)
ch = ch+32;
else if(ch> = 'a'&&ch< = 'z')
_____;
printf("%c",ch);
}
```

3. 以下程序对输入的一个小写字母，将字母循环后移 5 个位置后输出，如'a'变'f','w'变成'b'，请在空格处填空。

```
#include "stdio.h"
main()
{    char c;
c = getchar();
if(c> = 'a'&&c< = 'u')
_____;
else if(c> = '_____'&&c< = 'z')
_____;
putchar(c);
}
```

4. 请写出以下程序的输出结果是(_____)。

```
#include <stdio.h>
main(){
```

```
    int a=100;
    if(a>100)    printf("%d\n",    a>100);
    else     printf("%d\n",    a<=100);
}
```

5. 请写出与以下表达式等价的表达式

A. (_____)

B. (_____)

A. !(x>0)   B. !0

6. 编写程序，判断一个整数是否既是 2 的倍数，又是 3 的倍数。

```
#include<stdio.h>
main()
{
int n,flag=0;
    printf("请输入整数：");
scanf("%d",_____);
if(_____)
flag=1;
if(flag==0)
            printf("%d 不能同时被 2 和 3 整除\n",n);
else
            printf("%d 能同时被 2 和 3 整除\n",n);
}
```

三、编程题

1. 输入某年某月某日，判断这一天是这一年的第几天。

2. 输入一个字符，请判断是字母、数字还是特殊字符。

第 5 章　循环结构

循环结构是指在程序中需要反复执行某个功能而设置的一种程序结构。它由循环体中的条件判断继续执行某个功能还是退出循环。循环结构也是结构化程序设计的基本结构之一，它的功能是完成某些需要反复执行的任务，它和顺序结构、选择结构共同作为各种复杂程序的基本构造单元。循环结构包含三个要素：循环变量、循环体和循环终止条件。其中循环体就是反复执行的程序段，而循环变量与循环终止条件则一同决定了循环体可执行的具体次数。

在 C 语言中，有三种类型的循环语句：for 语句、while 语句和 do while 语句，循环语句由循环体及循环的判定条件两部分组成。常用的三种循环结构学习的重点在于掌握它们相同与不同之处，以便选择适当的语句解决不同的问题。

5.1 while 语句

while 循环的一般形式为：

```
while(表达式)
{
    语句块
}
```

其中，while 后面括号中的表达式称为循环条件，可以是任意的表达式，若循环条件的值为逻辑真则执行循环体语句，若表达式的值为逻辑假则直接跳出循环结构。语句块称为循环体，一般是需要多次重复执行的语句。

while 语句的执行步骤是：先计算表达式的值，当值为真（非 0）时，执行循环体语句；执行完循环体语句，再次计算表达式的值，如果为真，继续执行循环体……这个过程会一直重复，直到表达式的值为假（0），就退出循环，执行后面的语句。其执行过程如图 5-1 表示。

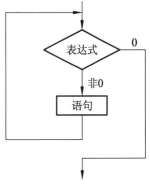

图 5-1　while 循环流程图

说明：（1）while 循环又称当型循环，用于循环次数不确定、但控制条件可知的场合。

（2）循环体语句可以是一条，也可以是多条，多条的时候应用复合语句{}将多条语句括起来。

（3）循环体有可能一次也不执行。例如：

```
while(0) i++;
```

上例中作为循环条件的值为 0，循环体 i++一次也不会执行。

（4）当循环条件不成立时退出循环，除此之外，当遇到 break 也会退出循环，后续会具体讲解 break 的用法。

【例 5-1】编写程序，计算累加和 1+2+3+⋯+100 的值。

分析：考虑到计算过程中需要两个变量，一个 sum 用于存放总和，一个变量 i 用于存放要加的数。解题步骤如下：

（1）初始化总和的变量 sum 为 0；

（2）初始化加数 i 为 1；

（3）利用 sum=sum+i 累加加数；

（4）利用 i=i+1 变化加数；

（5）若 i≤100，返回步骤（3）；否则，执行步骤（6）；

（6）输出 sum，算法结束。

可以看出，用这种方法表示的算法具有通用性、灵活性。步骤（3）~（5）组成一个循环，在实现算法时，要反复多次执行步骤（3）、（4）、（5）等，直到某一时刻，执行步骤（5）时经过判断，变量 i 已超过规定的数值而不返回步骤（3）为止。此时算法结束，变量 sum 的值就是所求结果。

N-S 流程图（见图 5-2）：

初始化总和变量 sum=0
初始化加数 i=1
若 i≤100
sum=sum+i   i=i+1
输出 sum 的值

图 5-2　例 5-1 的 N-S 流程图

C 源程序：（文件名：li5_1.c）

```c
#include<stdio.h>
void main()
{
    int i,sum=0;
    i=1;
    while(i<=100)
      {
          sum=sum+i;
          i=i+1;
      }
```

li5_1.c

```
    printf("sum=%d\n",sum);
}
```

图 5-3　例 5-1 的运行结果

运行结果（见图 5-3）：

说明：（1）while 循环语句首先对条件进行判断，若条件为真则执行循环体，若条件为假则直接跳出循环结构，即循环体一次也不会执行。

（2）while 语句中的表达式一般是关系表达或逻辑表达式，只要表达式的逻辑为真，即可继续循环。表达式也可以是一般的数值型表达式，以 0 值表示假，非 0 值为真。

（3）进入循环前，应为循环控制变量赋值，以使循环条件为真。

（4）while 循环语句本身不能修改循环条件，所以必须在循环体内设置相应的语句，使整个循环趋于结束，以避免造成死循环。

（5）循环体如包括有一个以上的语句，则必须用{}括起来，组成复合语句。

【例 5-2】计算　s=1-2!+3!-4!+…-10!的值并输出。

分析：计算机在计算阶乘时，是从 1 开始一个一个乘到 10 为止，即 n!= n*(n-1)!。用 i 代表循环变量，s 代表 n!的结果值，则循环计算表达式：s=s*i，即可求得 10! 最后求和是一正一负，需设置正负号参量。

N–S 流程图（见图 5–4）：

float sum = 0;
t = 1, f = -1;
for (n = 1; n <= 10; n++)
t = t*n;
f = -f;
sum = sum + t*f;
printf("s=%d\n", sum);

图 5-4　例 5-2 N-S 流程图

C 源程序（文件名 li5_2.c）：

li5_2.c

```
#include<stdio.h>
void main()
{
    int n, t = 1, f = -1;
    int sum = 0;
    for (n = 1; n <= 10; n++)
    {
        t = t*n;
```

```
        f = -f;
        sum = sum + t*f;
    }
    printf("%d\n", sum);
}
```
运行结果（见图 5-5）：

图 5-5　例 5-2 运行结果

5.2　do-while 语句

do...while 循环的一般形式为：

```
        do
        {
            循环体语句；
        } while(表达式);
```

do...while 循环的执行过程为先执行循环体语句一次，再判别表达式的值，若为真（非 0）则继续循环，否则终止循环。

其执行过程可用图 5-6 表示。

可以看出 do...while 循环是 while 循环的变体，两者可以互相转化。do...while 循环执行时，在检查 while()条件是否为真之前，首先会执行一次 do{}之内的语句，然后在 while()内检查条件是否为真，如果条件为真，就会重复 do...while 这个循环,直至 while()内条件为假。

说明：do-while 语句和 while 语句的区别在于 do-while 是先执行后判断，因此 do-while 至少要执行一次循环体。而 while 是先判断后执行，如果条件不满足，则一次循环体语句也不执行。也因此 do...while 循环也称为直到型循环。

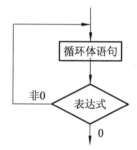

图 5-6　do while 循环流程图

例如，以下两段循环程序输出结果不同：

程序段 1：

```
while(0)
{
printf("hello!")
}    // 循环体不执行，无输出
```

程序段 2：

```
do{
printf("hello!")
} while(0);    // 循环体执行一次，输出 "hello!"
```

【**例 5-3**】用 do-while 语句求累加和 $1+2+3+\cdots+100$ 的值。

分析：和 while 语句不同的是，do-while 语句会先执行一遍循环体，再进行条件判断。

N-S 流程图（见图 5-7）：

初始化总和变量 sum=0	
初始化加数 i=1	
sum=sum+i	
i=i+1	
若 i≤100	
	sum=sum+i
	i=i+1
输出 sum 的值	

图 5-7　例 5-3 的 N-S 流程图

C 源程序：（文件名：li5_3.c）

```c
#include<stdio.h>
void main()
{
    int i,sum=0;
    i=1;
    do
      {
        sum=sum+i;
          i++;
      }
      while(i<=100);
    printf("%d\n",sum);
}
```

li5_3.c

运行结果（见图 5-8）：

图 5-8　例 5-3 运行结果

5.3　for 语句

for 循环的一般形式为：

　　　　for(表达式 1；表达式 2；表达式 3)语句；

相对 while 循环、do-while 循环，for 循环的结构更复杂，但它可以很好地体现正确表达循环结构应注意的三个问题：循环控制变量的初始化、循环的条件、循环控制变量的更新。

for 循环的执行过程为：

（1）先求解表达式 1。

（2）求解表达式 2，若其值为真（非 0），则执行 for 语句中指定的内嵌语句，然后执行下面第（3）步；若其值为假（0），则结束循环，转到第（5）步。

（3）求解表达式 3。

（4）转回上面第（2）步继续执行。

（5）循环结束，执行 for 语句下面的一个语句。

其执行过程可用图 5-9 表示。

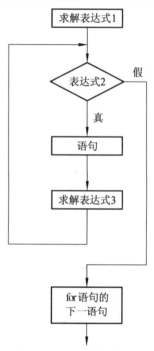

图 5-9 FOR 循环流程图

说明：（1）for 循环本质上也为当型循环结构，它十分适用于事先可以确定循环次数的问题。

（2）for 语句一般应用形式为：

for(循环变量赋初值；循环条件；循环变量增量) 语句

即：

表达式 1 一般为赋值表达式，给控制变量赋初值；

表达式 2 为关系表达式循环控制条件；

表达式 3 一般为赋值表达式或逻辑表达式，给控制变量增量或减量。

例如下列两种十分常见的形式：

for(i=初值;i<=终值;i=i+步长) 循环体语句；

for(i=初值;i>=终值;i=i-步长) 循环体语句；

（3）当循环体有多条语句时，必须使用复合语句，也就是用大括号括起来，否则程序只默认第一个分号“；”前的语句为循环体。

（4）while 循环、do-while 循环和 for 循环可以相互转换。例如：

for(i=1; i<=100; i++) sum=sum+i;

先给 i 赋初值 1，判断 i 是否小于等于 100，若是则执行语句，之后值增加 1。再重新判断，直到条件为假，即 i>100 时，结束循环。

相当于：

i=1;

while（i<=100）

{   sum=sum+i;

        i++;

}

也就是对于 for 循环中语句的一般形式，可转化为如下的 while 循环形式：

表达式 1；

while（表达式 2）

{   语句

      表达式 3；

}

（5）for 循环中的“表达式 1（循环变量赋初值）”、“表达式 2（循环条件）”和“表达式 3（循环变量增量）”都是选择项，即可以缺省，但“；”不能缺省。

① 省略了“表达式 1（循环变量赋初值）”，表示不对循环控制变量赋初值。

② 省略了“表达式 2（循环条件）”，则不做其他处理时便成为死循环。例如：

```
for(i=1;;i++)sum=sum+i;
```

相当于：

```
i=1;
while(1)
{    sum=sum+i;
     i++;
}
```

③ 省略了"表达式 3（循环变量增量）"，则不对循环控制变量进行操作，这时可在语句体中加入修改循环控制变量的语句。例如：

```
for(i=1;i<=100;)
{    sum=sum+i;
     i++;
}
```

④ 省略了"表达式 1（循环变量赋初值）"和"表达式 3（循环变量增量）"。例如：

```
for(;i<=100;)
{    sum=sum+i;
     i++;
}
```

相当于：

```
while(i<=100)
{    sum=sum+i;
     i++;
}
```

⑤ 3 个表达式都可以省略。例如：

```
for(;;)语句
```

相当于：

```
while(1)语句
```

（6）for 循环中的"表达式 1（循环变量赋初值）""表达式 2(循环条件)"和"表达式 3(循环变量增量)"可以是其他表达式。

① 表达式 1 可以是设置循环变量的初值的赋值表达式，也可以是其他表达式。例如：

```
for(sum=0;i<=100;i++) sum=sum+i;
```

② 表达式 1 和表达式 3 可以是一个简单表达式也可以是逗号表达式。例如：

```
for(sum=0,i=1;i<=100;i++) sum=sum+i;
```

或：

```
for(i=0,j=100;i<=100;i++,j--) k=i+j;
```

③ 表达式 2 一般是关系表达式或逻辑表达式，但也可以是数值表达式或字符表达式，只要其值非零，就执行循环体。例如：

```
for(i=0;(c=getchar())!='\n';i+=c);
```

又如：

```
for(;(c=getchar())!='\n';)
    printf("%c",c);
```

【例 5-4】有 2、3、4、5 四个数字，能组成多少个互不相同且无重复数字的三位数？编写 for 循环程序将其一一列举出来。

分析： 2、3、4、5 都可填在百位、十位、个位上。先得到所有的排列，之后再去掉不满足条件的排列，只将满足所有条件的列举出来。

N-S 流程图（见图 5-10）：

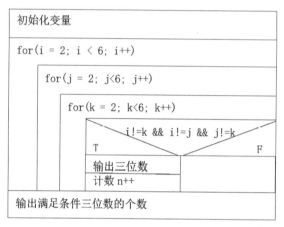

图 5-10　例 5-4 的 N-S 流程图

C 源程序：（文件名：li5_4.c）

li5_4.c

```c
#include <stdio.h>
#include <math.h>
void main()
{
    int i, j, k, n=0;
    for(i = 2; i < 6; i++)//以下为三重循环
    for(j = 2; j<6; j++)
    for(k = 2; k<6; k++)
    {
        if(i != k&&i != j&&j != k)/*确保 i、j、k 三位互不相同*/
        {
            printf("%d%d%d\n", i, j, k);
            n++;
        }
    }
    printf("共有%d 个满足条件的三位数。\n", n);
}
```

运行结果（见图 5-11）：

图 5-11　例 5-4 运行结果

5.4 break 和 continue 语句

虽然循环结构有循环控制语句用于控制循环次数并跳出循环，但实际应用中，我们发现，有些情况我们并不需要循环跑完，即需要提前跳出循环；有些情况需要跳过循环体中剩下的语句直接进入下一轮循环。这些情况就会用到 break 和 continue 语句。break 语句在之前开关语句 switch 中已经接触过，它可使程序跳出 switch 而执行 switch 以后的语句，它在循环结构中也有类似的应用。而 continue 语句并不会跳出循环结构，只会结束本次循环进入下一次循环。

5.4.1 break 语句

break 语句通常用在循环语句和开关语句中。break 在 switch 中的用法已在前面介绍开关语句时的例子中碰到，这里不再举例。当 break 语句用于 do-while、for、while 循环语句中时,可使程序终止循环，而执行循环后面的语句，通常 break 语句总是与 if 语句联在一起，即满足条件时便跳出循环。

比如在 while 循环语句中，break 的一般格式为：

```
while(表达式 1)
{   语句块 1;
    if(表达式 2) break;
    语句块 2;
}
```

图 5-12 表示的是其执行的过程。

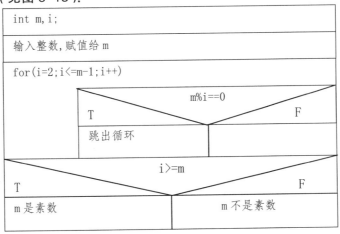

图 5-12 break 语句流程图

【例 5-5】利用 break 语句编写程序，判断某个数是否为素数。

分析：素数又称质数。所谓素数是指除了 1 和它本身以外，不能被任何整数整除的数，例如 17 就是素数,因为它不能被 2~16 的任一整数整除。因此判断一个整数 m 是否是素数，只需把 m 被 2~$m-1$ 之间的每一个整数去除，如果都不能被整除，那么 m 就是一个素数。

N–S 流程图（见图 5–13）：

int m, i;	
输入整数, 赋值给 m	
for(i=2;i<=m-1;i++)	
m%i==0	
T	F
跳出循环	
i>=m	
T	F
m 是素数	m 不是素数

图 5-13 例 5-5 的 N-S 流程图

C 源程序：（文件名：li5_5.c）

```
#include <stdio.h>
#include <math.h>
void main(){
    int m;   // 输入的整数
    int i;   // 循环次数
    printf("输入一个整数：");
    scanf("%d",&m);
    for(i=2;i<=m-1;i++)
        if(m%i==0)
            break; // 如果完成所有循环，那么 m 为素数
    if(i>=m)
        printf("%d 是素数。\n",m);
    else
        printf("%d 不是素数。\n",m);
}
```

li5_5.c

运行结果（见图 5-14）：

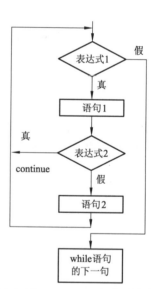

图 5-14　例 5-5 运行结果

注意，若是素数，则会进行到最后一次循环，且最后会执行 i++，此时 i=m，所以终止判断素数的条件是 i≥m。

总结：

（1）break 语句对 if-else 的条件语句不起作用。

（2）在多层循环中，一个 break 语句只向外跳一层。

5.4.2　continue 语句

continue 语句的作用是跳过循环体中剩余的语句而强行执行下一次循环。continue 语句只用在 for、while、do-while 等循环体中，常与 if 条件语句一起使用，用来加速循环。

以下是 while 循环语句中包含 continue 语句的一般格式：

```
while(表达式 1)
{   语句块 1;
    if(表达式 2) continue;
    语句块 2;
}
```

图 5-15　continue 语句流程图

其执行过程可用图 5-15 表示。

【例 5-6】 编写程序，输出 50~100 中不能被 3 整除的数。

分析： 对任意正整数 n，若 n%3≠0，则输出该数 n；如果 n%3 = 0，则不输出该数 n。

C 源程序：（文件名：li5_6.c）

```
#include <stdio.h>
```

li5_6.c

```
void main()
{
    int n = 50;
    for (; n <= 100; n++)
    {
        if (n % 3 == 0)
        {
            printf("\n", n);
            continue;
        }
        else
            printf("%d\t", n);
    }}
```

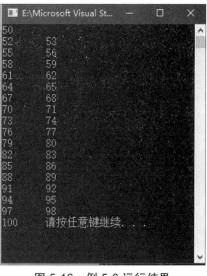

图 5-16　例 5-6 运行结果

运行结果（见图 5-16）：

总结：（1）continue 语句只结束本次循环，并不会终止整个循环的执行。

（2）break 语句则是结束整个循环过程，也不再判断执行循环的条件，而是直接跳出循环结构。

5.5　三种循环结构的比较

通过前面的学习，我们可以对这几种循环进行比较：

（1）三种循环都可以用来处理同一个问题，一般可以互相代替。此外还有一种 goto 型循环，但并不提倡使用，这里不再赘述。

（2）while 和 do-while 循环，循环体中应包括使循环趋于结束的语句。for 语句功能最强。

（3）用 while 和 do-while 循环时，循环变量初始化的操作应在 while 和 do-while 语句之前完成，而 for 语句可以在表达式 1 中实现循环变量的初始化。

（4）同一个问题，往往既可以用 while 语句解决，也可以用 do...while 或者 for 语句来解决，但在实际应用中，应根据具体情况来选用不同的循环语句，选用的一般原则是：

①　如果循环次数在执行循环体之前就已确定，一般用 for 语句。

②　如果循环次数是由循环体的执行情况确定的，一般用 while 语句或者 do...while 语句。

③　当循环体至少执行一次时，用 do...while 语句；反之，如果循环体可能一次也不执行选用 while 语句。

④　这只是一般原则，并非绝对原则。

5.6　循环的嵌套

循环体内又出现循环结构称为循环嵌套或多重循环，用于较复杂的循环问题。前面介绍的几种基本循环结构都可以相互嵌套。计算多重循环的次数为每一重循环次数的乘积。

这种嵌套过程可以有很多重。一个循环外面仅包围一层循环叫作二重循环；一个循环外面包围两层循环叫作三重循环；一个循环外面包围多层循环叫作多重循环。

三种循环语句 for、while、do...while 可以互相嵌套自由组合。但要注意的是，各循环必须完整，相互之间绝不允许交叉。

【例 5-7】打印九九乘法表。

```
1*1=1   1*2=2   1*3=3   1*4=4   1*5=5   1*6=6   1*7=7   1*8=8   1*9=9
2*1=2   2*2=4   2*3=6   2*4=8   2*5=10  2*6=12  2*7=14  2*8=16  2*9=18
3*1=3   3*2=6   3*3=9   3*4=12  3*5=15  3*6=18  3*7=21  3*8=24  3*9=27
4*1=4   4*2=8   4*3=12  4*4=16  4*5=20  4*6=24  4*7=28  4*8=32  4*9=36
5*1=5   5*2=10  5*3=15  5*4=20  5*5=25  5*6=30  5*7=35  5*8=40  5*9=45
6*1=6   6*2=12  6*3=18  6*4=24  6*5=30  6*6=36  6*7=42  6*8=48  6*9=54
7*1=7   7*2=14  7*3=21  7*4=28  7*5=35  7*6=42  7*7=49  7*8=56  7*9=63
8*1=8   8*2=16  8*3=24  8*4=32  8*5=40  8*6=48  8*7=56  8*8=64  8*9=72
9*1=9   9*2=18  9*3=27  9*4=36  9*5=45  9*6=54  9*7=63  9*8=72  9*9=81
```

图 5-17　九九乘法表

分析：九九乘法表有九行九列构成，我们可以首先考虑一行怎么打，一个口诀怎么打，这样的话就把复杂问题简单化了。我们可以用 printf("%d*%d=%-3d",i,j,i*j)这条语句输出一条口诀，那么一行，就是这条语句重复执行九次，而九行就是把一行的打印作九次重复，只是在运行时行和列的值在不断变化。我们把打印一行的那个循环称之为内循环，把完成九行的循环称之为外循环。

C 源程序：（文件名：li5_7.c）

```c
#include <stdio.h>
#include <conio.h>
void main()
{
    int i,j,result;
    printf("\n");
    for (i=1;i<10;i++)/*共打印九行*/
    {
        for(j=1;j<10;j++)/*用于打印一行中的九列*/
        {
            result=i*j;
            printf("%d*%d=%-3d",i,j,result); /*-3d 表示左对齐，占 3 位*/
        }
        printf("\n"); /*每一行后换行*/
    }
    getchar();
}
```

li5_7.c

运行结果（见图 5-18）：

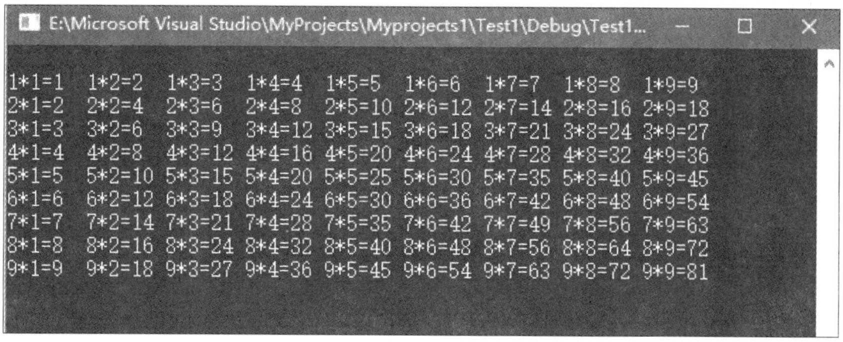

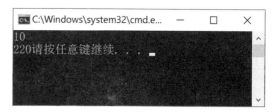

图 5-18 例 5-7 运行结果

5.7 程序举例

采用循环控制语句编程，既可以简化程序，又能提高效率。使用时，必须遵守"先检查，后执行"的原则，解决好循环三要素：进入循环的条件、循环体的算法、结束循环的条件。

下面通过几个典型程序来讲解循环结构中的常用算法。

1. 累计求加、阶乘等数值循环运算问题

此类问题都要使用循环结构，根据问题的要求，确定循环变量的初值、终值或结束条件及用来表示和、乘积等的变量初值。

【例 5-8】求累加和 $s=1+(1+2)+\cdots+(1+2+3+\cdots+n)$ 的值，其中 n 由键盘输入。

分析：累加是在原有和的基础上一次一次地每次加一个数。

C 源程序：（文件名：li5_8.c）

li5_8.c

```c
#include<stdio.h>
void main(){
  int s=0,i,n,a=0,b=0;
  scanf("%d",&n);
  if(n<1) printf("Error!");
  else
  {
    for (i=0;i<n;i++)
    {
      ++a;
      b+=a;
      s+=b;
    }
    printf("%d",s);
  }
}
```

运行结果（见图 5-19）：

图 5-19 例 5-8 运行结果

【例 5-9】将一个正整数分解质因数。例如，输入 90，打印出 90 = 2*3*5。

分析： 对 n 进行分解质因数，应先找到一个最小的质数 i，然后按下述步骤完成：

（1）如果这个质数恰等于 n，则说明分解质因数的过程已经结束，打印出即可。

（2）如果 n>i，但 n 能被 i 整除，则应打印出 i 的值，并用 n 除以 i 的商，作为新的正整数 n，重复执行第一步。

（3）如果 n 不能被 i 整除，则用 i+1 作为 i 的值，重复执行第一步。

C 源程序：（文件名：li5_9.c）

li5_9.c

```c
#include <stdio.h>
void main()
{
    int n, i;
    printf("please input a number:\n");
    scanf("%d", &n);
    printf("%d=", n);
    for (i = 2; i <= n; i++)
    {
        while (n != i)
        {
            if (n%i == 0)
            {
                printf("%d*", i);
                n = n / i;
            }
            else
                break;
        }
    }
    printf("%d\n",n);
}
```

运行结果（见图 5-20）：

图 5-20　例 5-9 运行结果

【例 5-10】编写程序，显示出所有水仙花数。

分析： 所谓水仙花数，是指一个 3 位数，其各位数字立方和等于该数字本身。例如，153 是水仙花数，因为：$153=1^3+5^3+3^3$。

C 源程序：（文件名：li5_10.c）

li5_10.c

```c
#include <stdio.h>
#include <conio.h>
void main()
{
    int i,j,k,n;
```

```
        printf("'water flower'number is:");
        for(n=100;n<1000;n++)
        {
            i=n/100;/*分解出百位*/
            j=n/10%10;/*分解出十位*/
            k=n%10;/*分解出个位*/
            if(i*100+j*10+k==i*i*i+j*j*j+k*k*k)
                printf("%-5d",n);
        }
        getchar();
    }
```

运行结果（见图 5-21）：

图 5-21　例 5-10 运行结果

总结：可以将一个 3 位数的百位、十位及个位分离出来，再计算它们的立方和，根据立方和是否等于 n 来判断该 3 位数是否为水仙花数。

2. 有规律图案打印

打印图案一般可由双层循环实现，外循环用来控制打印的行数，内循环控制打印的个数。

【例 5-11】打印如下所示空心三角形。

```
        *
       * *
      *   *
     *     *
    *********
```

分析：在第一行和最后一行正常输出，其余行只输出首和尾。

C 源程序：（文件名：li5_11.c）

```
#include <stdio.h>
void main()
{
    int i, j;
    for (i = 0; i<5; i++) {
        for (j = 5; j>i; j--)
        {
            printf(" ");
```

li5_11.c

```
    }
    for (j = 0; j<2 * i + 1; j++) {
        if (j == 0 || j == 2 * i || i == 0 || i == 4) {
printf("*");
        }
        else{
            printf(" ");
        }
    }
    printf("\n");
    }
}
```

运行结果（见图 5-22）：

图 5-22　例 5-11 运行结果

3. 不定方程的整数解

【例 5-12】一辆卡车违反交通规则，撞人逃逸。现场三人目击事件，但都没有记住车号，只记下车的一些特征。甲说：牌照的前两位数字是相同的；乙说：牌照的后两位数字是相同的；丙是位数学家，他说：四位的车号正好是一个整数的平方。请根据以上线索求出车号。

分析：由题意知车牌是四位数字，有三点要求：前两位相同、后两位相同且值是某整数的平方。这里需要嵌套三层循环依次找到满足以上所有条件的四位数。

C 源程序：（文件名：li5_12.c）

li5_12.c

```c
#include<stdio.h>
main()
{
    int a,b,i,j;
    for (i=1;i<10;i++)
        for(j=0;j<10;j++)
        {
            a=i*1000+i*100+j*10+j;
            for(b=10;b<100;b++)
                if(b*b==a)
                    printf("The number is %d\n",a);
        }
}
```

运行结果（见图 5-23）：

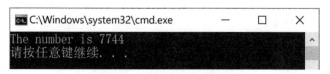

图 5-23　例 5-12 运行结果

【**例 5-13**】一个整数，它加上 100 后是一个完全平方数，再加上 168 又是一个完全平方数，请问该数是多少？（注：若一个数能表示成某个整数的平方的形式，则称这个数为完全平方数。）

分析：在 100 000 以内判断，先将该数加上 100 后开平方，再将该数加上 268 后开平方，如果开方后的结果满足完全平方数的要求，则输出结果。

N–S 流程图（见图 5-24）：

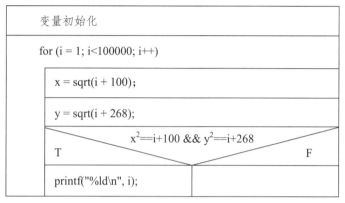

图 5-24　例 5-12 的 N-S 流程图

C 源程序：（文件名：li5_13.c）

li5_13.c

```
#include <math.h>
main()
{
    long int i, x, y, z;
    for (i = 1; i<100000; i++)
    {
        x = sqrt(i + 100);           /*x 为加上 100 后开平方所得的结果*/
        y = sqrt(i + 268);           /*y 为再加上 168 后开平方所得的结果*/
        if(x*x == i + 100 && y*y == i + 268)   /*如果一个数的平方等于该数，则说
                                                  明此数是完全平方数* /
            printf("%ld\n", i);
    }
}
```

运行结果（见图 5-25）：

图 5-24　例 5-12 的运行结果

4. 多数据、字符串处理

循环结构适用于多数据循环处理，如找一系列数据中的最大值、最小值，或统计一串数中的特殊数值的个数等。另外，在程序设计中，除了常用的数值计算外，还常常要对字符串进行处理，如字符大小写的转换、字符的加密或解密、单词的统计等。

【例 5-14】用循环结构找出一系列整数中的最小值。

分析：先输入数据的个数 n，之后依次输入 n 个整数，用循环结构找到最小值。

C 源程序（文件名：li5_14.c）：

li5_14.c

```c
#include<stdio.h>
int main()
{
    int n,i,a,b;
    printf ("即将输入整数个数为：n=");
    scanf ("%d",&n);
    printf ("依次输入 n 个整数：");
    scanf ("%d",&a);
    for(i=1;i<n;i++){
        scanf (" %d",&b);
        if(a>b) a=b;
    }
    printf ("min = %d\n",a);
}
```

运行结果（见图 5-26）：

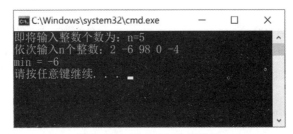

图 5-26　例 5-14 运行结果

【例 5-15】输入一行字符，分别统计出其中英文字母、空格、数字和其他字符的个数。

分析：本例程序中的循环条件为 getchar()!='\n'，其意义是，只要从键盘输入的字符不是回车就继续循环。循环体中的 char、space、digit、others 分别代表英文字母、空格、数字和其他字符的个数，char++、space++、digit++、others++完成对输入的字符英文字母、空格、数字和其他字符个数计数，从而程序实现了对输入一行字符的所有数据的计数。

C 源程序：（文件名：li5_15.c）

li5_15.c

```c
#include "stdio.h"
#include "conio.h"
void main()
```

```
{
    char c;
    int letters=0,space=0,digit=0,others=0;
    printf("please input some characters\n");
    while((c=getchar())!='\n')
    {
        if(c>='a'&&c<='z'||c>='A'&&c<='Z')
            letters++;
        else if(c==' ')
            space++;
        else if(c>='0'&&c<='9')
            digit++;
        else
            others++;
    }
    printf("all in all:char=%d space=%d digit=%d others=%d\n",letters,
    space,digit,others);
    getchar();
}
```

运行结果（见图 5-27）：

图 5-27 例 5-15 运行结果

5.8 小 结

本章介绍的循环结构与之前所介绍的顺序结构、分支结构并不是彼此孤立的，在循环中可以有分支结构、顺序结构，分支中也可以有循环结构、顺序结构。在实际编程过程中，常将这三种结构相互结合以实现各种算法，设计出相应程序。

循环结构是程序中一种很重要的结构。其特点是，在给定条件成立时，反复执行某程序段，直到条件不成立为止。给定的条件称为循环条件，反复执行的程序段称为循环体。C 语言提供了多种循环语句，可以组成各种不同形式的循环结构。

C 语言提供的三种常用循环语句：

（1）while 语句，用于判定控制表达式在循环体执行之前的循环。

（2）do 语句，用于判定控制表达式在循环体执行之后的循环。

（3）for 语句，对于自增或自减计数变量的循环十分方便。

在使用过程中，我们应该注意以下几点：

（1）for 语句主要用于给定循环变量初值、步长增量以及循环次数的循环结构。

（2）循环次数及控制条件要在循环过程中才能确定的循环，可用 while 或 do-while 语句。

（3）三种循环语句可以相互嵌套组成多重循环，循环之间可以并列但不能交叉。

（4）可用转移语句把流程转出循环体外，但不能从外面转向循环体内。

（5）在循环程序中应避免出现死循环，即应保证循环变量的值在运行过程中可以得到修改，并使循环条件逐步变为假，从而结束循环。

5.9　本章常见的编程错误

（1）当循环体包含一个以上语句时，注意要加上大括号以复合语句形式出现。

例如：

```
for(int i=1,n=0,m=0;m<10;i++)
        n=2*i;
        m=i++;
```

上述程序段运行会进入死循环，因为未加大括号，导致最后一条赋值语句并不在循环体内部，m 的值不会改变。

（2）循环结构中一定要有能改变条件（即逻辑表达式值）的语句，否则很可能造成死循环。相对来说，for 循环的基本结构里本身是包含循环变量增量的，而 do-while 和 while 循环，一般需要在循环体里编写改变循环变量的语句，更易被忽略。

例如：

```
#include<stdio.h>
void main()
{
    int i,sum=0;
    i=1;
    while(i<10)
      {
        sum=sum+i;
      }
    printf("sum=%d\n",sum);
}
```

此程序会进入死循环，因为循环体缺少改变 i 值的语句，导致循环条件 i<10 始终满足，无法结束循环。

（3）循环结构嵌套使用以及循环结构和其他结构互相结合使用时，一定要注意各循环必须完整，相互之间绝不允许交叉。

（4）continue 语句只用在 for、while、do-while 等循环体中。

5.10　习　题

一、选择题

1. for(i=0;i<10;i++);结束后，i 的值是（　　　）。

 A. 9   B. 10   C. 11   D. 12

2. 以下程序的输出结果是（　　　）。

```
main()
{ int i,a;
   for（i=5;i<=20; ）
{i++;
if(i<=15&&i%5=0) printf("%d",i);
}
}
```

 A. 5 10 15   B. 5 10   C. 10 15   D. 5 10 15 20

3. 下面程序的输出结果是（　　　）。

```
main()
{ int i=10,j=0;
do
{ j=j+i;
i--;
}while(i>5);
printf("%d\n",j);
}
```

 A. 45   B. 40   C. 34   D. 55

4. C 语言中（　　　）。

 A. 不能使用 do-while 语句构成的循环

 B. do-while 语句构成的循环必须用 break 语句才能退出

 C. do-while 语句构成的循环，当 while 语句中的表达式值为非零时结束循环

 D. do-while 语句构成的循环，当 while 语句中的表达式值为零时结束循环

5. 执行循环语句 "for(i=1;i++<10;)a++" 后变量 i 的值是（　　　）。

 A. 9   B. 10   C. 11   D. 与 a 的值有关

6. 以下程序的输出结果是（　　　）。

```
main()
{
  int i,a;
  for(i=2,a=23;i++<5;)
       printf("%d",a%i);
}
```

A. 1 2 3   B. 2 3 3   C. 1 2 3 3   D. 2 3 3 5

7. 执行以下语句后，a,b 的值分别是（   ）。

    for(a=b=0;a<4&&++b;a++) b--;

    A. 3 和 0   B. 3 和 1   C. 4 和 0   D. 4 和 1

8. 下面有关 for 循环的正确描述是（   ）。

    A. for 循环只能用于循环次数已经确定的情况

    B. for 循环是先执行循环体语句，后判定表达式

    C. 在 for 循环中，不能用 break 语句跳出循环体

    D. for 循环体语句中，可以包含多条语句，但要用花括号括起来

9. 语句 while (!e);中的条件!e 等价于（   ）。

    A. e==0   B. e!=1   C. e!=0   D. ~e

10. 以下程序段（   ）。

```
int x=-1;
do
{
    x=x*x;
}
while (!x);
```

    A. 是死循环   B. 循环执行二次

    C. 循环执行一次   D. 有语法错误

二、填空题

1. 以下程序运行后,a、b 的值分别为_____。

```
void main()
{
    int a,b;
    for(a=1,b=1;a<=100;a++){
        if(b>=20) break;
        if(b%3==1){
            b+=3;
            continue;
        }
        b-=5;
    }
}
```

2. 输入一批正整数（以负数结束），求其中的奇数和，填写程序中的空格。

```
#include <stdio.h>
void main()
{   int   n, sum=0;
    printf("请输入若干正整数,以 0 或负数结束:\n");
```

```
      scanf("%d",&n);
      while(n>0)
      {
          if(n%2!=0)
              _____;
          scanf("%d",_____);
      }
      printf("奇数之和等于:%d\n",sum);
}
```

3. 计算 1!+2!+3!+4!+5!。
```
#include <stdio.h>
void main( )
{
int i;
int _____;
for(i=1;i<6;_____)
{
   t=t*i;
   s=s+t;
}
printf("1!+2!+3!+4!+5!=%d\n",s);
}
```

4. 对于以下代码，最后一个输出的值是_____。
```
int i=6;
do{
   printf("%d", i--);
}while(i);
```

5. 执行以下程序后，输出 "#" 号的个数是_____。
```
#include <stdio.h>
main()
{ int i,j;
for(i=1; i<5; i++)
for(j=2; j<=i; j++) putchar('#');
}
```

6. 以下程序执行后输出结果是_____。
```
main( )
{ int t=1,i=5;
  for(;i>=0;i--)    t*=i;
  printf("%d\n",t);
```

```
}
```

三、改错题

1. 以下程序的功能是计算 1+1/3+1/5+…+1/(2n-1)的值，请改正程序中的错误。

```
main()
{
int n,i
double s=0,t;
printf("Please Input n:",&n);
scanf("%d",&n);
for(i=1,i<=n,++i)
  t=1/(2*i-1);
  s=s+t;
printf("s=%f\n",s);
}
```

2. 下面程序中有错误，请修改。

```
/*输入一行字符，统计其中英文字母的个数。*/
#include <stdio.h>
void main()
{ char   ch;   int   n=0;
printf("请输入一行字符:");
scanf("%c",&ch);
while(ch!='\n')
{ if(ch>='a'&&ch<='z'&&ch>='A'&&ch<='Z')
  n++;
scanf("%c",&ch);
}
printf("您输入了%d 个英文字母\n", n);
}
```

3. 下面程序的功能是求数列 2/1，3/2，5/3, 8/5, 13/8,21/13……. 的前 20 项之和。程序中有错误，请修改。

```
main()
{
int n,t;
float a=2,b=1,s=0;
for(n=1;n<=20;n++)
{
  s=a/b;
  t=a;
  a=b;
```

```
    b=t;
  }
  printf("s=%f\n",s);
}
```

四、编程题

1. 编写一个程序，实现以下功能：用户输入一个正整数，把它的各位数字前后颠倒一下，并输出颠倒后的结果。

2. 编写一个程序，求出满足下列条件的四位数：该数是个完全平方数，且第一、三位数字之和为 10，第二、四位数字之积为 12。

3. 100 匹马驮 100 担货，大马一匹驮 3 担，中马一匹驮 2 担，小马两匹驮 1 担。试编写程序计算大、中、小马的数目。

4. 已知 abc+cba=1333，其中 a,b,c 均为一位数，编写一个程序，求出 a、b、c 分别代表什么数字。

第6章 数　组

数组是大部分编程语言都支持的一种数据类型，无论是 C 还是 C++，都支持数组的概念。数组包含若干相同类型的变量，这些变量都可以通过索引进行访问。数组中的变量称为数组的元素，数组能够容纳元素的数量称为数组的长度。数组中的每个元素都具有唯一的索引与其对应，数组的索引从零开始。

数组是通过指定数组的元素类型、数组的维数及数组每个维度的上限和下限来定义的，即一个数组的定义需要包含以下几个要素：

（1）元素类型；

（2）数组的维数；

（3）每个维数的上下限；

数组可分为一维数组和多维数组等。

6.1　数组的基本概念

在前面的数据类型中，已经介绍过简单的基本数据类型。在实际的程序设计中，常常需要处理大量相同类型的数据，如某门功课每个学生的成绩记录，多个相同类型数据的排序等。这类数据在 C 语言中可以通过数组来表示。

数组就是具有相同数据类型的数据的有序集合，它不同于前面介绍的基本数据类型，它是一种构造数据类型。数组中的每个数据称为数组元素，数组的每个元素具有相同的数据类型。按数组元素的类型不同，数组又可分为数值数组、字符数组、指针数组、结构数组等各种类别。数组元素在数组的位置由下标来确定，需要一个下标就可以确定数组元素位置的数组为一维数组，需要两个下标才可以确定数组元素位置的数组为二维数组，需要 n 个下标才可以确定数组元素位置的数组为 n 维数组。

6.2　一维数组的定义和使用

一维数组是最简单的数组，它的元素只有一个下标，如 a[10]。

6.2.1　一维数组的定义

在 C 语言中使用数组必须先进行定义。

1. 一维数组定义

一维数组的定义方式为：

类型说明符　数组名[常量表达式]

例如：

int sum[10];

功能：定义一个一维数组。

说明：

（1）类型说明符是任一种基本数据类型或构造数据类型。

（2）数组名是用户定义的标识符，它的命名规则遵循标识符的规则，如例子中的 sum 就是定义的数组的数组名。

（3）常量表达式表示数据元素的个数，也称为数组的长度。如例子中的 10 表示数组 sum 包含 10 个元素。在 C 语言中不允许对数组进行动态定义，数组的大小不会随着程序运行中的变化而改变。

例如：下面两种是错误的定义。

① int m;

　　scanf("%d",&m);

　　int a[m];

② int m;

　　m=20;

　　int a[m];

而下面这样的定义是允许的：

　　#define N 10

　　……

　　long num[N];　　　　/*定义了一个有 10 个元素的长整型数组 num，N 为符号常量*/

（4）在定义数组时，需要指定数组中元素的个数，方括号中的常量表达式用来表示元素的个数，即数组长度。例如，指定 a[10]，表示 a 数组有 10 个元素，注意，下标是从 0 开始的，这 10 个元素是：a[0],a[1],a[2],a[3],a[4],a[5],a[6],a[7],a[8],a[9]。请特别注意，按上面的定义，不存在数组元素 a[10]。

（5）数组的类型实际上是指数组元素的取值类型。对于同一个数组，其所有元素的数据类型都是相同的。

（6）允许在同一个类型说明中，说明多个数组和多个变量。

例如：　　　int a,b,c[4];

2. 一维数组的存储结构

每个变量都总是与一个特定的存储单元相联系（该单元的字节数与变量类型有关，如 Turbo C 的 int 整型占两个字节，VC 环境 int 整型占 4 个字节）。C 语言编译系统为所定义的数组变量的内存中分配一片连续的存储单元，各元素按数组下标从小到大连续排列，每个元素占用相同的字节数。数组是"有序"的即体现在此。

例如，定义数组 a 如下：

　　int a[5];

则数组 a 的存储如图 6-1 所示。

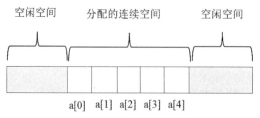

图 6-1　一维数组存储结构

由于一维数组是顺序存储在内存中的，数组名代表了数组在内存的起始地址，而每个数组元素的字节数相同，所以，根据数组元素序号可以求得数组各元素在内存的地址，并实现对数组元素进行随机存取。

数组元素地址=数组起始地址+元素下标×sizeof(数组类型)

假设数组 a 的起始地址为 1000，在 VC 环境下，在则元素 a[3] 的地址为 1000+3×4=1012。

6.2.2　一维数组元素的引用

数组元素是组成数组的基本单元，引用之前必须先定义。

数组元素的一般形式为：

数组名[下标];

下标是数组元素在整个数组中的顺序号，可以是整型常量或整型表达式。下标的取值范围是从 0 到"数组元素个数"减 1，例如：

int a[5];

则说明数组 a 共有 5 个元素，分别表示为 a[0],a[1],a[2],a[3],a[4]。

注意：a[5] 不是数组 a 的元素。

数组一旦定义，对数组元素的引用就如同普通变量一样，可以对它们进行赋值，在各种表达式中使用。

数组是一种构造类型，它的使用与简单类型的使用是不一样的。C 语言中数组名实质上是数组的首地址，是一个常量地址，不能对它进行赋值，因此不能利用数组名来整体引用一个数组，只能单个地使用数组元素。

下面有关数组元素的操作都是合法的数组元素引用：

```
a[0]=1;
a[1]=a[0]+3;
a[1]=a[2*3];
a['c'-'a']=7;
scanf("%d",&a[3]);
printf("%d",a[4]);
```

【例 6-1】将 10 个数 1、3、5、6、7、34、67、22、56、76 存于数组中，求出这 10 个数的平均数，并将结果输出至屏幕。

分析：本例中给出的 10 个数都为整型数，可用大小为 10 的整型数组存放这 10 个数。定义一个变量来计算其总和；另外定义一个变量来计算平均值，最后输出该变量，该变量即为这 10 个数的平均值。

N-S 流程图（见图 6-2）：

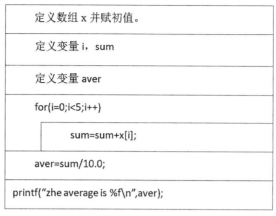

图 6-2 例 6-1 的 N-S 流程图

C 源程序：（文件名：li6_1.c）

```
#include <stdio.h>    /*包含 stdio.h 头文件*/
void main()
{
int x[10]={1,3,5,6,7,34,67,22,56,76};    /*定义一个整型数组 x,并对其进行初始化*/
int i,sum=0;         /*定义整型变量 i 和 sum,sum 赋初值 0*/
float aver;
    for(i=0;i<10;i++)
{
        sum=sum+x[i];    /*计算 x 数组中每个元素的累加和*/
}
aver=sum/10.0;    /*求 10 个数的平均数*/
printf("the average is %f\n",aver);
}
```

运行结果：

the average is 27.700000

由于不能对数组进行整体输入（输出），所以元素必须一个一个地进行输入（输出），如例 6-1 中是使用 for 循环语句来实现的。

在实际应用中，常用一维数组描述一组相同类型的数据对象，以方便处理。

利用循环控制变量作为数组下标，从而能以统一的方式来访问数组元素。在用 for 循环来处理数组时要特别注意边界条件的判断。例 6.1 中 for 循环若写成 for(i=0;i<=10;i++)则有问题，因为 x[10]不是数组 x 的元素。由于 C 语言编译系统不对数组越界错误进行检查，对 x[10]的错误引用在编译时不会被指出来，但对越界数组元素，如 x[10]、x[11]等的错误引用可能破坏数组 x 后的其他数据，造成不可预料的后果，所以在进行程序设计时必须特别

小心，避免这种错误的出现。

6.2.3 一维数组的初始化

在定义数组时，系统只是根据元素的类型和数组的大小在内存中为其分配连续存储空间，并不清除这些空间中原有的值。所以在使用数组之前，必须通过一定方式改变数组中原来的值，使其变为所需要的值。

要达到这样的目的，一般有两种方法：

（1）在定义数组的同时赋初值（初始化）；

（2）在程序运行过程中给数组元素赋值。

初始化的一般形式为：

　　　　类型说明符 数组名[常量表达式]={常量表达式 1，常量表达式 1…常量表达式 n};

说明：在{ }中的各数据值即为各元素的初值，各值之间用逗号间隔。各常量表达式中不能出现变量。例如：

　　　　int a[4]={1,2,3,4};

相当于

　　　　a[0]=1; a[1]=2; a[2]=3; a[3]=4;

C 语言对数组的初始赋值还有以下几点规定：

（1）可以只给部分元素赋初值。例如：

　　　　int a[10]={1,2,3,4};

表示只给 a[0]~a[3]这四个元素赋值，而后的元素值为 0。

（2）只能给元素逐个赋值，不能给数组整体赋值。

例如，给 10 个元素全部赋 1 值，只能写为：

　　　　int a[10]={1,1,1,1,1,1,1,1,1,1};

而不能写为：

　　　　int a[10]=1;

（3）如果给全部元素赋值，则在数组说明中，可以不给出数组元素的个数。例如：

　　　　int a[5]={1,2,3,4,5};

可写为：

　　　　int a[]={1,2,3,4,5};

（4）当数组指定的元素个数少于初始化值的个数时，作为语法错误处理。

例如：

　　　　int a[4]={1,2,3,4,5};是不合法的，因为数组 a 只能有 4 个元素。

【例 6-2】对定义的数组变量进行初始化操作，然后隔位进行输出。

分析：在程序中，定义一个数组变量 s，并且对其进行初始化赋值。使用 for 循环输出数组中的元素，在循环中，控制循环变量 index 使其每次增加 2，这样根据下标进行输出时就会得到隔一个元素输出的结果了。

N-S 流程图（见图 6-3）：

int index;
int s[6]={0,1,2,3,4,5};
for(index=0;index<6;index+=2)
printf("%d\n",s[index]);

图 6-3　例 6-2 的 N-S 流程图

C 源程序：（文件名：li6_2.c）

li6_2.c

```
#include <stdio.h>
void main()
{
    int index;                        /*定义循环控制变量*/
    int s[6]={0,1,2,3,4,5};           /*对数组中的元素赋值*/
for(index=0;index<6;index+=2)         /*隔位输出数组中的元素*/
    {
        printf("%d\n",s[index]);
    }
}
```

运行结果：

0

2

4

【**例 6-3**】对定义的数组变量进行初始化操作，但只为一部分元素赋值，然后将该数组中的所有元素进行输出，观察输出的元素数值。

C 源程序：（文件名：li6_3.c）

li6_3.c

```
#include <stdio.h>
void main()
{
    int index;                        /*定义循环控制变量*/
    int s[6]={0,1,2 };                /*对数组中的元素部分赋值*/
for(index=0;index<6;index++)          /*输出数组中的所有元素*/
    {
        printf("%d\n",s[index]);
    }
}
```

运行结果：

0

1

2

0

0

0

6.3 二维数组的定义和使用

利用一维数组可以解决"一组"相关数据的处理，而对于"多组"相关数据的处理就无能为力了。如对于多个学生的成绩表格，即一个学生有多门课程，某门课程有多个学生，其描述的表格就是一个二维表格。在程序设计中，可以使用二维数组来进行二维表格的处理。二维数组是由两个下标的数组元素所组成的数组。如果数组下标为两个以上的，我们称为多维数组。

6.3.1 二维数组的定义

一般形式：

存储类别 类型说明符 数组名[常量表达式 1] [常量表达式 2];

说明：

（1）类型说明符是任一种基本数据类型或构造数据类型。

（2）数组名是用户定义的数组标识符。

（3）方括号中的常量表达式表示数据元素的个数，也称为数组的长度。常量表达式 1 表示第一维下标的长度，常量表达式 2 表示第二维下标的长度。

例如：

    static int a[2][3];

    char b[4][3];

以上定义了一个静态型的整型二维数组 a，包含的元素个数为 2*3=6，字符型二维数组 b 的元素个数为 4*3=12。

6.3.2 二维数组元素的引用

二维数组的元素也称为双下标变量，引用的时候必须有双下标。

其表示的一般形式为：

数组名[下标 1][下标 2];

说明：下标应为整型常量或整型表达式。

例如：a[3][4]、b[i][j]、c[i+3][j*2]等形式都是被允许的。

下标变量和数组说明在形式中有些相似，但这两者具有完全不同的含义。数组说明的方括号中给出的是某一维的长度，即可取下标的最大值；而数组元素中的下标是该元素在数组中的位置标识。前者只能是常量，后者可以是常量、变量或表达式。

引用二维数组元素与引用一维数组元素、普通基本型变量的方法一样，在使用中只能逐个引用数组元素而不能一次引用整个数组。

注意：

（1）数组元素可以出现在表达式中，也可以被赋值；

例如：b[1][1]=a[2][3]-4;

（2）下标可以是整型表达式，例如 a[2*2-1][2]。

但不要写成 a[2，3]，a[2*2-1,2]形式，这是错误的。

（3）在使用数组元素时，应该注意下标值应在已定义的数组大小的范围内。

例如：

  int a[3][4];
  a[3][4]=3; /*没有 a[3][4]这个元素,越界*/

【例 6-4】定义 4×6 的实型数组，并将各行前五列元素的平均值分别放在同一行的第 6 列上。

N-S 流程图（见图 6-4）：

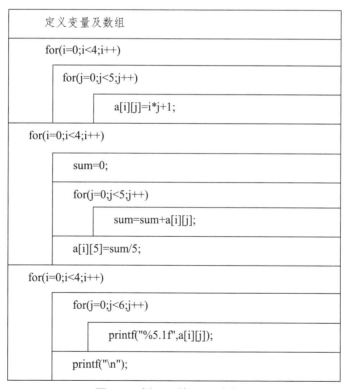

图 6-4　例 6-4 的 N-S 流程图

C 源程序：（文件名：li6_4.c）

#include <stdio.h>

li6_4.c

```
#define N 40
void main()
{
    float a[4][6]={0},sum=0;
    int i=0,j=0;
    for(i=0;i<4;i++)
        for(j=0;j<5;j++)
            a[i][j]=i*j+1;
    for(i=0;i<4;i++)
    {
        sum=0;
        for(j=0;j<5;j++)
            sum=sum+a[i][j];
        a[i][5]=sum/5;
    }
    for(i=0;i<4;i++)
    {
        for(j=0;j<6;j++)
            printf("%5.1f",a[i][j]);
        printf("\n");
    }
}
```

运行结果：

```
1.0   1.0   1.0   1.0   1.0   1.0
1.0   2.0   3.0   4.0   5.0   3.0
1.0   3.0   5.0   7.0   9.0   5.0
1.0   4.0   7.0  10.0  13.0   7.0
```

6.3.3　二维数组的存储和初始化

1. 二维数组的初始化

二维数组的初始化格式如下：

　　　　类型说明符　数组名[整型常量表达式 1][整型常量表达式 2]={初始化数据}；

说明：定义数组的同时，在{}中给出各数组元素的初始值，并把{}中的初值一次性赋给对应的各数组元素。

如果希望从键盘一次为数组元素输入数据，可以采用循环嵌套语句。例如：

```
for(i=1;i<2;i++)
```

```
for(j=0;j<3;j++)
   scanf("%d",&a[i][j]);
```

二维数组的初始化有以下几种形式:

（1）分行进行初始化。例如:

```
int a[2][3]={{1,2,3},{4,5,6}};
```

在{}内部再用{}把各行的初始值分开,第一对{}中的值 1、2、3 赋给第零行的三个元素,作为其初值;第二对{}中的值 4、5、6 赋给第一行的三个元素,作为其初值。相当于执行如下语句:

```
int a[2][3];
a[0][0]=1;a[0][1]=2;a[0][2]=3;a[1][0]=4;a[1][1]=5;a[1][2]=6;
```

（2）不分行的初始化。例如:

```
int a[2][3]={1,2,3,4,5,6};
```

将所有初始值放在{}内,把{}中的数据按数组在内存中的存放次序,依次赋给 a 数组的各元素,即 a[0][0]=1;a[0][1]=2;a[0][2]=3;a[1][0]=4;a[1][1]=5;a[1][2]=6;。

（3）为部分数组元素进行初始化。分两种情况:

① 分行初始化。例如:

```
int a[2][3]={{1,2},{4}};
```

第一行只有 2 个初值,按顺序分别赋给 a[0][0]和 a[0][1];第二行的初值 4 赋给 a[1][0];其他数组元素的初值为 0。即 a[0][0]=1;a[0][1]=2;a[0][2]=0;a[1][0]=4;a[1][1]=0;a[1][2]=0;。

② 不分行初始化。例如:

```
int a[2][3]={1,2,3};
```

把{}中的数据按数组在内存中的存放次序,依次赋给 a 数组的各元素,即 a[0][0]=1;a[0][1]=2; a[0][2]=3;其他数组元素的初值为 0。即 a[0][0]=1; a[0][1]=2; a[0][2]=3; a[1][0]=0; a[1][1]=0; a[1][2]=0;。

（4）第一维大小的确定。分两种情况:

① 分行初始化时,第一维的大小由花括号的个数决定。例如:

```
int a[ ][3]={{1,2},{4}};
```

等价于 int a[2][3]={{1,2},{4}};

② 不分行初始化时,系统会根据提供的初值个数和第二维的长度确定第一维的长度。第一维的大小按如下规则确定:初值个数能被第二维的长度整除,所得的商就是第一维的大小;若不能整除,则第一维的大小为商再加上 1。

例如: int a[][3]={1,2,3,4};等价于: int a[2][3]={1,2,3,4};

注意:第一维的大小定义时可以省略,但第二维的大小定义时不能省略。

【例 6-5】一个学习小组有 5 个人,没人有 3 门课程的成绩,求该小组各科的平均分和总平均分。

分析:定义一个数组 score,保存学生的成绩,并对它初始化,一维的大小代表学生人数,二维的大小代表课程的数量。然后利用循环求出它们的成绩。

N-S 流程图（见图 6-5）:

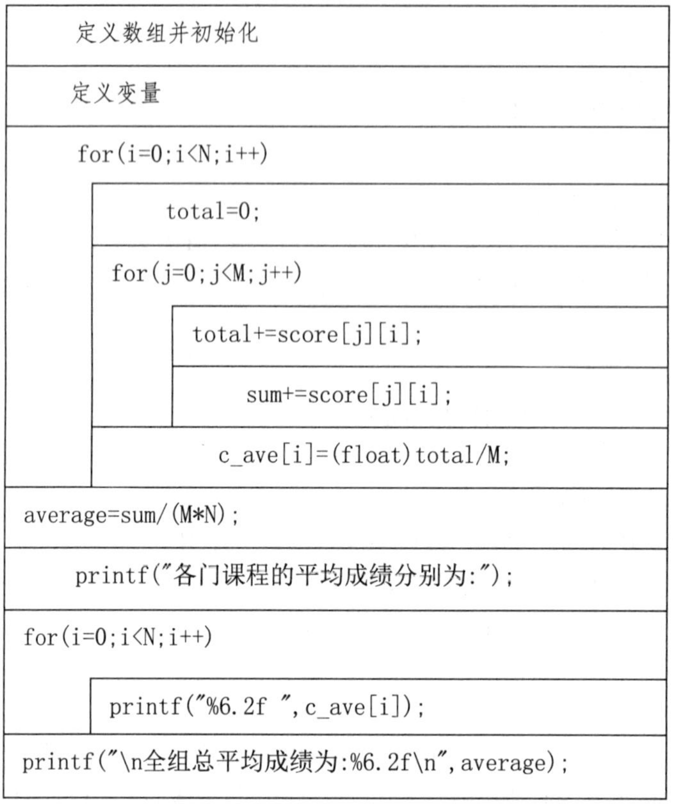

| 定义数组并初始化 |
| 定义变量 |
| for(i=0;i<N;i++) |
| total=0; |
| for(j=0;j<M;j++) |
| total+=score[j][i]; |
| sum+=score[j][i]; |
| c_ave[i]=(float)total/M; |
| average=sum/(M*N); |
| printf("各门课程的平均成绩分别为:"); |
| for(i=0;i<N;i++) |
| printf("%6.2f ",c_ave[i]); |
| printf("\n全组总平均成绩为:%6.2f\n",average); |

图 6-5　例 6-5 的 N-S 流程图

C 源程序：（文件名：li6_5.c）

li6_5.c

```c
#include <stdio.h>
#include <stdlib.h>
#define M 5
#define N 3
int main()
{
int score[M][N]={{80,75,92},{61,65,71},{59,63,70},{85,87,90},{76,77,85}};
int i,j,total;
    float c_ave[N],average,sum=0;
    for(i=0;i<N;i++)
    {
        total=0;
        for(j=0;j<M;j++)
        {
            total+=score[j][i];
            sum+=score[j][i];
        }
```

```
            c_ave[i]=(float)total/M;
        }
        average=sum/(M*N);
        printf("各门课程的平均成绩分别为:");
        for(i=0;i<N;i++)
            printf("%6.2f ",c_ave[i]);
        printf("\n 全组总平均成绩为:%6.2f\n",average);
}
```

运行结果:

各门课程的平均成绩分别为：72.20　　　　　73.40　　　　　81.60

全组总平均成绩为：75.73

2. 二维数组在内存中的存储

内存在表示数据时只能按照线性方式存放。二维数组中各元素存放到内存中时只能按线性方式存放。二维数组的各元素存放在一片连续的存储空间中，空间的大小为元素个数乘以每一个元素所占的空间。

C 语言规定，二维数组中的元素在存储时要先存放第一行的数据，再存放第二行的数据，以此类推，每行数据按下标规定的顺序由小到大存放。

例如，数组 a[4][3]元素的存储顺序如图 6-6 所示。

第一行	a[0][0]	a[0][1]	a[0][2]
第二行	a[1][0]	a[1][1]	a[1][2]
第三行	a[2][0]	a[2][1]	a[2][2]
第四行	a[3][0]	a[3][1]	a[3][2]

图 6-6　二维数组的存放

6.3.4　多维数组的定义

由二维数组的定义引申下去，我们可以定义多维数组。

一般形式：类型说明符　数组名[常量表达式 1] [常量表达式 2]…[常量表达式 n]

功能：定义一个 n 维数组。

说明：

（1）类型说明符是任一种基本数据类型或构造数据类型。

（2）数组名是用户定义的数组标识符。

（3）方括号中的常量表达式表示数据元素的个数，也称为数组的长度。常量表达式 1 表示第一维下标的长度,常量表达式 2 表示第二维下标的长度,常量表达式 n 表示第 n 维下标的长度。

注意：多维数组元素在内存中的排列顺序，是第一维的下标变化最慢，最右边的下标变化最快。

我们以定义一个三维数组为例，看看三维数组元素是怎样排列的。

定义：float a[2][3][4];

a[0][0][0]	a[0][0][1]	a[0][0][2]	a[0][0][3]
a[0][1][0]	a[0][1][1]	a[0][1][2]	a[0][1][3]
a[0][2][0]	a[0][2][1]	a[0][2][2]	a[0][2][3]
a[1][0][0]	a[1][0][1]	a[1][0][2]	a[1][0][3]
a[1][1][0]	a[1][1][1]	a[1][1][2]	a[1][1][3]
a[1][2][0]	a[1][2][1]	a[1][2][2]	a[1][2][3]

6.4　字符数组

前面介绍的数组都是数值型的数组，数组中的每一个元素用来存放数值型的数据。数组不仅可以是数值型的，也可以是字符型的或其他类型的。用来存放字符数据的数组是字符数组。字符数组中的一个元素存放一个字符。

由于 C 语言中没有提供字符串数据类型，只提供了字符数据类型，所以对字符串的存取可以用字符数组来实现。

6.4.1　字符数组的定义及初始化

字符串或串(String)是由若干有效字符组成的并且以字符'\0'作为结束标识的一个字符序列。字符串常量是用一对双引号引起来的一串字符，如"China"。'\0'作为字符串的结束标志，一般可以不显示写出，C 语言编译程序自动在其尾部添加字符'\0'。

1. 字符数组定义

字符数组定义格式：

　　　　char　　数组名[常量表达式];

说明：

（1）数组名是用户定义的数组标识符。

（2）常量表达式表示字符的个数，也称为数组的长度。例如：

　　　　char str1[10];

定义一个一维字符数组 str1，它有 10 个元素。

（3）字符数组也可以是二维或多维数组。例如：

　　　　char str2[3][10];

即为 3 行 10 列的二维字符数组，它有 30 个元素。

2. 字符数组初始化

（1）字符数组也允许在定义时作初始化赋值。例如：

　　　　char a[5]={'C','h','i','n','a' };

赋值后各元素的值如图 6-7 所示。

（2）可以只给部分数组元素赋初值。例如：

　　　　char str1[4]={65,'3'};

相当于

a[0]	C
a[1]	h
a[2]	i
a[3]	n
a[4]	a

图 6-7　字符数组 a 的值

char str1[4];str1[0]='A',str1[1]='3';str1[2]='\0';str1[3]='\0';

因为'A'的 ASCII 码值是 65，所以可以用它的 ASCII 码赋值。

（3）当对全部元素赋初值时也可以省去长度说明。

例如：

char a[]={'s','t','u','d','e','n','t'};

这时 a 数组的长度自动定为 7。

（4）用字符串常量对数组进行初始化。例如：

char str[5]={"Good" };

或

char str[5]="Good";　　/*花括号可以省略。*/

或

char s[]="Good";

相当于

char str[5];str[0]='G';str[1]='o';str[2]='o';str[3]='d';str[4]='\0';

用字符串常量对数组进行初始化，系统自动会在字符串常量的最后加上一个字符串结束标志'\0'，所以此例中数组长度等于 4+1；而用单个字符常量初始化字符数组时，系统不加字符'\0'。

关于二维字符数组的初始化和前面介绍的相同，也有两种初始化方法：

（1）分行初始化；

（2）按照元素在内存中的存放顺序初始化。

同一维字符数组一样，初始化时有两种赋初值形式：

（1）用字符型常量初始化数组；

（2）用字符串常量初始化字符数组。

例如：

char str1[2][10]={{'m','a','t','h'},{'a','r','t','s'}};

char str2[][10]={ 'm','a','t','h','a','r','t','s' };

char str3[2][10]={{"math"},{"arts"}};

char str4[][10]={"math","arts"};

6.4.2　字符串的输入/输出

1. 字符数组的输出

有两种方法将一个字符数组的内容输出。

（1）按%c 的格式，用 printf()函数将数组元素逐个输出到屏幕。例如：

char str[8]="student";

for(i=0;i<8;i++)

printf("%c",str[i]);

此处，输出项是数组元素。

（2）按%s 的格式，用 printf()函数将数组中的内容按字符串的方式输出到屏幕（遇到'\0'字符结束）。例如：

```
char a[]="China";
printf("%s",a);
```

用此方式时，输出项要写数组名 a，而不是数组元素。执行此函数时，从 a 数组的第一个元素开始，一个元素接一个元素地输出到屏幕，直到遇到'\0'字符为止。如果字符串中有多个'\0'，则遇到第一个'\0'结束，并且'\0'字符将不会被输出到屏幕上。

如果字符数组中没有'\0'字符，则在使用"%s"输出的过程中可能会出现错误。例如：

```
#include <stdio.h>
void main()
{
    char c[]={'h','e','l','l','o','!'};
    printf("%s",c）；
}
```

输出结果为：

hello!烫烫烫

出现了乱码错误。所以在使用"%s"时要注意字符数组是否有'\0'结束标志。

2. 字符数组的输入

有两种方法从键盘对字符数组赋值。

（1）按%c 的格式，用循环和 scanf()函数读入键盘输入的数据。例如：

```
char str[10];
for(i=0;i<10;i++)
scanf("%c",&str[i]);
```

按这种方式给字符数组输入值时，系统不会自动在字符串的最后加字符'\0'作为结束标志。

（2）按%s 的格式。例如：

```
char str[10];
scanf("%s",str);
```

将键盘输入的内容按字符串的方式送到数组中，这里注意数组名就代表了数组的地址。输入时，在遇到分隔符时认为字符串输入完毕，并将分隔符前面的字符后加一个'\0'字符一并存入数组中。所以数组长度是实际字符的长度再加 1。

用"%s"输入字符时，字符串中不能含有空格和回车，因为这些是输入数据的结束标志。

6.4.3 字符串处理函数

C 语言提供了丰富的字符串处理函数，大致可分为字符串的输入、输出、合并、修改、比较、转换、复制、搜索几类。使用这些函数可大大减轻编程的负担。用于输入输出的字符串函数，在使用前应包含头文件"stdio.h"，使用其他字符串函数则应包含头文件"string.h"。

下面介绍几个最常用的字符串函数。

1. 字符串输出函数 puts

格式：puts (字符数组名)

功能：把字符数组中的字符串输出到显示器，遇'\0'结束。例如：

  char s1[]="sunshine";

  puts(s1);

其结果是在终端输出"sunshine"。

用 puts 函数输出的字符串中可以包含转义字符。例如：

  char s2[]={"zhang \nsun"};

  puts(s2);

'\n'是转义字符，执行回车换行，在输出全部字符后遇到结束标志'\0'结束输出。

最终输出结果为：

zhang

sun

2. 字符串输入函数 gets

格式：gets(字符数组名)

功能：从键盘读入一个字符串，包括空格符，并把它们依次放到字符数组中去。

本函数得到一个函数值，即为该字符数组的首地址。用 gets()函数输入字符串时，只有回车键才认为是输入结束，此时系统自动在输入的字符的后面加一个结束标志'\0'。

【例 6-6】键盘输入一个字符串到字符数组 s，再将字符串输出到终端。

C 源程序：（文件名：li6_6.c）

```
#include <stdio.h>
void main()
{
    char str[80];
    printf("请输入一个字符串:\n");
    gets(str);                  /*用 gets()输入一个字符串*/
    printf("输入的字符串是:\n");
    puts(str);                  /*用 puts()函数输出字符串*/
}
```

li6_6.c

运行结果：

请输入一个字符串:

I am a teacher! ↙

输入的字符串是:

I am a teacher!

可以看出，当输入的字符串中含有空格时，输出仍为全部字符串。说明 gets 函数并不以空格作为字符串输入结束的标志，而只以回车作为输入结束，这是与 scanf 函数不同的。

3. 字符串连接函数 strcat

格式：strcat (字符数组名 1，字符数组名 2)

功能：把字符数组 2 中的字符串连接到字符数组 1 中字符串的后面，并删去字符串 1 后的结束符'\0'。本函数返回值是字符数组 1 的首地址。

例如：

char str1[16]={"Hello"};

char str2[]={"everyone"};

strcat(str1,str2);

puts(str1);

输出：

Hello everyone

连接前后的状况如图 6-8 所示。

连接前：

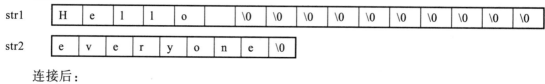

连接后：

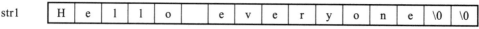

图 6-8　连接前后 str1 与 str2 的变化

说明：

（1）字符数组 1 必须足够大，以便容纳连接后的新字符串。本例中定义 str1 的长度为 16，是足够大的。

（2）连接前两个字符串的后面都有'\0'，连接时将字符串 1 后面的'\0'删除，只在新串最后保留'\0'。

4. 字符串拷贝函数 strcpy

格式：strcpy (字符数组名 1，字符数组名 2)

功能： 把字符数组 2 中的字符串拷贝到字符数组 1 中。结束标志'\0'也一同拷贝。

说明： 字符数组 1 的长度应不小于字符数组 2 的长度，字符数组 1 必须写成数组名形式，而字符数组 2 可以是字符串常量，也可以是字符数组名形式。

例如：

char str1[10],str2[]={"C Language"};

strcpy(str1,str2);

puts(str1);

printf("\n");

运行结果：

C Language

注意，由于数组不能进行整体赋值，所以不能直接使用赋值语句来实现复制（或赋值）。下面两个赋值语句是非法的。

str1=str2;　　/*企图用赋值语句将一个字符数组直接赋值给另一个字符数组*/

str1="abc";　　/*企图用赋值语句将一个字符串常量直接赋值给一个字符数组*/

只能用 strcpy 函数把一个字符串复制到另一个字符数组中去。用赋值语句只能将一个字符赋给一个字符型变量或字符数组元素。

例如：

　　char a[5],c1,c2;

　　c1='a';c2='b';

　　a[0]='c';a[1]='d';a[2]='i';

这些是合法的。

【例 6-7】复制字符串。

C 源程序：（文件名：li6_7.c）

```
#include <stdio.h>
#include <string.h>
void main()
{
    int i;
    char str1[10]="Language",str2[6]="C+\0++";
    puts(str1);                /*输出原始数据 str1 字符数组*/
    puts(str2);                /*输出原始数据 str2 字符数组*/
    strcpy(str1,str2);         /*将 str2 中字符串复制到 str1 中*/
    printf("str1:");
    for(i=0;i<9;i++)           /*用 printf()函数逐个将 str1 中字符串输出*/
        printf("%c",str1[i]);
        printf("\n");
    puts(str1);                /*用 puts()函数将 str1 中字符串输出*/
    printf("str2:");
    puts(str2);                /*用 puts()函数将 str2 中字符串输出*/
    for(i=0;i<6;i++)           /*用 printf()函数逐个将 str2 中字符串输出*/
        printf("%c",str2[i]);
}
```

运行结果：

Language

C+

str1:C+ guage

C+

str2:C+

C+ ++

由结果可以得知：

（1）复制 str2 到 str1 时，遇到'\0'结束，'\0'也一并复制过去了，但'\0'后面的字符不再复制，并且 str1 中未复制部分的字符保留不变。

（2）puts()函数遇到第一个'\0'时输出结束。

（3）用 printf()函数输出字符数组时，数组中所有的字符都会输出，包括字符数组中的'\0'。

5. 字符串比较函数 strcmp

格式：strcmp(字符数组名 1，字符数组名 2)

功能： 按照 ASCII 码顺序比较两个数组中的字符串，并由函数返回值返回比较结果。

字符串 1 = 字符串 2，返回值 = 0；

字符串 1>字符串 2，返回值>0；

字符串 1<字符串 2，返回值<0。

说明：

（1）执行这个函数时，自左到右逐个比较对应字符的 ASCII 码值，直到发现不同字符或字符串结束标志'\0'为止。

（2）字符串不能用数值型比较符。

（3）字符数组名 1 和字符数组名 2，可以是字符串常量。

（4）比较两个字符串是否相等一般用下面的语句形式：

if（strcmp(str1,str2)==0）{…};

而不能直接判断：

if(str1==str2) {…};

【例 6-8】输入 5 个字符串，将其中最大的字符串输出。

分析： 定义两个字符数组 str 和 maxstr（maxstr 数组中保存最大的字符串），用 gets()函数输入第一个字符串（假设第一个字符串是最大的），通过循环分别输入其他 4 个字符串，并将输入的字符串与 maxstr 中保存的最大字符串进行比较，若比目前的最大字符串要大，则将新输入的字符串复制到 maxstr 中。

N-S 流程图（见图 6-9）：

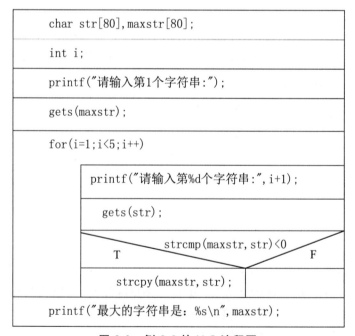

图 6-9　例 6-8 的 N-S 流程图

C 源程序：（文件名：li6_8.c）

```
#include <stdio.h>
#include <string.h>
void main()
{
char str[80],maxstr[80];
int i;
printf("请输入第 1 个字符串：");
gets(maxstr);
for(i=1;i<5;i++)
{
    printf("请输入第%d 个字符串：",i+1);
    gets(str);
    if(strcmp(maxstr,str)<0)
        strcpy(maxstr,str);
}
printf("最大的字符串是：%s\n",maxstr);
}
```

li6_8.c

运行结果：

请输入第 1 个字符串：abcdefg↙
请输入第 1 个字符串：abcdfghi↙
请输入第 1 个字符串：bcdefghi↙
请输入第 1 个字符串：a1b2c3d4e5↙
请输入第 1 个字符串：1234567↙
最大的字符串是：bcdefghi

6. 测字符串长度函数 strlen

格式：strlen(字符数组名)

功能： 测字符串的实际长度（不含字符串结束标志'\0'）并作为函数返回值。

【例 6-9】 求字符串长度。

C 源程序：（文件名：li6_9.c）

```
#include<stdio.h>
#include<string.h>
void main()
{   char str[20];
    int count=0;
    gets(str);
    count=strlen(str);              /*求字符串长度，参数是 str*/
    printf("%s:%d\n",str,count);    /*输出字符串的长度*/
```

li6_9.c

```
    printf("%s:%d\n","abcde",strlen("abcde"));     /*参数也可以是字符串常量*/
}
```
运行结果：

hello↙

hello:5

abced:5

6.5 数组的应用举例

【例 6-10】将 10 个数由小到大进行排序（用冒泡法）。

分析：冒泡排序的基本概念是：依次比较相邻的两个数，将小数放在前面，大数放在后面。即在第一趟：首先比较第 1 个和第 2 个数，将小数放前，大数放后。然后比较第 2 个数和第 3 个数，将小数放前，大数放后，如此继续，直至比较最后两个数，将小数放前，大数放后。至此第一趟结束，将最大的数放到了最后。在第二趟：仍从第一对数开始比较（因为可能由于第 2 个数和第 3 个数的交换，使得第 1 个数不再小于第 2 个数），将小数放前，大数放后，一直比较到倒数第二个数（倒数第一的位置上已经是最大的），第二趟结束，在倒数第二的位置上得到一个新的最大数（其实在整个数列中是第二大的数）。如此下去，重复以上过程，直至最终完成排序。

下面以数字 9,6,15,4,2 为例，对这几个数字进行排序，第一趟每次排序的顺序如表 6-1 所示。

表 6-1　冒泡法排序

数组元素 排序过程	元素【0】	元素【1】	元素【2】	元素【3】	元素【4】
起始值	9	6	15	4	2
第 1 次	6	9	15	4	2
第 2 次	6	9	15	4	2
第 3 次	6	9	4	15	2
第 4 次	6	9	4	2	15
排序结果	6	9	4	2	15

可以看出，第 1 次是元素【0】和元素【1】比较，如果逆序，则交换位置，第 2 次是元素【1】和元素【2】比较，没有交换位置，因为不是逆序。第 3 次是元素【2】和元素【3】比较，逆序，交换位置。第 4 次是元素【3】和元素【4】比较，逆序，交换位置。这样一趟冒泡排序就完成了，结果最大值放在了最后一个元素的位置上。接下来，按照同样的方法，进行下一趟冒泡排序。直到排序完成。

N-S 流程图（见图 6-10）：

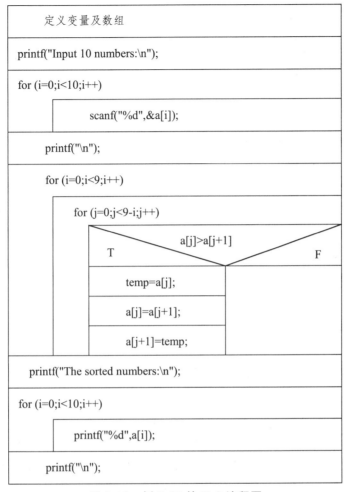

图 6-10　例 6-10 的 N-S 流程图

C 源程序：（文件名：li6_10.c）

```c
#include <stdio.h>
void main()
{   int a[10];
    int i=0,j=0,temp=0;
    printf("Input 10 numbers:\n");
    for (i=0;i<10;i++)                      /*将输入的 10 个整数存入一维数组*/
    { scanf("%d",&a[i]);
    }
    printf("\n");
    for (i=0;i<9;i++)                       /*进行 9 次循环，实现 9 趟比较*/
    {   for (j=0;j<9-i;j++)                 /*在每次循环中进行 9-j 次比较*/
        {   if (a[j]>a[j+1])               /*相邻两个数比较*/
            {
```

li6_10.c

```
                    temp=a[j];
                    a[j]=a[j+1];
                    a[j+1]=temp;
                }
            }
        }
    printf("The sorted numbers:\n");
    for (i=0;i<10;i++)
    {   printf("%d ",a[i]);
    }
    printf("\n");
}
```

运行结果：

Input 10 numbers:

10 9 8 2 5 1 7 3 4 6↙

The sorted numbers:

1 2 3 4 5 6 7 8 9 10

【例 6-11】使用选择法排序实现 10 个数字由大到小的排序。

分析：选择法排序是在 n 个数据中选出最大值，然后在剩下的 n-1 个数据中选出最大值。

首先，读取输入的 n 个数据，存储于定义好的一维数组中，然后进行 n 次循环，第一次找出 n 个数据中的最大值，将其与第一个数据交换；然后再在剩余的 n-1 个数据中找出最大值，将其与第二个数据交换位置。以此类推，当循环到最后一个数据时，这个数必然是这组数据中最小的数。最后，得到一组从大到小排列的数，如表 6-2 所示。

假设数组中输入 5 个整数：9，7，10，2，6。

表 6-2　选择法排序

排序过程＼数组元素	元素【0】	元素【1】	元素【2】	元素【3】	元素【4】
起始值	9	7	10	2	6
第 1 次	10	7	9	2	6
第 2 次	10	9	7	2	6
第 3 次	10	9	7	2	6
第 4 次	10	9	7	6	2
排序结果	10	9	7	6	2

N–S 流程图（见图 6-11）：

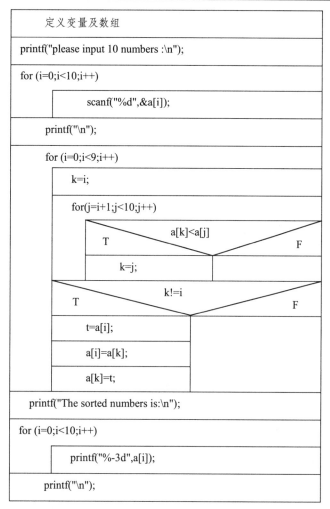

图 6-11 例 6-10 的 N-S 流程图

C 源程序：（文件名：li6_11.c）

li6_11.c

```c
#include<stdio.h>
void main()
{
    int a[10],i,j,k,t;
    printf("please input 10 numbers :\n");
    for(i=0;i<10;i++)                      /*给一维数组赋值*/
        scanf("%d",&a[i]);
    printf("\n");
    for(i=0;i<9;i++)                       /*共进行 9 次循环*/
    {
        k=i;
        for(j=i+1;j<10;j++)
        {
```

```
        if(a[k]<a[j])
            k=j;                        /*记录最大值的位置*/
    }
    if(k!=i)    /*如果当前不是第 i 个数,则将该数字与第 i 个数字交换位置*/
    {
        t=a[i];
        a[i]=a[k];
        a[k]=t;
    }
}
printf("The Sorted Numbers is :\n");
for(i=0;i<10;i++)                       /*输出排序后结果*/
        printf("%-3d",a[i]);
printf("\n");
}
```

运行结果：

please input 10 numbers :

3 5 2 8 0 32 24 6 7 56

The Sorted Numbers is :

56 32 24 8 7 6 5 3 2 0

【例 6-12】输入 2 个学生的学号和 3 门课的成绩，求每个学生的平均成绩，输出所有学生的学号、3 门课的成绩和平均成绩。

分析： 建立一个 2 行 5 列的实型二维数组，其中，第 0 列存放学号，第 1、2、3 列存放3 门课的成绩，第 4 列存放平均成绩。首先一次输入 2 个学生的学号和 3 门课的成绩，存放到数组的第 0、1、2、3 列；其次计算 3 门课的平均成绩，并存放到第 4 列。对每个学生重复执行以上操作，最后依次输出所有学生的学号、3 门课的成绩和平均成绩。

N-S 流程图（见图 6-12）：

C 源程序：（文件名：li6_12.c）

li6_12.c

```
#include<stdio.h>
#define N 2
void main()
{
    int i=0,j=0;
    int a[N][5];
    printf("请输入%d 个学生的%d 门课程成绩:\n",N,3);
for(i=0;i<N;i++)
{/*输入 N 个学生的数据

for(j=0;j<4;j++)
{//输入学号、C 语言、高数、英语
```

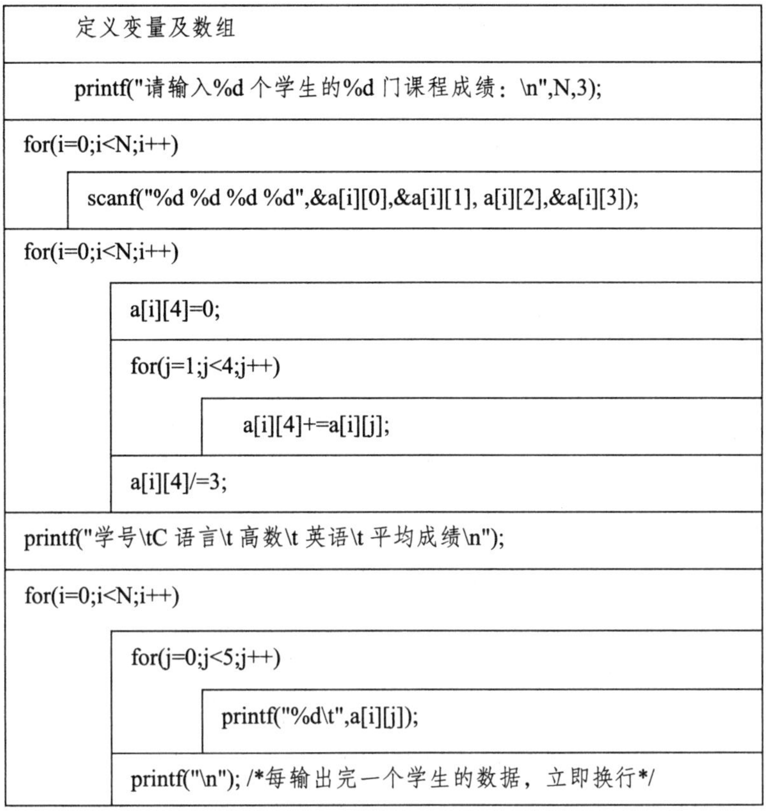

定义变量及数组
printf("请输入%d 个学生的%d 门课程成绩：\n",N,3);
for(i=0;i<N;i++)
scanf("%d %d %d %d",&a[i][0],&a[i][1], a[i][2],&a[i][3]);
for(i=0;i<N;i++)
a[i][4]=0;
for(j=1;j<4;j++)
a[i][4]+=a[i][j];
a[i][4]/=3;
printf("学号\tC 语言\t 高数\t 英语\t 平均成绩\n");
for(i=0;i<N;i++)
for(j=0;j<5;j++)
printf("%d\t",a[i][j]);
printf("\n"); /*每输出完一个学生的数据，立即换行*/

图 6-12　N-S 流程图

```
scanf("%d",&a[i][j]); */
scanf("%d %d %d %d",&a[i][0],&a[i][1], &a[i][2],&a[i][3]);
}
    for(i=0;i<N;i++)              /*求 N 个学生的平均成绩*/
{
/*因为刚才输入数据时，没有给平均成绩列输入数据，所以这里需要赋初值*/
a[i][4]=0;
for(j=1;j<4;j++)
{
a[i][4]+=a[i][j];             /*求第 i 个学生的 3 门课程成绩和*/
}
/*求第 i 个学生的平均成绩*/
a[i][4]/=3;
}
printf("学号\tC 语言\t 高数\t 英语\t 平均成绩\n");
for(i=0;i<N;i++)
{/*输出第 i 个学生的学号*/
for(j=0;j<5;j++)
```

```
{/*输出第 i 个学生的 3 门课成绩和平均成绩*/
printf("%d\t",a[i][j]);
}
printf("\n");                  /*每输出完一个学生的数据，立即换行*/
}
}
```

运行结果：

请输入 2 个学生的 3 门课程成绩：

1 78 89 86↙

2 77 80 90↙

学号	C 语言	高数	英语	平均成绩
1	78	89	86	84
2	77	80	90	82

【例 6-13】反转输出字符串。如输入"myform"，其反转结果为"mrofym"。

分析： 在程序中定义两个字符数组，一个表示源字符串，另一个表示反转后的字符串，即目标字符串。在源字符串中从第一个字符开始，依次读取字符数据，在目标字符串中从最后一个字符（结束标志'\0'除外）倒序遍历字符串，依次将源字符串中的第一个字符数据写入目标字符串的最后一个字符中，将源字符串中的第二个字符数据写入目标字符串的倒数第二个字符中，依此类推，这样就实现了字符串的反转。

N-S 流程图（见图 6-13）：

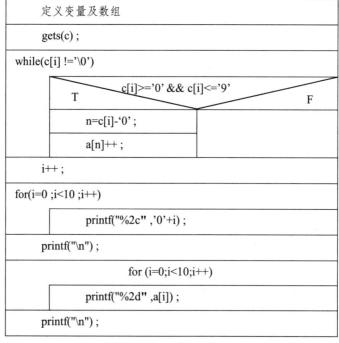

图 6-13   例 6-13 的 N-S 流程图

C 源程序：（文件名：li6_13.c）

```c
#include<stdio.h>
#include<string.h>
void main()
{    int i;
     char String[7]="myform";
     char Reverse[7]={0};
     int size;
     size=strlen(String);
     /*循-环读取字符 */
     for(i=0;i<6;i++)
{Reverse[size-i-1]=String[i];
}
     printf("输出源字符串： %s\n",String);          /*输出源字符串*/
     printf("输出目标字符串： %s\n",Reverse）；      /*输出目标字符串*/
}
```

运行结果：

输出源字符串：myform

输出目标字符串：mrofym

【例 6-14】自己编写程序，实现字符串连接函数的功能。

分析：为了把 str2 中字符串连接在 str1 字符串末尾，首先要找到 str1 字符串的末尾，即 str1 字符串的'\0'在 str1 数组中的位置。可以用一个 while 循环来达到该目的，从 str1 字符串的第一个字符开始，每循环一次，移动一次下标位置，直到遇到'\0'为止。然后再用一个 while 循环把 str2 字符串中的各字符依次存放到 str1 中，从末尾下标位置开始。

N-S 流程图（见图 6-14）：

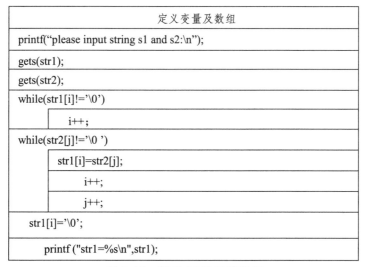

图 6-14　例 6-14 N-S 流程图

C 源程序：（文件名：li6_14.c）

li6_14.c

```c
#include<stdio.h>
//定义数组最大长度
#define MAX 80
void main()
{
    char str1[MAX],str2[MAX];
    int i =0,j=0;
    printf("please input string s1 and s2:\n");
gets(str1);
gets(str2);
while(str1[i]!='\0')
{
i++;
}
//str2 逐个字符存入 str1 字符串末尾，直到 str2 字符串结束
    while(str2[j]!='\0')
{
//把 str2 的第 j 个字符存放在 str1 中
str1[i]=str2[j];
        i++;
        j++;
}
//在连接后的字符串 str1 末尾加上字符串结束符
str1[i]='\0';
    printf ("str1=%s\n",str1);
}
```

运行结果：
```
please input string s1 and s2:
abc↙
defg↙
str1=abcdefg
```

6.6　小　结

本章介绍了数组的定义、数组元素的应用、数组的应用等。

（1）数组是一种数据类型

（2）一维数组的定义格式：

　　　　　类型说明符　数组名[常量表达式];

（3）二维数组的定义格式：

类型说明符　数组名[常量表达式 1] [常量表达式 2];

（4）数组元素的引用格式：

① 一维数组：

数组名[下标]

下标的取值范围为 0~数组长度-1。

② 二维数组：

数组名[下标 1][下标 2]

下标 1 的取值范围为 0~第一维长度 – 1，下标 2 的取值范围为 0 ~ 第二维长度 – 1。

（5）定义数组可以对数组进行初始化。其可以对全部元素进行初始化，也可以对部分元素进行初始化。对字符数组可以用字符串对其进行初始化。

（6）数组的所有元素存储在一片连续的空间中。一维数组的元素按下标的顺序依次存储。二维数组的元素是按行存储的，每一行按列标的顺序存储。

（7）有关字符串处理函数的使用。

6.7　本章常见的编程错误

（1）定义数组一般形式是：

类型说明符　数组名[常量表达式]

其中常量表达式指的是常量，不能是变量，即使变量有值也不行。

例如：

        int m;

        m=20;

        int a[m];

这样是不允许的。

（2）C 语言不允许对数值型的数组进行整体赋值、输入或输出。

例如：int a[5];

        a={1,2,3,4,5};

这样赋值是不允许的。应该用循环依次对数组元素进行赋值。

（3）当定义好一个数组后，所有的数组元素就会在内存中占用连续的存储单元，数组名是一段连续空间在内存中的首地址，不能被修改。

例如：int a[3],b[4];

        a=100;

        b=a+1;

以上语句都是不允许的，因为 a、b 都是地址常量，不能被修改。

（4）不能用变量来初始化数组。

例如：

        int i=2,a[2]={1,i};

（5）数组初始化时初始值个数不能大于元素个数。

例如：

    int a[3]={1,2,3,4};

（6）两个数组不能直接进行赋值运算，但数组元素可以，例如：

    int a[4]={5,6,7,8};

    int b[4];

    b=a;   /*错误*/

6.8 习 题

一、选择题

1. 以下合法的数组定义是_____。

    A. int a()={0,0,0,0}   B. int a[5]={ 0,1,2,3,4,5} ;

    C. char a={'A','B','C'};   D. int a[]={0,1,2,3,4,5};

2. 已知 int a[][3]={1,2,3,4,5,6 ,7};, 则数组 a 的第一维的大小是_____。

    A. 2   B. 3   C. 4   D. 无确定值

3. 在定义 int a[10];后,对 a 的引用正确的是_____。

    A. a[10]   B. a[6.4]   C. a(6)   D. a[10-10]

4. 以下能正确定义数组并赋初值的语句是_____。

    A. int n=5,b[n][n];   B. int a[1][2]={{1},{3}};

    C. int c[2][]={{1,2},{3,4}}   D. int a[3][2]={{1,2},{3,4}}

5. 执行 int a[][3]={1,2,3,4,5,6};语句后，a[1][0]的值是_____。

    A. 4   B. 1   C. 2   D. 5

6. 以下不能正确赋值的是_____。

    A. char s[10];s="test";   B. char s[]={'t','e','s','t'};

    C. char s[20]="test";   D. char s[4] ={'t','e','s','t'};

7. 设有数组定义:char arr[]="look";, 则 strlen(arr) 的值为_____。

    A. 4   B. 5   C. 6   D. 7

8. 设有数组定义:char arr2[]="fast";, 则数组 arr2 所占的存储空间为_____。

    A. 4 个字节   B. 5 个字节   C. 6 个字节   D. 7 个字节

9. 以下能对二维数组 a 进行正确初始化的语句是_____。

    A. int a[2][]={{1,0,1},{5,2,3}};

    B. int a[][3]={{1,2,3},{4,5,6}};

    C. int a[2][4]={{1,2,3},{4,5},{6}};

    D. int a[][3]={{1,0,1},{},{1,1}};

10. 判断字符串"abcd"和"ab cd"是否相等，应使用的语句是_____。

    A. if("abcd"=="ab cd")   B. if(abcd==ab cd)

    C. if(strcmp("abcd"=="ab cd"))   D. if(strcmp(abcd==ab cd))

二、填空题

1. 下面程序功能为：删除数组中下标为 i 的元素，填满下面的空格。

```
#include<stdio.h>
void main()
{
int x[10]={1,2,3,4,5,6,7,8,9,10},i,j;
  printf("please input a number between 0 to 9:");
  scanf("%d",&i);
while(i<0||i>9)
scanf("%d",&i);
    for(j=i;j<10;j++)
    _____;
  for(j=0;_____; j++)
      printf("%3d",x[j]);       /*输出删除后的数组*/
}
```

2. 以下程序的功能是找出并输出数组中的最小值及其所在位置。请填空。

```
main()
{
  float tt[8],min;
int i ,index;
  for(i=0;i<8;i++)
  scanf("%f",&tt[i]);
  min=tt[0];
  index=0;
  for(i=0;i<8;i++)
if( _____ )
  {
      min=tt[i];
      index=i;
  }
  printf("Min= %f,Psition=%d\n",min, _____);
}
```

3. 下面程序的功能是在字符串 a 中将所有数字字符对应的元素下标值存放在整型数组 b 中，请填空。

```
#include <stdio.h>
void main()
{
char a[10];
  int i=0,j=0,b[10];
  gets(a);
while(a[i]!='\0')
```

```
    {
    if(a[i]>='\0'_____a[i]<='9')
    _____;
      i++;
    }
    for(i=0;_____ ;i++)
     printf("%3d",b[i]);
    }
```

三、改错题

1. /*------------------------------------

功能：求一维数组 a 中所有元素的平均值，结果保留两位小数。

例如，当一维数组 a 中的元素为 10,4,2,7,3,12,5,34,5,9 时，程序输出为：9.10。

请改正程序中的两个错误，使它能得出正确的结果。注意：不得增行或删行，也不得修改程序的结构。

------------------------------------ */

```
#include<stdio.h>
void main()
{
    int a[10]={ 10,4,2,7,3,12,5,34,5,9},i;
 /**********FOUND**********/
int aver,s;
 /**********FOUND**********/
s=0;
    for(i=1;i<10;i++)
s+=a[i];
aver=s/i;
        printf("The aver is:%.2f\n",aver);

}
```

2. /*------------------------------------

功能：在一个键盘输入的英文句子中找出第一个含 3 个字母的单词。假设单词以空格隔开，句子以 "." 结束，单词中只含有字母，请填空。

请改正程序中的两个错误，使它能得出正确的结果。注意：不得增行或删行，也不得修改程序的结构。

------------------------------------ */

```
#include <stdio.h>
void main()
{
    char a[81];
```

```
        int i=0,flag=0,len=0;
    /**********FOUND**********/
gets(a[81]);
    /**********FOUND**********/
while(a[i]='.')
        {
if(a[i]!=' ')
  len++;
            else if(len==3)
{
printf("%c%c%c\n",a[i-3],a[i-2],a[i-1]);
flag=1;
break;
}
else
len=0;
i++;
}
if(flag!=1)
printf("Not exist\n");
}
```

3. /*----------------------------------
功能：输入 5 个人的名字按字母顺序排列输出。
请改正程序中的一个错误，使它能得出正确的结果。注意：不得增行或删行，也不得修改程序的结构。
---------------------------------- */

```
#include<stdio.h>
#include<string.h>
void main()
{
    char str[5][10];      /*用来存放 5 个字符串，每个字符串有 10 个字符*/
    char string[10];      /*用来临时存储字符串*/
    int i;
    int j;
    printf ("请输入五个人的名字：\n");
    for ( i=0; i<5; i++ )    /*输入 5 个人名*/
    /**********FOUND**********/
        getchar(str[i]);
    for ( i=0; i<5; i++ )
```

```
        {
            for ( j=i+1; j<5; j++ )
            {
/**********FOUND**********/
                if( strcmp ( str[i],str[j] ) < 0 )
                {
                    strcpy ( string,str[j] );
                    strcpy ( str[j],str[i] );
                    strcpy ( str[i],string );
                }
            }
        }
printf ("排好序的名字为:\n");
    for ( i=0; i<5; i++ )
    {
        puts(str[i]);
    }
}
```

四、阅读题

1. 请阅读下面的程序，并写出运行结果。

```
#include<stdio.h>
void main()
{
    int a[8]={1,0,1,0,1,0,1,0},i;
    for(i=2;i<8;i++)
        a[i]+=a[i-1]+a[i-2];
    for(i=0;i<8;i++)
        printf("%5d",a[i]);

}
```

2. 请阅读下面的程序，并写出运行结果。

```
#include<stdio.h>
void main()
{
    int p[7]={11,13,14,15,16,17,18},i=0,k=0;
    while(i<7 && p[i]%2)
{
k=k+p[i];
i++;
```

```
    }
    printf("k=%d\n",k);
}
```

3. 请阅读下面的程序，并写出运行结果。

```c
#include <stdio.h>
void main()
{
    int a[3][3]={1,3,5,7,9,11,13,15,17};
    int sum=0,i,j;
    for (i=0;i<3;i++)
        for (j=0;j<3;j++)
        {
            a[i][j]=i+j;
if(i==j)
sum=sum+a[i][j];
        }
        printf("sum=%d",sum);
}
```

4. 请阅读下面的程序，并写出运行结果。

```c
#include <stdio.h>
void main()
{
char s[]={"012xy"};
int i,n=0;
for(i=0;s[i]!=0;i++)
if(s[i]>='a' && s[i]<='z')
n++;
printf("%d\n",n);
}
```

5. 请阅读下面的程序，并写出运行结果。

```c
#include <stdio.h>
#include<stdio.h>
void main()
{
int i,s;
char s1[100],s2[100];
printf("input string1:\n");
gets(s1);        //输入 aid
printf("input string2:\n");
```

```
gets(s2);          //输入 and
i=0;
while(s1[i]==s2[i]&&(s1[i]!='\0'))
i++;
if((s1[i]=='\0')&&(s2[i]=='\0'))
s=0;
else
s=s1[i]-s2[i];
printf("%d\n",s);
}
```

五、编程题

1. 一个数如果恰好等于它的因子之和，这个数就称为"完数"，编程找出 500 以内的所有完数，每一个完数按下面格式输出：6=1+2+3。

2. 编写程序，定义 2×4 二维数组，并输入前 3 列数据赋给各元素，最后将每行总和放在最后一列。

3. 输入一个完全由数字组成的字符串，从字符串的第一个字符起，每两个数字作为两位整数，存放在一维整型数组中，如果最后只剩一个数字，则将该字符作为一个整数存放在数组中。例如：输入 123456789，则数组中依次存放整数 12,34,56,78,9。

4. 编写一个程序，从键盘输入一个字符串放在字符数组 a 中，再将 a 元素中的所有小写字母存放到字符数组 b 中。

第 7 章　指　针

7.1　指针的基本概念

指针是指 C 语言提供的一种既特殊又非常重要的数据类型，其本质就是内存地址。若要正确理解指针的概念并正确使用指针，则需要先弄清楚以下几个问题。

7.1.1　变量的地址与变量的值

众所周知，程序是由指令和数据组成的，而指令和数据在执行过程中是存储在计算机内存中的，变量是程序数据中的一种，因此变量在执行过程中也是存储在内存中的。

计算机访问内存的最小单位是字节，为了便于管理，内存中的每个字节都有一个唯一的编号，即内存地址。这就相当于教学楼中的每一间教室号。内存地址的编码方式与操作系统有关，在 32 位计算机上，内存地址的编码是 32 位，最多支持 232 字节（即 4GB）的内存。任何数据存储到内存中都需要记录以下两种信息。

（1）分配内存空间的首地址。

（2）分配内存空间的大小。

在对程序进行编译时，系统会给程序中的变量分配内存单元，首先根据定义变量的类型确定其所占内存空间的大小，然后返回分配内存空间的首地址，作为该变量的地址。而在变量所占存储单元中存放的数据，称为变量的值。如果在定义变量时，未对变量进行初始化，那么变量的值是随机的、不确定的，即为乱码。

根据变量类型的不同，将分配不同长度的空间。大多数 C 编译系统为短整型变量分配 2 字节，为整型变量分配 4 字节，为单精度浮点型变量分配 4 字节，为双精度浮点型变量分配 8 字节，为字符型变量分配 1 字节。

7.1.2　直接寻址与间接寻址

CPU 的指令包括操作码和操作数两部分，操作码指示指令的性质，地址码指示运算对象的存储地址。在执行指令时，CPU 根据指令的地址码来读取操作数。相关情形如下：

指令　| 操作码 | 操作数 |

通常 CPU 在访问内存时，有以下两种寻址方式：

（1）直接寻址方式；

（2）间接寻址方式。

直接寻址方式就是直接给出变量的地址来访问变量的值,通过变量名或变量的地址均可直接访问变量的值。例如，执行 "scanf("%d",&a) ;" 语句时，通过取地址运算符&直接告诉 CPU 变量 a 的内存地址，将通过键盘输入的数据存入以 1000 为开头的地址中，如图 7-1(a) 所示。

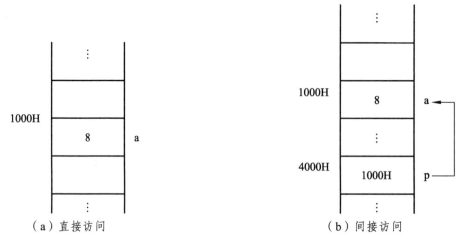

图 7-1　两种寻址方式

间接寻址方式是指在指令中不直接给出变量的内存地址，而是通过指针变量间接存取它所指向的变量值的访问方式，即将变量 a 的地址存放在另一个变量中，然后通过该变量来查找变量 a 的地址，从而访问变量 a。

在 C 语言程序中，可以定义整型变量、浮点型变量、字符型变量等，也可以定义一种特殊的变量来存放地址。例如，若定义了一个变量 p 来存放变量 a 的地址，则可以通过如下语句将变量 a 的地址存放到 p 中。

　　　　p=&a;　　　//将变量 a 的地址存放到变量 p 中

若要存取变量 a 的值，则既可以采用直接寻址方式，又可以采用间接寻址方式。首先找到存放"变量 a 的地址"的变量 p，然后从中取出 a 的地址(1000)，再到 1000 字节开始的存储单元中取出 a 的值，如图 7-1(b）所示。

7.1.3　指针变量的定义及初始化

一个变量的地址称为该变量的指针。例如，地址 1000 是变量 a 的指针。若有一个变量专门用来存放另一个变量的地址（即指针），则该变量称为指针变量。

指针变量就是地址变量，即专门用来存放地址的变量。上述变量 p 就是个指针变量，指针变量的值是地址，即指针变量中存放的值是指针。

1. 指针变量的定义形式

　　　　[存储类型]基类型　＊ 指针变量名[= 初始值];

例如：

　　　int a,*p　// p 为指向整型变量的指针

　　　char *s　　// s 为指向字符型变量的指针

思考："int　*p1,*p2;"和"int　*p1,p2;"在含义上的差异？

指针与指针变量这两个概念极易混淆，尤其在使用时，人们经常将指针变量简称为指针，因此，要根据上下文来判断指针指的是指针变量还是内存地址。

若指针变量 p 保存了变量字符 a 的地址，则称 p 指向 a。指针变量与其指向变量的关系如图 7-2 所示。

图 7-2

指针变量不仅可以保存普通变量的地址，还可以保存数组、结构体等构造类型变量的地址，因此将指针变量指向的变量统称为指针变量指向的对象，简称为指针指向的对象。

如上所述，变量的指针就是变量的地址。存放地址的变量就是指针变量，指针变量用来指向另一个变量。为了表示指针变量与它指向变量间的联系，C 语言规定用 "*" 表示指向的对象。例如，若定义 p 为指针变量，则*p 就是 p 所指向的对象，如图 7-3 所示。

图 7-3

*p 也代表一个变量，它与变量 a 是等同的。因此，"a='k';" 与 "*p='k';" 这两个语句的作用是相同的。

语句 "*p='k';" 的含义是将'k'赋值给指针变量 p 所指向的对象，由于 p 指向 a，因此其作用等同于 "a='k';"，即将'k'赋值给变量 a。

2. 指针变量的初始化

与普通 auto 型变量一样，未经初始化或赋值的指针变位值是不确定的。在使用指针变量前，应该将其指向一个具体的变量或将其初始化为空指针。

1）指向具体变量

（1）在定义指针变量的同时进行初始化。例如：

（2）先定义指针变量，再使用赋值语句为指针变量赋初值。例如：

但若写成

```
int a;
char *q;
q = &a;          //  数据类型不匹配
```

则由于变量 a 为整型，指针变量 q 为字符型，两者数据类型不匹配，因此该操作非法。

当 p 指向 a 时，"scanf("%d",&a);" 与 "scanf("%d",p);" 的作用相同，都是将从键盘输入的数据存放到变量 a 中。

注意：

① 在语句 "q=&c;" 中，指针变量 q 之前不能加 "*"。

② 一个指针变量可以指向不同的变量，但只能指向同一种数据类型的变量。

③ 指针变量中只能存放地址(指针)，不能将一个整数赋值给一个指针变量。

④ 分析 "scanf("%d",p);" 与 "scanf("%d" ,&p);" 的区别。前者将数据存入 p 指向的变量中；后者将输入的数据存入指针变量 p 中，但指针变量 p 的值不能直接由输入获得，从而会导致系统出错。

2）初始化为空指针

空指针是指不指向任何对象的指针,空指针的值为 NULL。NULL 是在头文件 stdio.h 中定义的一个宏常量，它的值与任何有效指针的值都不同，NULL 是一个纯粹的 0，指针的值不能是整型,但空指针除外。例如：

```
#define NULL 0         //定义宏常量
```

使用 NULL 可以初始化未指向任何有效变量的指针变量。通过 NULL 可以区分经过初始化指向有效变量的指针变量和未经初始化的指针变量。例如：

```
int *p = NULL;          //指针变量p未指向有效变量
```

随后,可以通过 "if(p!=NULL)" 来判断指针变量 p 是否指向了有效变量，以确定能否访问 p 指向的对象。

注意：除 NULL 外，不能直接将整数赋值给指针变量。例如："int *p = 1000;" 或 "int *q; q = 1000;" 均是不合法的。因为内存地址为 1000 的存储单元未经系统分配，会导致指针变量 p 的非法访问错误。

7.1.4 指针变量与简单变量的区别

指针变量和普通变量一样，都有三要素：变量名、变量类型和变量的值。

指针变量名和普通变量名一样，都使用合法的标识符，指针变量定义时指定的数据类型不是指针变量本身的数据类型，而是指针变量所指向对象的数据类型。指针本身的类型只能是 int 型或 long 型，只与编译系统中所设定的编译模式有关，与它所指向的对象的数据类型无关。指针变量存放的是所指向的某个变量的地址值，而普通变量保存的是该变量本身的值。

【例 7-1】编写一个程序，了解简单变量与指针的关系。

C 源程序：（文件名：li7_1.c）

li7_1.c

```
#include <stdio.h> main()
{
int x=10,*p; float y=234.5,*pf;
p=&x; pf=&y;
printf("x=%d\t\ty=%f\n",x,y);          /*输出变量的值*/
printf("p=%lu\tpf=%lu\n",p,pf ) ;       /*按十进制输出变量的地址*/
 printf("p=%p\tpf=%p\n",p,pf ) ;        /*按十六进制输出变量的地址*/
/*改变指针变量所指的值：*/
*p=*p+10;
```

```
*pf=*pf *10;
printf("------------------------------------------------------\n");
printf("x=%d\t\ty=%f\n",x,y);                /* 输 出 变 量 的 值 */
 printf("p=%lu\tpf=%lu\n",p,pf）;            /*按十进制输出变量的地址*/
printf("p=%p\tpf=%p\n",p,pf）;               /*按十六进制输出变量的地址*/
}
```

运行结果：

```
x=10    y=234.500000
p=1703740    pf=1703732
p=0019FF3C    pf=0019FF34
```

```
 x=20    y=2345.000000
p=1703740     pf=1703732
p=0019FF3C  pf=0019FF34
```

根据运行结果可见，指针的值可以用无符号的长整型输出，也可以用十六进制来表示，因为指针 p 和 pF 的值代表的就是变量 x 和 y 的地址，这个地址不同的运行环境运行结果不一样。

7.1.5 理解 "&" 和 "*" 的使用

"&" 和 "*" 是两个神奇的运算符，"&" 用来得到变量的地址，"*" 则可以访问指针变量指向的地址单元的内容，"&" 和 "*" 两个运算符的优先级相同，且均为右结合。两者常常配合使用。

假设 int 型的变量 a，pa 是指向它的指针，即 pa=&a。那么*&a 和&*pa 分别是什么意思呢？

（1）*&a 可以理解为* (&a)，&a 表示取变量 a 的地址（等价于 pa），* (&a)表示取这个地址上的数据（等价于*pa），即*&a 仍然等价于 a。

（2）&*pa 可以理解为& (*pa)，*pa 表示取得 pa 指向的数据（等价于 a），& (*pa）表示数据的地址（等价于&a），换言之，&*pa 等价于 pa。

例如：通过以下程序领会各种表达方式的差异性。

```
#include <stdio.h> void main()
{
int a,*pa;
pa = &a;        /* 指针 pa 指向了变量 a 的地址 */
*pa = 15;       /* 相当于 a=15 */
 printf("%d,%d,%d,%d\n",pa,*&a,&*pa,*&pa）;
}
运行结果：
1638212,15,1638212,1638212
```

说明：由于变量分配的地址是由操作系统动态决定的，并不是固定的值。该程序每次运行结果可能均不一样。

例如：分析一个实数的二进制表示。

一个 foat 型数据占用 4 个字节，可以将其内存单元的 4 个字节数据以无符号整数形式输出。

以无符号整数形式访问其内容的二进制构成是分析的关键。4 个字节的数据总共对应 8 个十六进制数字，通过分析这些数字就可以验证实数的表示。

程序代码如下：

```
main()
{
foat f = 1.56E+002;
unsigned int* p =(unsigned int*)&f; printf("%08X\n",*p); // 按 8 个十六进制位输出数据
}
```

运行结果：

431C0000

7.2　指针运算

7.2.1　指针的算术运算

指针的运算通常只限于算术运算：＋、－、＋＋、－－。

① ＋、＋＋代表指针向前移（地址编号增大）。

② －、－－代表指针向后移（地址编号减小。

设 p、q 为某种类型的指针变量，n 为整型变。则：

p+n、p++、++p、p－－、－－p、p－q 的运算结果仍为指。

若有：int a=3, *p=&a;

假设 a 的地址为 3000，则 p=3000。

变量 a 与指针 p 的存储关系如图 7-4(a) 所示。

执行语句："p = p+1;"后，指针 p 向前移动一个位置。

如果 a 是用 2 个字节，则 p 的值为 3002，如图 7-4（b）所；如果 a 占用 4 个字节，则 p 的值为 3004，如图 7-4（c）所。

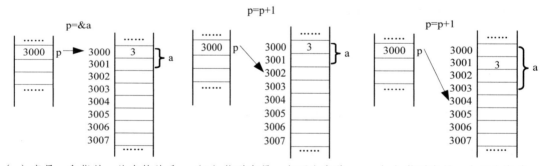

（a）变量 a 和指针 p 的存储关系　　（b）整型变量 a 占两个字节　　（c）整型变量 a 占四个字节

图 7-4　变量 a 与指针 p 的存储关系

从图 7-4 可以看出，p 的值发生了变化，它表示指针 p 向前移到了下一个变量的存储单元，但指针所指的值是无法确定的，因此，如果在程序中再引用*p,则*p 值是未知的。

【**例 7-2**】阅读下面程序，了解指针的值的变化。

C 源程序：（文件名：li7_2.c）

li7_2.c

```
#include <stdio.h> main()
{
int i=108,*pi=&i;
double f=12.34,*pf=&f;
long l=123,*pl=&l;
printf("1:-------------------------------\n");
printf("*pi=%d,\t\tpi=%lu\n",*pi,pi);
printf("*(pi+1)=%d,\tpi+1=%lu\n",*(pi+1),pi+1);       /*未知单元的值 */
printf("2:-------------------------------\n");
printf("*pf=%lf,\tpf=%lu\n",*pf,pf）; pf++;
printf("*pf=%lf,\tpf=%lu\n",*pf,pf）;                  /*   未知单元的值 */
printf("3:-------------------------------\n");
printf("*pl=%ld,\tpl=%lu\n",*pl,pl); pl--;
printf("*pl=%ld,\tpl=%lu\n",*pl,pl);                  /*   未知单元的值 */
}
printf("2:-------------------------------\n");
printf("*pf=%lf,\tpf=%lu\n",*pf,pf）; pf++;
printf("*pf=%lf,\tpf=%lu\n",*pf,pf）;                  /*   未知单元的值 */
printf("3:-------------------------------\n");
printf("*pl=%ld,\tpl=%lu\n",*pl,pl); pl--;
printf("*pl=%ld,\tpl=%lu\n",*pl,pl);                  /*   未知单元的值 */
}
```

运行结果：

```
1:-------------------------------
*pi=108,            pi=1703740
*(pi+1)=1703808,    pi+1=1703744
2:-------------------------------
*pf=12.340000,      pf=1703728
*pf=0.000000,       pf=1703736
3:-------------------------------
*pl=123,            pl=1703720
*pl=1703716,        pl=1703716
```

7.2.2 指针的关系运算

指针的关系运算常用于比较两指针是否指向同一变量。假设有：

```
int a, *p1, *p2;
p1=&a;
```

则：p1==p2 的值为 0（假）；只有当 p1、p2 指向同一元素时，表达式 p1==p2 的值才为 1（真）。

【例 7-3】阅读程序，了解指针变量的关系运算。

C 源程序：（文件名：li7_3.c）

li7_3.c

```
#include <stdio.h> main()
{
int a,b,*p1=&a,*p2=&b;
printf(" The result of (p1==p2) is %d\n" ,p1==p2);
p2=&a;
printf(" The result of (p1==p2) is %d\n" ,p1==p2);
}
```

运行结果：

The result of (p1==p2) is 0

The result of (p1==p2) is 1

7.3　指针与数组

每一个不同类型的变量在内存中都有一个具体的地址，数组也是一样，并且数组中的元素在内存中是连续存放的，数组名就代表了数组的首地址。指针存放地址的值，因此，指针也可以指向数组或数组元素。指向数组的指针称为数组指针。

7.3.1　指向一维数组的指针

指向数组的指针变量称为数组指针变量。数组指针变量说明的一般形式为：

　　　　类型说明符 *指针变量名

其中类型说明符表示所指数组的类型。从一般形式可以看出，指向数组的指针变量和指向普通变量的指针变量的说明是相同的。如果定义了一个一维数组：

int a[10];

则该数组的元素为 a[0],a[1],a[2],…,a[9]。C 语言规定，任何一个数组的数组名本身就是一个指针，是一个指向该数组首元素的指针，即首元素的地址值，所以数组名是一个常量指针。这样数组元素的地址可以通过数组名加偏移量来取得，上面一维数组各元素的地址可表示为：a，a+1，…，a+9。而相应的数组元素可表示为：*a，*（a+1），…，*（a+9），如图 7-5 所示。

图 7-5　用数组名表示数组

现在定义一个指针变量 p，并将其初始化为 a 或&a[0]：int *p=a;或 int *p=&a[0];这样就把数组 a 的首地址赋给了指针变量 p，于是数组 a 各元素的地址可以用指针变量 p 加偏移量来表示，即 p，p+1，…，p+9，相应的数组元素则为*p，*（p+1），…，*（p+9）。

综上所述，引用数组元素可以采用下列方法：

（1）下标法：如 a[i]形式；

（2）常量指针法：如*(a+i)，其中 a 为数组名；

（3）指针变量法：如*(p+i)，其中 p 是指向数组 a 的指针变量。

下标法直观，能直接标明是第几个元素，而指针法效率较高，能直接根据指针变量的地址值访问数组元素。

在使用数组指针时要注意数组名 a 是常量指针，其值不能改变，不能作为指针变量使用，如 a++、a=a+1 这样的操作是非法的，但是 a+i 是允许的，它是一个表达式，并不改变 a 的值，*(a+i) 和 a [i]的作用完全等价。指针变量 p 的值可以改变，但要注意 p 的当前值不能使数组越界。指针 p 是可以移动的，通过变量 p 的增值变化可以让 *p 访问数组的不同元素。

【例 7-4】了解指针与数组的关系，学会正确使用指针。

C 源程序：（文件名：li7_4.c）

li7_4.c

```c
#include <stdio.h> main()
{
int a[2]={1,2},i,*pa;
char ch[2]={'a','b'},*pc;
pa=a;
pc=&ch[0];
printf("1:------------------------\n");
for (i=0;i<5;i++)
printf("a[%d]=%d,ch[%d]=%c\n",i,a[i],i,ch[i]);
printf("2:------------------------\n");
for (i=0;i<5;i++)
printf("*(pa+%d)=%d,pc[%d]=%c\n",i,*(pa+i),i,pc[i]);
printf("3:------------------------\n");
for (i=0;i<5;i++)
printf("*a[%d]=%ld, *ch[%d]=%ld\n", i, pa+i, i, ch+i);
}
```

运行结果：

```
1：------------------------
a[0]=1,ch[0]=a
a[1]=2,ch[1]=b a[2]=1703808,ch[2]=?
a[3]=4199337,ch[3]=?
a[4]=1,ch[4]=8
2：------------------------
*(pa+0)=1,pc[0]=a
*(pa+1)=2,pc[1]=b
*(pa+2)=1703808,pc[2]=?
*(pa+3)=4199337,pc[3]=?
*(pa+4)=1,pc[4]=8
```

3：-------------------------

*a[0]=1703736, *ch[0]=1703724

*a[1]=1703740, *ch[1]=1703725

*a[2]=1703744, *ch[2]=1703726

*a[3]=1703748, *ch[3]=1703727

*a[4]=1703752, *ch[4]=1703728

从上面的程序可见：超出数组元素下标范围的值是不确定的。另外，作为整型指针和字符指针的"指针+1"表达式结果是不同的，对整型指针，"指针+1"意味着所指的地址值+4；对字符指针，"指针+1"意味着所指的地址值+1。

【例7-5】对比数组元素的几种引用方法。

本例演示对数组元素的各种等价访问形式，程序代码如下：

C 源程序：（文件名：li7_5.c）

li7_5.c

```
#include <stdio.h> void main()
{
  int i,a[5],*pa = a;
  for(i=0;i<5;i++)
    a[i] = i + 1;
  for(i=0;i<5;i++)
  {
    printf("*(pa+%d）:%d\n",i,*(pa+i));
    printf("*(a+%d）:%d\n",i,*(a+i));
    printf("pa[%d]:%d\n",i,pa[i]);
    printf("a[%d]:%d\n",i,a[i]);
  }
}
```

说明：从程序运行结果可以观察到，4种表达方式的运行结果是一致的。

7.3.2　指向二维数组的指针

对二维数组而言，数组名同样代表着数组的首地址。若有 int a[3][4]，可以看成是由 3 个一维数组 a[0]、a[1]、a[2]构成。

对于 a[0],它的元素为：a[0][0]、a[0][1]、a[0][2]、a[0][3]

对于 a[1],它的元素为：a[1][0]、a[1][1]、a[1][2]、a[1][3]

对于 a[2],它的元素为：a[2][0]、a[2][1]、a[2][2]、a[2][3]

二维数组与一维数组不同，对于 int a[3][4]来说，其首地址的表示：a、a[0]、&a[0][0]。此时数组名 a 代表的是"行指针"，指向具有 4 个元素的指针；a[0]、&a[0][0]代表的是第 1 个元素的地址。

因此，若有：int a[3][4], *p;

则 p=a[0]; 或 p=&a[0][0];是将指针 p 指向数组的首地址。

而 p=a; 这个语句在概念上容易混淆，有些编译时会有警告提示："Suspicious Pointer

Conversion", 应该避免这种情况。

对于 int a[3][4], *p=a[0], 假设数组 a 的首地址为 3000, 则指针 p 与数组元素地址的关系如表 7-1 所示。

表 7-1 指针与数组元素的地址关系

表达式	表达式的值		物理意义
	整型变量占 2 个字节	整型变量占 4 个字节	
p=a+1	3008	3016	移到下一行的地址
p=a[0]+1	3002	3004	移到下一个元素的地址
p=&a[0][0]+1	3002	3004	
p=p+1	3002	3004	

【例 7-6】阅读程序, 了解指针与二维数组地址的关系。

C 源程序:(文件名: li7_6.c)

li7_6.c

```c
#include <stdio.h>
main()
{
        int a[3][4]={{1,2,3,4},{5,6,7,8},{9,10,11,12}};
        int *p;
        p=a[0];
        printf("1:----------------------\n");
        printf("a=%lu\n",a);
        printf("*a=%lu\n",a);
        printf("p=%lu\n",p);
        printf("a[0]=%lu\n",a[0]);
        printf("&a[0][0]=%lu\n",&a[0][0]);
        printf("2:------------------------\n");
        printf("a+1=%lu\n",a+1);
        printf("*a+1=%lu\n",*a+1);
        printf("p+1=%lu\n",p+1);
        printf("a[0]+1=%lu\n",a[0]+1);
        printf("&a[0][0]+1=%lu\n",&a[0][0]+1);
        printf("3:---------------------\n");
        printf("*a+1*4+2=%lu\n",*a+1*4+2);
        printf("p+1*4+2=%lu\n",p+1*4+2);
        printf("a[0]+1*4+2=%lu\n",a[0]+1*4+2);
        printf("&a[0][0]+1*4+2=%lu\n",&a[0][0]+1*4+2);
}
```

运行结果：

```
1:----------------------
a=1703696
*a=1703696
p=1703696
a[0]=1703696
&a[0][0]=1703696
2:------------------------
a+1=1703712
*a+1=1703700
p+1=1703700
a[0]+1=1703700
&a[0][0]+1=1703700
3:----------------------
*a+1*4+2=1703720
p+1*4+2=1703720
a[0]+1*4+2=1703720
&a[0][0]+1*4+2=1703720
```

分析程序中指针变量、数组名之间的地址关系，掌握指针与二维数组的联系。

【例7-7】阅读程序，了解指针与数组元素的关系。

N-S 流程图（见图 7-6）：

定义数组
定义指针变量
指针变量指向数组
循环输出二维数组的各元素
用指针变量的值方式输出数组各元素

图 7-6 例 7-7 的 N-S 流程图

C 源程序：（文件名：li7_7.c）

li7_7.c

```c
#include <stdio.h>
main()
{
    int a[3][4]={{1,2,3,4},{5,6,7,8},{9,10,11,12}};
    int *p,i,j;
    p=a[0];
    for(i=0;i<3;i++)
    {
```

```
        for(j=0;j<4;j++)
            printf("a[%d][%d]=%d",i,j,a[i][j]);
        printf("\n");
    }
    printf("第 1 行第 1 列元素的值：\n");
    printf("**a=%d\n",**a）;
    printf("*p=%d\n",*p);
    printf("*a[0]=%d\n",*a[0]);
    printf("a[0][0]=%d\n",a[0][0]);
    printf("第 1 行第 2 列元素的值：\n");
    printf("*(*a+1)=%d\n",*(*a+1));
    printf("*(p+1)=%d\n",*(p+1));
    printf("*(a[0]+1)=%d\n",*(a[0]+1));
    printf("*(&a[0][0]+1)=%d\n",*(&a[0][0]+1));
    printf("a[0][1]=%d\n",a[0][1]);
    printf("第 2 行第 3 列元素的值：\n");
    printf("*(*a+1*4+2)=%d\n",*(*a+1*4+2));
    printf("*(p+1*4+2)=%d\n",*(p+1*4+2));
    printf("*(a[0]+1*4+2)=%d\n",*(a[0]+1*4+2));
    printf("*(&a[0][0]+1*4+2)=%d\n",*(&a[0][0]+1*4+2));
    printf("a[1][2]=%d\n",a[1][2]);
}
```

运行结果：

```
a[0][0]=1    a[0][1]=2    a[0][2]=3    a[0][3]=4
a[1][0]=5    a[1][1]=6    a[1][2]=7    a[1][3]=8
a[2][0]=9    a[2][1]=10   a[2][2]=11   a[2][3]=12
第 1 行第 1 列元素的值：
**a=1
*p=1
*a[0]=1
a[0][0]=1
第 1 行第 2 列元素的值：
*(*a+1)=2
*(p+1)=2
*(a[0]+1)=2
*(&a[0][0]+1)=2
a[0][1]=2
第 2 行第 3 列元素的值：
*(*a+1*4+2)=7
```

*(p+1*4+2)=7

*(a[0]+1*4+2)=7

*(&a[0][0]+1*4+2)=7

a[1][2]=7

分析程序中用指针引用数组元素的表达式，可知：

（1）引用同一个数组元素，有多种不同的方法。

（2）使用时选择一种自己认为最合适的。

7.3.3　指向字符串的指针

在C语言中，可以用字符数组表示字符串，也可以定义一个字符指针变量指向一个字符串。引用时，既可以逐个字符引用，也可以整体引用。

1. 字符指针

指向字符串的指针变量定义格式：

　　　　　char　　　　*指针变量;

功能：定义并初始化字符指针变量：

例如：　　　　　char　　*stg="I love Beijing.";

等价于：　　　　char *stg;　　　stg="I love Beijing." ;

用字符串常量"I love Beijing."的地址（由系统自动开辟、存储字符串常量的内存块的首地址）给 stg 赋初值。从内容的可变性角度认识字符串：字符串常量的内容是不能更改的，而字符数组（也称字符串变量）存储的内容是可变的。以下代码演示了其使用差别。

```
char a[] = "hello";      // 通过数组表示字符串
char *b = "hello";       // 通过指针引用字符串常量
*(a+1)='X';              // 正确，字符数组元素值可以修改
*(b+1)='X';              // 错误，字符串常量中内容不能修改
```

记住，程序设计中处理内容可变的字符串一定要借助字符串数组。

【例7-8】阅读程序，了解用字符指针输出数组中的字符的方法。

N-S 流程图（见图7-7）：

定义字符数组
定义指针变量指向字符串数组
循环输出指针变量指向的数组元素
循环输出二维数组的各元素

图 7-7　例 7-8 的 N-S 流程图

C 源程序：（文件名：li7_8.c）

```
#include <stdio.h>
#include <conio.h>
main()
{
```

li7_8.c

```
char ch[30]="This is a test of point.",*p=ch;
int i;
printf("通过指针输出数组元素:\n");
printf("1.整体输出:\n%s\n",p);
printf("2.单个元素输出:\n");
while(*p!='\0')
{
    putch(*p);
    p++;
}
printf("\n");
p=ch;
printf("3.单个元素输出:\n");
for(i=0;i<30;i++)
    printf("%c",p[i]);
printf("\n");
}
```

运行结果:

```
通过指针输出数组元素:
1. 整体输出:
This is a test of point.
2. 单个元素输出:
This is a test of point.
3. 单个元素输出:
This is a test of point.
```

2. 字符指针作函数参数

可以利用字符数组名或字符指针作参数把一个字符串从一个函数传递到另一个函数,它们在调用时传递的是地址。在被调函数中对字符串处理以后,其任何变化都会反映到主调函数中。

【例 7-9】用函数调用实现字符串的复制。

N-S 流程图(见图 7-8):

| 定义指针变量指向字符串 |
| 调用strcpy函数 |
| 被调函数利用循环把t所指的字符串拷贝到s所指的字符数组中 |
| 返回主函数输出str1和str2所指的字符串 |

图 7-8 例 7-9 的 N-S 流程图

C 源程序：（文件名：li7_9.c）

li7_9.c

```c
#include <stdio.h>
void strcpy1(char *,char *);
main()
{
    char *str1="Pascal";
    char *str2="C++";
    printf("%s\n%s\n",str1,str2);
    strcpy(str1,str2);
    printf("%s\n%s\n",str1,str2);
}
    void strcpy(char *t,char *s)
    {
        while((*t=*s)!='\0')
        {
            t++;
            s++;
        }
    }
```

运行结果：

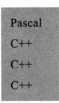

```
Pascal
C++
C++
C++
```

在主调函数中，字符指针 str1 指向字符串"Pascal"的起始地址，字符指针 str2 指向字符串"C++"的起始地址，函数 strcpy1 被调用时，str1、str2 作为实参传递给形参 t 和 s，这时 t 和 s 也指向相应的字符串的起始地址。while 语句中的赋值*t=*s，将 s（也即 str2）所指地址的字符赋给相应的 t（也即 str1）所指的地址中，两个指针同时移动，直到 s 所指地址的内容为'\0'，这时*t 也为'\0'，循环结束，完成了字符串的复制。

7.3.4　指针数组

1. 指针数组

如果数组中的每一个元素都是指针，则称该数组为指针数组，指针数组的定义形式为：

[存储类型]　数据类型　*数组名[元素个数]

例如：int *p[5];

则：p 为指针数组，共有 5 个元素：p[0]、p[1]、p[2]、p[3]、p[4]，每一个元素都是指向整型变量的指针。

通常可用指针数组来处理字符串和二维数组。

【例 7–10】阅读程序，了解用指针数组访问二维数组中的每一个元素的方法。

N–S 流程图（见图 7–9）：

定义字符型的二维数组
定义字符型的指针数组并指向字符数组
循环输出二维数组的字符
用指针数组输出第二行的字符
用指针数组输出每行的字符
用指针数组输出第二行的字符对应的整型数据
用指针数组输出每行的字符对应的整型数据

图 7-9　例 7-10 的 N-S 流程图

C 源程序：（文件名：li7_10.c）

li7_10.c

```c
#include <stdio.h>
main()
{
    static char ch[3][4]={"ABC","DEF","HKM"};
    char *pc[3]={ch[0],ch[1],ch[2]};
    int i,j;
    static int a[3][4]={{11,22,33,44},{55,66,77,88},{99,110,122,133}};
    int *p[3]={a[0],a[1],a[2]};
    printf("1. 直接输出数组元素(字符)ch[i][j]:\n");
    for(i=0;i<3;i++)
    {
        for(j=0;j<4;j++)
            printf("ch[%d][%d]=%c\t",i,j,ch[i][j]);
        printf("\n");
    }
    printf("\n2. 用指针数组输出第 2 行的字符串:\n");
    printf("ch[1]=%s\t",pc[1]);
    printf("\n\n3. 用指针数组输出数组元素(字符)pc[i][j]:\n");
    for(i=0;i<3;i++)
    {
        for(j=0;j<4;j++)
            printf("ch[%d][%d]=%c\t",i,j,pc[i][j]);
        printf("\n");
    }
    printf("\n4. 用指针数组输出第 2 行的数组元素(整型数):\n");
    for(i=0;i<4;i++)
        printf("a[1][%d]=%d\t",i,p[1][i]);
    printf("\n\n5. 用指针数组输出数组元素(整型数)p[i][j]:\n");
```

```
        for(i=0;i<3;i++)
        {
            for(j=0;j<4;j++)
                printf("a[%d][%d]=%d\t",i,j,p[i][j]);
            printf("\n");
        }
    }
```

运行结果：

1. 直接输出数组元素（字符）ch[i][j]：

ch[0][0]=A	ch[0][1]=B	ch[0][2]=C	ch[0][3]=
ch[1][0]=D	ch[1][1]=E	ch[1][2]=F	ch[1][3]=
ch[2][0]=H	ch[2][1]=K	ch[2][2]=M	ch[2][3]=

2. 用指针数组输出第 2 行的字符串：

ch[1]=DEF

3. 用指针数组输出数组元素（字符）pc[i][j]：

ch[0][0]=A	ch[0][1]=B	ch[0][2]=C	ch[0][3]=
ch[1][0]=D	ch[1][1]=E	ch[1][2]=F	ch[1][3]=
ch[2][0]=H	ch[2][1]=K	ch[2][2]=M	ch[2][3]=

4. 用指针数组输出第 2 行的数组元素（整型数）：

a[1][0]=55	a[1][1]=66	a[1][2]=77	a[1][3]=88

5. 用指针数组输出数组元素（整型数）p[i][j]：

a[0][0]=11	a[0][1]=22	a[0][2]=33	a[0][3]=44
a[1][0]=55	a[1][1]=66	a[1][2]=77	a[1][3]=88
a[2][0]=99	a[2][1]=110	a[2][2]=122	a[2][3]=133 运行结果：

2. 指向指针的指针

如果我们定义了一个变量，如：

　　int i=8;

这时要访问变量 i 的值，可通过变量 i 直接访问。

我们也可以定义一个指针变量 p，使其指向 i：

　　int *p=&i;

如果要访问 i 的值，可以通过指针变量 p 间接访问。

同样，指针变量 p 也有地址，可以通过这个地址间接访问 p，进而间接访问 i。C 语言允许定义指向指针的指针来实现上述多级间接访问功能。二级指针的定义如下：

　　int **pp=&p;

pp 指向指针 p，前面有两个*，是指向指针的指针，通过 pp 可以访问指针 p 和最终数据 i，如图 7-10 所示。

图 7-10　指向指针的指针

指向指针的指针主要用来处理指针数组，这是因为指针数组中的元素是指针，而指针数组本身又可用指针来操作，如图 7-11 所示，用指针数组 p[]处理多个字符串，可以改用指向指针的指针 pp 来处理。

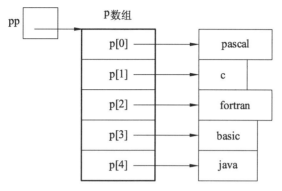

图 7-11 用指向指针的指针处理字符串

【**例 7-11**】程序是利用指向指针的指针变量，访问二维字符数组，请阅读程序，了解指向指针的指针变量的作用和使用方法。

N-S 流程图（见图 7-12）：

定义字符型的二维数组
定义字符型的指针数组并指向字符数组
定义二级指针变量
二级指针变量指向指针数组
利用循环输出行指针对应的行的字符串
用指针数组输出每行的字符对应的字符串

图 7-12 例 7-11 的 N-S 流程图

C 源程序：（文件名：li7_11.c）

li7_11.c

```
#include <stdio.h>
#include <stdlib.h>
main()
{
    int i;
    static char words[][16]={"internet","times","mathematics","geography"};
    static char *pw[]={words[0],words[1],words[2],words[3]};
    static char **ppw;
    ppw=pw;
    for (i=0;i<4;i++)
        printf("%s\n",*ppw++);
    printf("----------------\n");
```

```
        for (i=0;i<4;i++)
        {
            ppw=&pw[i];
            printf("%s\n",*ppw);
        }
}
```

运行结果：

internet

times

mathematics

geography

----

internet

times

mathematics

geography

提示：要注意区分指向指针的指针与二维数组名的关系。程序中语句"ppw=pw;"的作用，是将指针数组的首地址传递给指向指针的指针变量。因此，表示第 i 行的首地址应该用*(ppw+i)而不是 ppw+i。

7.3.5　指针与动态内存分配

在 C 语言中用一个称为堆的存储区域实现动态内存分配。动态内存分配就是按照自己的想法分配内存，避免造成空间浪费。C 语言提供了 malloc () 函数和 free () 函数动态分配与释放内存。这两个函数均在 stdlib.h 头文件中。

　　　malloc () 函数的形态如下：

　　　void * malloc(unsigned size）；

其功能是向系统申请分配一块连续的 size 个字节的内存区域，返回结果类型 "void *"代表指向该区域的指针。void 类型的指针可以和其他类型的指针互相赋值，指向 void 的指针相当于通用指针的作用。一般情况下用强制转换将 void 指针赋值给其他类型的指针变量。

以下代码用指针指向一块动态分配的内存空间，然后通过指针引用访问该空间。

```
int *a;                                 // 定义一个指向 int 型数据的指针变量 a
a =(int *)malloc(20 * sizeof(int));      // 给 a 分配 20 个元素的空间
a[0] = 1;                                // 按数组下标形式访问元素空间
a[1] = 2;
printf("%d,%d,%d\n",a[0],a[1],a[2]);
free(a）；                               // 释放 a 占用的空间
```

运行结果如下：

1,2,-842150451

　　说明：程序中通过 malloc () 函数分配 20 个供 int 型数据存放的空间。在分配的 20 个元素的空间中，只有前两个元素进行了赋值，第 3 个元素的输出结果为-842150451，是一个随机产生的值。

7.4　程序举例

【例 7-12】用指向数组的指针变量输入/输出二维数组各元素。

　　N-S 流程图（见图 7-13）：

定义二维数组，整型指针变量ptr
定义变量i，j
Ptr指向数组首行
利用循环给prt所指的对象赋值
Prt重新指向数组首行
利用循环把ptr所指的对象全部输出

图 7-13　例 7-12 的 N-S 流程图

C 源程序：（文件名：li7_12.c）

li7_12.c

```
#include <stdio.h>
main( )
{
    int a[3][4],*ptr;
    int i,j;
    ptr = a[0];            /*给指针变量赋值为&a[0][0]*/
    for(i = 0; i<3; i++)
      for(j = 0; j< 4; j++)
        scanf("%d", ptr++);        / *指针的表示方法* /
    ptr = a[0];
    for(i = 0; i<3; i++)
      for(j = 0; j<4; j++)
        {printf("%d", *ptr++);
         printf("/n");}
    }
```

运行结果：

1 2 3 4 5 6 7 8 9 10 10 12
1 2 3 4
5 6 7 8
9 10 10 12

【例 7-13】求字符串的长度，用指针变量作函数参数。

　　N-S 流程图（见图 7-14）：

| 定义字符型指针变量string指向字符数组 |
| 输出字符型指正所指的字符数组 |
| 调用getlength函数返回字符数组的长度并输出 |

图 7-14 例 7-13 的 N-S 流程图

C 源程序：（文件名：li7_13.c）

```
#include <stdio.h>
    int  getlength(char *str)
    {
        char  *p=str;
        while(*p!='\0')
        p++;
        return  p-str;
    }
    main()
    {  char  *string="I am a student";
       printf("The length of \"%s", string);
       printf(" \" is %d" , getlength(string) );
    }
```

li7_13.c

运行结果：

The length of "I am a student " is 14

【例 7-14】有 5 本图书，请按字母从小到大顺序输出书名。

N-S 流程图（见图 7-15）：

| 定义字符指针数组并初始化 |
| 定义变量i初始化为0 |
| 调用sort函数排序 |
| 利用循环把name指针所指的字符串输出 |

图 7-15 例 7-14 的 N-S 流程图

C 源程序：（文件名：li7_14.c）

li7_14.c

```
#include <stdio.h>
main()
    {  void sort( char *name[],  int    count ) ;
       char *name[5]={"BASIC", "FORTRAN", "PASCAL", "C", "FoxBASE"};
       int i=0;
       sort ( name, 5);
       for(; i<5; i++)
       printf("%s\n",name[i]);
```

```
            }
void    sort( char *name[],    int count )
  {  char    *p;
     int i, ,j,min;                      /*使用选择法排序*/
     for(i=0; i<count-1; i++)            /*外循环控制选择次数*/
      { min=i;                           /*预置本次最小串的位置*/
         for(j=i+1; j<count; j++)        /*内循环选出本次的最小串*/
          if   ( strcmp(name[min],name[j])>0 )
                 min=j;                  /*保存之*/
         if ( min!=i)                    /*存在更小的串,交换位置*/
          {p=name[i];    name[i]=name[min];
           name[min]= p;
          }
      }
  }
```

运行结果:

```
BASIC
C
FORTRAN
FoxBASE
PASCAL
```

【例 7-15】编写程序,采用冒泡法对一组从键盘输入的任意个整数(个数小于等于 50)进行升序排序,并输出结果。

N-S 流程图(见图 7-16):

定义变量
输入排序数据个数
输入数据到数组中
冒泡排序,逆序调用swap交换数据
循环输出数组中排行序的数据

图 7-16   例 7-15 的 N-S 流程图

C 源程序:(文件名:li7_15.c)

```c
#include <stdio.h>
void swap(int *a,int *b)
{
    int temp;
    temp=*a;
```

li7_15.c

```
    *a=*b;
    *b=temp;
}
main()
{
    int array[50],num,i,j;
    printf("请输入数据的个数(<50): ");
    scanf("%d",&num);
    printf("请输入%d 个元素的值:\n",num);
    for(i=0;i<num;i++)
        scanf("%d",&array[i]);
    for(i=0;i<num;i++)
        for(j=i+1;j<num;j++)
            if(array[j]<array[i])
                swap(&array[j],&array[i]);
    printf("升序排序的结果:\n");
    for(i=0;i<num;i++)
        printf("%d, ",array[i]);
    printf("\n");
}
```

运行结果：

请输入数据的个数(<50): 10

请输入 10 个元素的值:

70 43 66 11 34 95 112 342 48 29

升序排序的结果:

11, 29, 34, 43, 48, 66, 70, 95, 112, 342,请输入数据的个数(<50): 10

请输入 10 个元素的值:

70 43 66 11 34 95 112 342 48 29

升序排序的结果:

11, 29, 34, 43, 48, 66, 70, 95, 112, 342,

【例 7-16】在输入的字符串中查找有无'g'字符。

N-S 流程图（见图 7-17）：

定义字符数组s, 指针变量p
定义变量i
p=s
输入字符串给p所指的字符数组s
循环判断p[i]是否含有 'g'
输出判断结果

图 7-17　例 7-16 的 N-S 流程图

C 源程序（文件名：li7_16.c）：

li7_16.c

```c
#include <stdio.h>
main()
{
    char s[20],*p;
    int i;
    printf("input a string:\n");
    p=s;
    scanf("%s",p);
    for(i=0;p[i]!='\0';i++)
    if(p[i]=='g') break;
    if(p[i]=='g')
        printf("Found!");
    else
        printf("Not found!");
}
```

运行结果：

```
Input a string:
blirjgdkjfelf↙
Found!
```

说明：为了能在输入的字符串中找出字符'g'，需要定义一个字符指针变量来指向该输入的字符串。查询的方式采用从头到尾逐个比较输入的字符串中的字符，如果找到，则终止查询过程并给出相应的信息；如果查找过程中遇到字符'\0'，就表示该串中不含有要找的字符，已经到了字符串的结束位置。

【例 7-17】编写一个程序，输入整数 1~7，输出对应的英文星期几的字符串。

N-S 流程图（见图 7-18）：

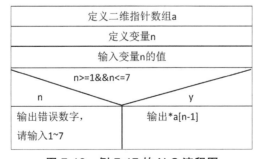

图 7-18　例 7-17 的 N-S 流程图

C 源程序：（文件名：li7_17.c）

li7_17.c

```c
#include<stdio.h>
#include<string.h>
```

```
main()
{
  char*a[7][15]={{"Monday"},{"Tuesday"},{"Wednesday"},{"Thursday"},{"Friday"},
{"Saturday"},{"Sunday"}};
    int n;
    printf("请输入一个 1～7 的数\n");
    scanf("%d",&n);
    if(n>=1&&n<=7)
        printf("\n%d——%s\n",n,*a[n-1]);
        else printf("输入错误数字，请输入 1～7\n");
}
```

运行结果：

```
请输入一个1～7的数
3
3——Wednesday
```

7.5 小 结

本章重点讲解了指针这一 C 语言重要的数据类型，在学习过程中要准确把握指针的含义，理解"指向"和"移动"这两个指针最重要的功能，并能将指针与之前学过的数组和之后将要学的函数等知识结合，体会指针的引入确实为 C 程序带来了便利，利用指针可以编写出很有特色、质量优良的程序，实现许多高级语言难以实现的功能。但是，指针使用不当也容易出错，而且这些错误往往很难发现，有的错误可能会使整个系统遭受破坏，比如出现野指针、内存泄露等。所以，在使用指针的时候要小心谨慎并要注重每个细节。

7.6 本章常见的编程错误

（1）定义多个指针变量时，没有在每个变量前加星号，如定义两个指针变量 p1 和 p2，误定义成"int * p1, p2;"。

（2）没有对指针变量初始化，或者没有将其指向内存的某个确定单元，就对该指针进行操作。

（3）对类型不同的指针进行赋值，如 int a; float *p=&a;

（4）使用空类型指针（void * ）访问内存。

（5）试图利用指针的运算改变数组所代表的地址，对不指向数组元素的指针进行算术运算，或者对不指向同一数组的两个指针变量进行比较运算或相减。

（6）指向数组的指针没有考虑移动越界。

（7）在释放内存后，依然使用原先的指针，造成野指针。

7.7 习 题

一、选择题

1. 若有说明：int i,j=7, *p=&i;，则与 i=j;等价的语句是（   ）。

   A. i=*p;   B. *p=*&j;   C. i=&j;   D. i=**p;

2. 下列函数的功能是（   ）。

   int fun1(char * x)

   {char *y=x;

   while(*y++);

   return(y-x-1);}

   A. 求字符串的长度   B. 比较两个字符串的大小

   C. 将字符串 x 复制到字符串 y   D. 将字符串 x 连接到字符串 y 后面

3. 有以下函数

   int aaa(char *s)

   {char *t=s;

   while(*t++);

   t--;

   return(t-s);

   }

   以下关于 aaa 函数的功能叙述正确的是（   ）。

   A. 求字符串 s 的长度   B. 比较两个串的大小

   C. 将串 s 复制到串 t   D. 求字符串 s 所占字节数

4. 若有以下调用语句,则不正确的 fun 函数的首部是 （   ）。

   main()

   { …

   int a[50],n;

   …

   fun(n, &a[9]);

   … }

   A. void fun(int m, int x[])   B. void fun(int s, int h[41])

   C. void fun(int p, int *s)   D. void fun(int n, int a)

5. 有以下程序

   void swap1(int c0[], int c1[])

   { int t ;

   t=c0[0]; c0[0]=c1[0]; c1[0]=t;

   }

   void swap2(int *c0, int *c1)

   { int t;

   t=*c0; *c0=*c1; *c1=t;

```
}
main()
{ int a[2]={3,5}, b[2]={3,5};
swap1(a, a+1); swap2(&b[0], &b[1]);
printf("%d %d %d %d\n",a[0],a[1],b[0],b[1]);
}
```

程序运行后的输出结果是（   ）。

    A. 3 5 5 3   B. 5 3 3 5   C. 3 5 3 5   D. 5 3 5 3

6. 以下程序的输出结果是（   ）。

```
char  cchar(char  ch)
{
if(ch>='A'&&ch<='Z')
   ch=ch-'A'+'a';
return ch;
}
main()
{   char s[]="ABC+abc=defDEF",*p=s;
while(*p)
{
   *p=cchar(*p);
   p++;
}
printf("%s\n",s);
}
```

    A. abc+ABC=DEFdef   B. abc+abc=defdef

    C. abcaABCDEFdef   D. abcabcdefdef

7. 若有以下说明：

    int   a[10]={1,2,3,4,5,6,7,8,9,10},*p=a;

    则数值为 6 的表达式是（   ）。

    A. *p+6   B. *(p+6)   C. *p+=5   D. p+5

8. 下面不能正确进行字符串赋值操作的语句是（   ）。

    A. char s[5]={"ABCDE"};   B. char s[5]={'A','B','C','D','E'};

    C. char *s;s="ABCDEF";   D. char *s; scanf("%s",s);

9. 以下程序的输出结果是（   ）。

    A. 6   B. 6789   C. '6'   D. 789

```
main( )
{ char a[10]={'1','2','3','4','5','6','7','8','9'} , *p;
   int i;
   i=8;
```

```
p=a+i;
printf("%s\n", p-3);
}
```

10. 若有以下定义和语句:

```
char  *s1="12345",*s2="1234";
printf("%d\n",strlen(strcpy(s1,s2)));
```

则输出结果是(　　　)。

A. 4　　　　　　　　B. 5　　　　　　　　C. 9　　　　　　　　D. 10

二、填空题

1. 以下程序运行后,输出结果是_____。

```
main()
{
static  char  a[]="ABCDEFGH",b[]="abCDefGh";
char  *p1,*p2;
int  k;
p1=a;
p2=b;
for(k=0;k<=7;k++)
  if(*(p1+k)==*(p2+k))
    printf("%c",*(p1+k));
printf("\n");
}
```

2. 下列程序的输出结果是_____。

```
#include  <stdio.h>
main(  )
{
char  b[ ]="ABCDEFG";
char  *chp=&b[7];
while(--chp>&b[0])
putchar(*chp);
putchar("\n");
}
```

3. 下面程序的输出结果是_____。

```
char  b[]="abcd";
main()
{
char  *chp;
for(chp=b;  *chp;  chp+=2)
printf("%s",chp);
```

```
printf("\n");
}
```

4. 以下程序输出的是_____。

```
main(   )
{
int   i=3,   j=2;
char   *a="dcba";
printf("%c%c\n",a[i],a[j]);
}
```

5. 以下程序的输出结果是_____。

```
#include       <stdio.h>
#include       <string.h>
main()
{
char b1[8]="abcdefg",b2[8],*pb=b1+3;
while   (--pb>=b1)
   strcpy(b2,pb）;
printf("%d\n",strlen(b2));
}
```

三、改错题

1. 下面程序的功能是交换变量 a 和 b 中的值。程序中有错误，请修改。

```
main()
 {
int a,b,*p,*q,*t;
p=&a;
q=&b;
printf("请输入变量 a 和 b 的值: ")
scanf("%d%d",&p,&q);
*t=*p;
*p=*q;
*q=*t;
printf("交换后 a 和 b 的值: %d%d\n",a,b);
 }
```

2. 下面程序的功能是将字符串 ch 逆置。程序中有错误，请修改。

```
#include <string.h>
main()
 {
char ch[]="abcdef",*p,*q,t;
p=ch;
```

```
printf("原有字符串: %s\n",*p);
q=ch+strlen(ch);
while(p<q)
{
t=p;p=q;q=t;p++;q--;}
printf("逆置后的字符串: %s\n",ch);
}
```

3. 下面程序的功能是将字符串 str2 连接到字符串 str1 的尾部。程序中有错误，请修改。

```
main()
{
    char str1 []="abcd",*str2="12345";
    int i=0,j=0;
    while( str1[i]!=0) i++;
    while( *(str2+j)!='\0')
    {
        str1[i]=*str2+j;
        i++; j++;
    }
    str1[j]='\0';
    printf("连接后的字符串是:%s\n",str1);
}
```

四、编程题

1. 输入 3 个整数 a,b,c，要求按大小顺序将它们输出。用函数实现改变这 3 个变量的值。

2. 有一字符串 a，内容为：My name is Li Lei.，另有字符串 b，内容为：Mr. Zhang Xiaoli is very happy.。写一函数，将字符串 b 中从第 5 个到第 17 个字符复制到字符串 a 中，取代字符串 a 中第 12 个字符以后的字符。输出新的字符串。

3. 编写一程序，输入月份号，输出该月的英文名。例如，输入"3"，则输出"March"，要求用指针数组处理。

4. 用指针数组处理一题目：在主函数输入 10 个等长的字符串，用另一函数对它们排序，然后在主函数输出这 10 个已经排好序的字符串，字符串不等长。

5. 将从键盘输入的每个单词的第 1 个字母转换成大写字母，输入时各单词必须用空格隔开，用"."结束输入。

6. 从键盘输入一行英文句子，利用指针访问形式统计句子内的英文单词个数，每个英文单词由若干字母构成。句子中允许出现空格、逗号、分号及句号等分隔符。

第8章　模块化程序设计

　　一个应用程序通常由上万条语句组成，如果把这些语句都放在主函数中，则由于程序上下文中的相互联系，程序编制只能由一个人或者由几个人以接力棒的形式完成，如果程序卡在某一处，所有的任务就无法进行，这样不仅费时费力，而且编写出来的程序也很难让人读懂。

　　为了解决上述问题，编写程序时，通常将较大的程序分成若干个程序模块（子任务），每个程序模块实现一定的功能。使用程序模块的另一个好处是：可以减少编写程序时的重复劳动。例如，若在同一程序中需多处使用同一功能，不需要每次都编写相同的程序，而可以根据需要多处调用（使用）同一个程序模块。

　　C语言是用函数来实现程序模块的。将一个程序分成若干个相对独立的函数，每个函数可实现单一的功能，其代码通常不超过一页纸。编写函数时只需要对函数的入口（输入的数据）和出口（输出的数据）做出统一的规定。由于各个函数可进行单独的编辑、编译和测试，因此同一软件就可以由一组人员分工完成，这样可以大大提高程序编写的效率。由于各个模块的层次分明，因此也便于程序的阅读。

　　C语言规定，每一个C程序必须包含一个主函数，不论主函数的位置在程序的何处，程序总是从主函数开始执行。

8.1　函数的基本概念

　　函数是形式上独立、功能上完整的程序段。在C程序设计中常将一些常用功能模块编写成函数。函数可以完成特定的计算或操作处理功能。

　　C源程序是由函数组成的。在前面各章的程序中大都只有一个函数，但实际问题的程序往往由多个函数组成。函数是C源程序的基本模块，可以通过对函数模块的调用实现特定的功能。C语言不仅提供了极为丰富的库函数，而且还允许用户自己定义函数。用户可以把自己的算法编写成一个个相对独立的函数模块，然后用调用的方法来使用函数。可以说C程序的全部工作都是由各式各样的函数完成的，所以也把C语言称为函数式语言。C语言由于采用了函数模块式的结构，因而易于实现结构化程序设计，程序的层级结构也很清晰。

　　【例8-1】从键盘输入x和y的值，计算x^y的值（假设y为整型变量）。

　　解法一：使用C语言中的库函数pow，计算x^y的值。

　　C源程序（文件名li8_1_1.c）：

```
#include <stdio.h>
#include <math.h>
void main()
{
    double x=0,z=0;
```

li8_1_1.c

```
    int y=0;
    printf("input data:");
    scanf("%lf%d",&x,&y);
    z=pow(x,y);
      printf("%lf,%d,%lf\n",x,y,z);
}
```

运行结果：

Input data:2 3↙

2.000000,3,8.000000

说明：

（1）C 语言中没有提供乘方运算符，所以不能直接用乘方的形式计算。

（2）程序中的 pow(x,y)是 C 语言提供的库函数，其功能是计算 x 的 y 次方。在使用此函数时，由于函数已由系统提供，用户不必考虑函数是如何编写的，只需要按照函数所需格式使用即可。但在使用数学函数 pow 之前，必须在程序文件的开始添加命令行"#include <math.h>"。

假设 C 语言库函数没有提供求 x^y 的函数，那么用户可以先编写此函数，然后再使用，请看下面的解法二。

解法二： 使用自编函数 mypow，计算 x^y 的值。

C 源程序（文件名 li8_1_2.c）：

li8_1_2.c

```
#include <stdio.h>
double mypow(double x,int y)
{
    int i=0;
double z=1.0;
for(i=1;i<=y;i++)
z=z*x;
return z;
}
void main()
{
double x=0,z=0;
int y=0;
printf("Input data:");
scanf("%lf %d",&x,&y);
z=mypow(x,y);
printf("%lf,%d,%lf\n",x,y,z);
}
```

运行结果与解法一相同。

说明：

（1）mypow 是自编函数的函数名，由用户给定。

（2）mypow 和 pow 的作用都是计算 x^y 的值，但由于 mypow 函数不是库函数，所以在程序的开头先编写该函数，然后就像使用库函数一样使用它，这时不必再写命令行"#include <math.h>"。

【例 8-2】调用函数，实现在屏幕上输出若干个"*"的功能。

C 源程序（文件名 li8_2.c）：

```
#include <stdio.h>
void myprint()          //自编函数 myprint，输出一行 20 个 "*"
{
    int i=0;
    for(i=1;i<=20;i++)
    printf("*");
    printf("\n");
}
void myprint_n(int n)    //自编函数 myprint_n，输出每行 n 个 "*"
{
    int i=0;
    for(i=1;i<=n;i++)
    printf("*");
    printf("\n");
}
void main()
{
    myprint();           //调用一次输出一行固定个数的 "*"
    myprint_n(5);        //调用一次输出一行 5 个 "*"
    myprint_n(10);       //调用一次输出一行 10 个 "*"
    myprint();           //调用一次输出一行固定个数的 "*"
}
```

li8_2.c

运行结果：
```
********************
*****
**********
********************
```

说明：

（1）程序中的 myprint 函数是一个无参函数。如果紧跟在函数名后边的圆括号中为空，我们称此类函数是无参函数。

（2）程序中的 myprint_n 函数是一个有参函数。如果紧跟在函数名后边的圆括号中不为空，这样的函数我们称为有参函数。

（3）在主函数中调用了两次 myprint 函数，每调用一次就输出一行 20 个 "*"。

（4）在主函数中调用了两次 myprint_n 函数，第一次调用时，参数 n 得到 5，因此输出 5

个"*"；第二次调用时，参数 n 得到 10，因此输出 10 个"*"。虽然每次调用同一个函数，但由于参数 n 得到的值不同，所以每次输出不同个数的"*"。由此可见，调用有参函数，可以根据参数的不同，得到不同的结果，这样就方便用户，使程序运用起来更加灵活。

通过以上例题，读者初步了解了函数的概念。那么，若一个函数调用另一个函数，应具备什么条件？函数应该如何编写？这些问题我们将在后面的各节学习。

8.2　函数的定义与声明

在调用函数前，必须对函数先进行定义和说明。

8.2.1　函数的定义格式

函数定义包括指定函数的以下内容：

（1）函数名；

（2）函数的类型，即函数的返回值类型；

（3）函数参数的类型和名称；

（4）函数的功能，即函数需要完成的操作。

函数定义的一般格式如下：

```
[类型名]函数名（类型 形式参数 1，类型 形式参数 2，…）     //函数头
{                          //函数体
    定义部分
    语句部分
}
```

说明：

（1）函数名不能与该函数中其他标识符重名，也不能与本程序中其他函数名相同。

（2）形式参数简称形参。定义函数后，形参并没有具体的值，只有当其他函数调用该函数时，各形参才会得到具体的值，因此形参必须是变量。不管形参如何起名，都不会影响函数的功能，形参只是一个形式上的参数。函数可以没有形参，但函数名后的一对圆括号不能省略。每个形参的类型必须单独定义，且各组之间用逗号隔开。

（3）如果调用函数后需要得到函数值，则在函数首部的最前面给出该函数值的类型，并且在函数体中用 return 语句将函数值返回；若不需要得到函数值，则将函数值的类型定义为 void。

（4）在函数体内用到的变量，除形参外，都必须在其定义部分给出定义。

【例 8-3】 函数定义示例。编写求 n! (n>0)的函数。

C 源程序（文件名 li8_3.c）：

```
long myfac(int n)          //定义名为 myfac 的函数
{
int i=0;
long y=1;
```

li8_3.c

```
for(i=1;i<=n;i++)
y=y*i;
return y;                    //以 y 中的值作为函数值。
}
```

说明：

（1）第 1 行 "long myfac(int n)" 是函数的首部，其中 myfac 是函数名，"int n" 表示 n 是参数，其类型为 int 型；函数名前的 long 是函数值（即函数计算结果）的类型。

（2）函数首部下面的一对大括号中是函数体，用来实现求 n! 的功能。通常情况下在函数体（包括主函数的函数体）中，变量的定义部分都在前，语句部分都在后。

（3）可以通过 return 语句把函数值返回给调用此函数的函数，函数值是 return 后面表达式的值。如果将函数中的语句 "return y;" 改写成 "return 1;"，则不管 y 的值是多少，函数值都是 1。

（4）myfac 函数可以单独编译不能单独运行，必须被其他函数调用才能运行。在程序中除了主函数，其他自编函数都是如此。被别的函数调用的函数，我们称为被调函数（如 myfac 函数），而调用其他函数的函数称为主调函数（如 main 函数）。

8.2.2　函数的声明方法

在大多数情况下，程序中使用自定义的函数之前要先进行函数声明，才能在程序中使用。如果没有函数声明，C 语言只允许后面定义的函数调用前面已经定义的函数。虽然现在有些编译系统取消了该限制，即允许函数在定义之前被调用，但是在程序的前面部分对所有函数进行声明是一个好的编程习惯。

函数说明与函数定义不是一回事，函数定义是指对函数功能的确定，包括指定函数类型、函数名、形参和函数体，是一个完整的程序单位，而函数声明则只是指明函数的类型、函数名及形参的个数、类型和排列顺序，例如：

```
float max(float x,float y);
```

是对 max 函数的说明，说明该函数的类型是 float 型，有两个形参都是 float 型。函数说明的目的是给编译系统提供函数调用时的信息，只有符合这些条件的函数才能调用。

函数声明的一般格式如下：

[类型说明符]函数名（形式参数列表）；

函数声明的格式就是在函数定义格式的基础上去掉函数体，再加上分号构成的，即在函数头后面加上分号。函数调用的接口信息必须提前提供，因此函数原型必须位于该函数的第一次调用处之前。在函数声明时，重要的是形参类型和形参个数，形参的名字是不重要的，可以不写。

例如，对 double mypow(double x,int y)函数的声明，以下几种声明方式都是正确的。

```
double mypow(double x,int y);
double mypow(double,int);
double mypow(double a,int b）；
```

C 语言规定，在以下情况下，可以省去对被调函数的声明。

（1）当被调函数的定义出现在调用函数之前时。

（2）如果在所有函数定义之前，在函数外部（如文件开始处）预先对各个函数进行了声明，则在调用函数中可以省略对被调函数的声明。

8.3　函数的参数与返回值

在调用函数时，大多数情况下，主调函数和被调用函数之间有数据传递关系，这就是前面提到的有参数的函数形式。函数参数的作用是传递数据给函数使用。

8.3.1　函数的形参

在定义函数时，函数名后面括号中的变量名称为"形式参数"。在函数调用之前，传递给函数的值将被赋值到这些形式参数中。

8.3.2　函数的实参

在调用一个函数时，也就是真正使用一个函数时，函数名后面括号中的参数为"实际参数"。函数的调用者提供给函数的参数叫实际参数。实际参数是表达式计算的结果，并且被复制给函数的形式参数。

如例 8-2 中定义函数：

```
void myprint_n(int n)
{
    int i=0;
for(i=1;i<=n;i++)
printf("*");
printf("\n");
}
```

在函数定义时，圆括号里面的参数 n 就是形式参数。

```
void main()
{
myprint_n(5);        //调用一次输出一行 5 个"*"
myprint_n(10);        //调用一次输出一行 10 个"*"
}
```

当在主函数中调用该函数时，那么调用时圆括号里面的参数就是实际参数。如"myprint_n(5);"中的 5，以及"myprint_n(10);"中的 10 就是实际参数。

8.3.3　函数的返回值

通常我们希望通过函数调用使主调函数得到一个确定的值，这个值就是函数的返回值，简称函数值。函数的数据类型就是函数返回值的类型，称为函数类型。

（1）函数的返回值通过函数中的返回语句 return 将被调函数中的一个确定的值带回到主调函数中去。return 语句的一般形式为：

```
                    return (表达式);
```
或
```
                    return 表达式;
```
或
```
                    return ;
```
例如：
```
        return x;
        return (x);
        return (x*2-1);
```
　　如果需要从被调函数带回一个函数值（供主调函数使用），被调函数中必须包含 return 语句。如果不需要从被调函数带回函数值，则可以不要 return 语句。一个函数中可以有一个以上的 return 语句，执行到哪一个 return 语句，哪一个语句起作用。

　　return 语句的作用：使程序控制从被调行返回到主调函数中，同时把返回值带回给主调函数；释放在函数执行过程中分配的所有内存空间。

　　（2）既然函数有返回值，这个值当然应属于某一个确定的类型，应当在定义函数时指定函数值的类型；凡不加类型说明的函数，一律自动按整型处理。

　　如果函数值的类型和 return 语句中表达式的值不一致，则以函数类型为准。对数值型数据，可以自动进行类型转换，即函数类型决定返回值的类型。

　　（3）不返回函数值的函数可以明确定义为"空类型"，类型说明符为"void"。这时系统就保证不让函数带回任何值。void 类型在 C 语言中有两种用途：一是表示一个函数没有返回值，二是用来指明有关通用型的指针。

　　（4）如果函数没有定义为"void"类型，并且函数中没有 return 语句，则函数将带回不确定的值。

　　【例 8-4】返回值示例。

li8_4.c

　　C 源程序（文件名 li8_4.c）：

```c
#include <stdio.h>
int max(int x,int y)            //定义 max 函数，有两个参数
{
    int z;                      //定义临时变量
    z=x>y?x:y;
    return z;                   //把 z 作为 max 函数的值带回 main 函数
}
int main()
{
    int a,b,c;
    printf("pliease input a and b:\n");
    scanf("%d,%d",&a,&b）;
    c=max(a,b）;                //调用 max 函数，实际参数为 a，b
    printf("the max is :%d\n",c）;
```

```
}
```

说明： 程序中，当执行语句 "c=max(a,b)；" 时，则实际参数 a，b 的值分别传递给形式参数 x，y，然后执行 max 函数中的语句，当执行到 "return z;" 时，z 中的值返回给函数 max，然后结束 max 的调用，回到主调函数，这时 max 函数的值就是通过 z 返回的，再赋值给变量 c，继续执行主函数后面的语句。

8.4　函数的调用

要执行一个函数的功能，必须调用这个函数，否则这个函数就不会发挥任何作用，函数调用是通过函数调用语句来实现的。调用别的函数的称为主调函数，被别的函数调用的函数称为被调函数。

8.4.1　函数调用语句的一般形式

在程序中是通过对函数的调用来执行函数体的，其过程与其他语言的子程序调用相似。函数调用的一般形式为：

函数名（实际参数表）

说明：

（1）调用函数时，函数名称必须与具有该功能的自定义函数名称完全一致。如果是调用无参函数，则实参列表可以没有，但括号不能省略。

（2）实际参数表中的参数简称实参，对无参函数调用时则无实际参数表。实际参数表中的参数可以是常数、变量或表达式。如果参数不止 1 个，则相邻实参之间用逗号分隔。

（3）实参的个数、类型和顺序，应该与被调函数所要求的参数个数、类型和顺序一致，才能正确地进行数据传递。如果类型不匹配，C 语言编译程序将按赋值兼容的规则对其进行转换。如果实参和形参的类型不赋值兼容，通常并不给出出错信息，且程序仍然继续执行，只是得不到正确的结果。

8.4.2　函数调用的方式

按照函数在程序中出现的位置划分，函数调用的方式有以下三种。

1. 函数语句

C 语言中的函数可以只进行某些操作而不返回函数值，这时的函数调用作为一条独立的语句存在。函数调用的一般形式加上分号即构成函数语句。

例如：

```
printf("%d",x);
scanf("%d",&b）；
```

都是以函数语句的方式调用函数。

2. 函数表达式

函数作为表达式的一项，出现在表达式中，以函数返回值参与表达式的运算。这种方式要求函数是有返回值的。

例如：

  y=4-max(x,z);

函数 max 是表达式的一部分，4 减去它的值然后赋值给 y。

3. 函数参数

函数作为另一个函数调用的实际参数出现。这种情况是把该函数的返回值作为实参进行传送，因此要求该函数必须是有返回值的。

例如：

  z=max(a,max(b,c));

其中，max(b,c) 是一次函数调用，它的值作为 max 另一次调用的实参。z 的值是 a、b、c 三者最大的。

又如：

  printf("%d",max(a,b));

也是把 max(a,b) 作为 printf 函数的一个参数。

函数调用作为函数的参数，实质上也是函数表达式形式调用的一种，因为函数的参数本来就要求是表达式形式。

8.5 函数的嵌套调用和递归调用

8.5.1 函数的嵌套调用

C 语言的函数定义是互相平行、独立的。也就是说，在定义函数时，一个函数内不能再定义另一个函数，即不能嵌套定义。但可以嵌套调用函数，即在调用一个函数的过程中，可以再调用另一个函数，如图 8-1 所示。

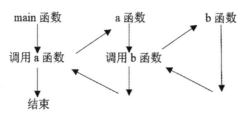

图 8-1 函数嵌套调用的执行过程

图 8-1 所示的是两层嵌套（加上 main 函数共 3 层函数），其执行过程如下：

（1）执行 main 函数的开头部分；

（2）遇函数调用语句，调用函数 a，流程转去 a 函数；

（3）执行 a 函数的开头部分；

（4）遇函数调用语句，调用函数 b，流程转去 b 函数；

（5）执行 b 函数，如果再无其他嵌套的函数，则完成 b 函数的全部操作；

（6）返回到 a 函数中调用 b 函数的位置；

（7）继续执行 a 函数中尚未执行的部分，直到 a 函数结束；

（8）返回 main 函数中调用 a 函数的位置；

（9）继续执行 main 函数的剩余部分，直到结束。

【例 8-5】 输入 4 个整数，找出其中最大的数。用函数的嵌套调用来处理。

分析： 这个问题并不复杂，只用一个主函数就可以得到结果。现在根据题目的要求，用函数的嵌套调用来处理。在 main 函数中调用 max4 函数，max4 函数的作用是找出 4 个数中的最大者。在 max4 函数中再调用另一个函数 max2。max2 函数用来找出两个数中的较大者。在 max4 中通过多次调用 max2 函数，可以找出 4 个数中的最大者，然后把它作为函数值返回 main 函数，在 main 函数中输出结果。

C 源程序（文件名 li8_5.c）：

li8_5.c

```c
#include <stdio.h>
int main()
{
int max4(int a,int b,int c,int d);          //对 max4 的函数声明
int a,b,c,d,max;
printf("Please enter 4 integer number:\n");  //提示输入 4 个数
scanf("%d %d %d %d",&a,&b,&c,&d);
max=max4(a,b,c,d);                           //调用 max4 函数，得到 4 个数中的最大者
printf("max=%d\n",max);                      //输入 4 个数中的最大者
}
int max4(int a,int b,int c,int d)            //定义 max4 函数
{
int max2(int a,int b);                       //对 max2 的函数声明
int m;
m=max2(a,b);       //调用 max2 函数，得到 a 和 b 两个数中的最大者，放在 m 中
m=max2(m,c);       //调用 max2 函数，得到 a、b、c 三个数中的最大者，放在 m 中
m=max2(m,d);       //调用 max2 函数，得到 a、b、c、d 四个数中的最大者，放在 m 中
return m;          //把 m 作为函数值带回 main 函数
}
int max2(int a,int b)    //定义 max2 函数
{
if(a>=b)
return a;          //若 a>=b,将 a 作为函数返回值
else
return b;          //若 a<b，将 b 作为函数返回值
}
```

说明： 可以清楚地看到，在主函数中要调用 max4 函数，因此在主函数的开头要对 max4 函数做声明。在 max4 函数中 3 次调用 max2 函数，因此在 max4 函数的开头要对 max2 函数做声明。由于在主函数中没有直接调用 max2 函数，因此在主函数中不必对 max2 函数做声明，

只要在 max4 函数中做声明即可。

max4 函数的执行过程是这样的：第一次调用 max2 函数得到的函数值是 a 和 b 中的较大者，把它赋给变量 m；第二次调用 max2 函数得到 m 和 c 中的较大者，也就是 a、b、c 中的最大者，再把它赋给变量 m；第三次调用 max2 函数得到 m 和 d 中的大者，也就是 a、b、c、d 中的最大者，再把它赋给变量 m。这是一种递推方法，先求出 2 个数中的较大者；再以此为基础求出 3 个数中的最大者；最后以此为基础求出 4 个数中的最大者。m 的值一次一次地变化，直到满足最终的要求。

程序改进如下：

在 max4 函数中，3 条调用 max2 函数的语句（如 m=max2(a,b)；）可以用以下语句代替。

```
m=max2(max2(max2(a,b ) ,c ) ,d ) ;        //把函数调用作为函数参数
```

甚至可以取消变量 m，max4 函数可写成如下形式：

```
int max4(int a,int b,int c,int d )
{
int max2(int a,int b ) ;                    //对 max2 的函数声明
return max2(max2(max2(a,b ) ,c ) d ) ;
}
```

先调用“max2(a,b)”，得到 a 和 b 中的较大者；再调用“max2(max2(a,b),c)”（其中 max2(a,b) 为已知），得到 a、b、c 三者中的最大者；最后由“max2(max2(max2(a,b),c),d)”求得 a、b、c、d 四者中的最大者。

8.5.2　函数的递归调用

一个函数在它的函数体内直接或间接地调用它自身，称为递归调用。这种函数称为递归函数。若函数直接调用自身则称为直接递归调用，若函数间接调用自身则称为间接递归调用，如图 8-2 所示。

```
funa()
{
  …
  funa();
  …
}
```

（a）直接递归调用

```
funb()
{
  …
  func();
  …
}
func()
{
  …
  funb();
  …
}
```

（b）间接递归调用

图 8-2　函数的递归调用

图 8-2（a）中，在调用函数 funa()的过程中，又要调用 funa()函数，这是直接调用本函数。

图 8-2（b）中，在调用 funb()函数过程中要调用 func()函数，而在调用 func()函数过程中又要调用 funb()函数，这是间接调用本函数。

一些问题本身蕴含了递归关系且结构复杂,用非递归算法实现可能使程序结构非常复杂,而用递归算法实现，可使程序简洁，提高程序的可读性。

递归调用会增加存储空间和执行时间上的开销。

从图 8-2 中可以看到，这两种递归调用都是无终止的自身调用。显然，程序中不应该出现这种无终止的递归调用，而只应出现有限次数的、有终止的递归调用。为了防止递归调用无终止地进行，必须在函数内有终止递归调用的手段。常用的办法是加条件判断，当满足某种条件后就不再进行递归调用，然后逐层返回。

递归函数具有以下特点：

（1）函数要直接或间接调用自身。

（2）要有递归终止条件检查（递归的出口），即递归终止的条件被满足后，则不再调用自身函数。

（3）如果不满足递归终止的条件，则继续进行递归调用。在调用函数自身时，有关终止条件的参数要发生变化，而且需向递归终止的方向变化。

【例 8-6】从键盘输入一个正整数 n，输出 n 的阶乘值 n!。

分析：若用 fact(n)表示 n 的阶乘值，根据阶乘的数学定义可知：

$$fact(n) = \begin{cases} 1 & n = 0 \\ n \times fact(n-1) & n > 0 \end{cases}$$

显然,当 n>0 时,fact(n)是建立在 fact(n-1)的基础上。由于求解 fact(n-1)的过程与求解 fact(n)的过程完全相同，只是具体实参不同，因而在进行程序设计时，不必再仔细考虑 fact(n-1)的具体实现，只需借助递归机制进行自身调用即可。

C 源程序（文件名 li8_6.c）：

li8_6.c

```c
#include <stdio.h>
#include <stdlib.h>
long fact(int n)
{
    long m;
    if(n==0)
        return(1);
    else
    {
        m=n*fact(n-1);
        return(m);
    }
}
int main()
{
```

```
int n;
long m;
printf("请输入一个正整数：\n");
scanf("%ld",&n);
m=fact(n);
printf("%d!=%ld\n",n,m);
}
```

运行结果：

请输入一个正整数：

4↙

4!=24

说明：

（1）第3行定义了一个函数 fact()，它有一个整型参数，返回值为一个长整型值。

（2）第10行调用了 fact 函数自身，这就是一个递归函数。

（3）第20行调用 fact 函数得到阶乘。

由于递归调用是对函数自身的调用，在一次函数调用未结束之前又开始了另一次函数调用。这时为函数的运行所分配的空间在结束之前是不能回收的，必须保留。这也意味着函数自身的每次不同调用，就需要分配不同的空间。只有当最后一次调用结束后，才释放最后一次调用所分配的空间，然后返回上一层调用，调用结束后，释放调用所分配的空间，再返回它上一层调用，这样逐层返回，直至返回到第一次调用，当第一次调用结束后，释放调用所分配的空间，整个递归调用才完成。

以求 fact(4)为例，其调用执行过程如图 8-3 所示。

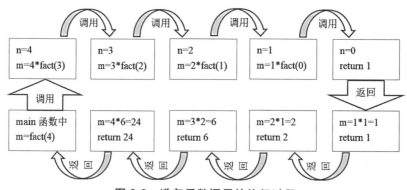

图 8-3　递归函数调用的执行过程

可以看出，fact 函数一共被调用了 5 次，即 fact(4)、fact(3)、fact(2)、fact(1)、fact(0)。其中 fact(4)是 main 函数调用的，其余 4 次是在 fact 函数中调用自己的，即递归调用了 4 次。应当强调说明的是，在某一次调用 fact 函数时，并不是立即得到 fact(n)的值，而是一次又一次地进行递归调用，到 fact(0)时才有确定的值，然后再递推出 fact(1)、fact(2)、fact(3)、fact(4)。注意递推的终止条件。当 n=0 时，应执行"return 1;"，即不再递归调用 fact 函数了，递归调用结束。

8.6　数组作为函数的参数

调用有参函数时，需要提供实参，如 sin(x)、max(a,b)等。实参可以是常量、变量或表达式。数组元素的作用与变量相当，一般来说，凡是变量可以出现的地方，都可以用数组元素代替。因此，数组元素也可以用作函数实参，其用法与变量相同，向形参传递数组元素的值。此外数组名也可以作为实参和形参，传递的是数组第一个元素的地址。

8.6.1　数组元素作为函数的实参

数组元素就是下标变量，它与普通变量并无区别，因此作为函数实参使用与普通变量完全相同。在调用函数时把作为实参的数组元素的值传递给形参，实现单向的值传送。

【例 8-7】数组元素作为函数参数。

分析：定义一个数组，然后将赋值后的数组元素作为函数的实参进行传递，当函数的形参得到实参传递的数值后，将其进行显示输出。

C 源程序（文件名 li8_7.c）：

li8_7.c

```
#include <stdio.h>
void ShowMember(int iMember);          //声明函数
int main()
{
    int iCount[10];
int i;
for(i=0;i<10;i++)
{
iCount[i]=i;
}
for(i=0;i<10;i++)
{
ShowMember(iCount[i]);                //调用函数
}
}
void ShowMember(int iMember)          //函数定义
{
printf("Show the member is %d\n",iMember);
}
```

运行结果：

Show the member is 0
Show the member is 1
Show the member is 2
Show the member is 3
Show the member is 4

Show the member is 5

Show the member is 6

Show the member is 7

Show the member is 8

Show the member is 9

说明：

（1）在程序代码中，首先是对下面要使用的函数进行声明，在主函数 main 的开始处首先定义一个整型的数组和一个整型变量 i，变量 i 用于下面要使用的循环语句。

（2）变量定义完成之后，要对数组中的元素进行赋值，在这里使用 for 循环语句，变量 i 作为循环语句的循环条件，并且作为数组的下标指定数组元素位置。

（3）通过一个循环语句调用 ShowMember 函数显示数据，其中可以看到 i 作为参数中数组的下标，表示指定要输出的数组元素。

8.6.2　数组名作为函数的实参

用数组名作函数的参数可以解决函数只能有一个返回值的问题。数组名代表数组的首地址，在数组名作为函数的参数时，形参和实参都应该是数组名。在函数调用时，实参传递给形参的数据是实参数组的首地址，即实参数组和形参数组完全等同，是存放在同一存储空间的同一个数组，形参数组和实参数组共享存储单元。如果在函数调用过程中形参数组的内容被修改了，实际上也是修改了实参数组的内容。

【例 8-8】输入不超过 50 个的整数，对这些数据排序后输出。要求数据的输入、数据的排序和数据的输出分别编写一个函数来完成。

C 源程序（文件名 li8_8.c）：

li8_8.c

```c
#include <stdio.h>
#include <stdlib.h>
void inputdata(int a[],int n)        //输入数据
{
    int i;
    for(i=0;i<n;i++)
{
    printf("请输入第%d 个数据:",i+1);
    scanf("%d",&a[i]);
}
}
void outputdata(int a[],int n)        //输出数据
{
    int i;
        for(i=0;i<n;i++)
{
    printf("%d ",a[i]);
```

```
    }
    printf("\n");
    }
    void sort(int a[],int    n)
    {
    int i ,j,k,temp;
        for(i=0;i<n-1;i++)
    {
    k=i;
    for(j=i+1;j<n;j++)
    if(a[k]>a[j])
    k=j;
    if(k!=i)
    {
    temp=a[i];
    a[i]=a[k];
    a[k]=temp;
    }
    }
    }
    int main()
    {
    int data[50],datanum;
    printf("请输入数据个数(1-50):");
    scanf("%d",&datanum);
    inputdata(data,datanum);
    printf("排序前的数据为:\n");
    outputdata(data,datanum);
    sort(data,datanum);
    printf("排序后的数据为:\n");
    outputdata(data,datanum);
    }
```

运行结果:

请输入数据个数（1-50）：6↙
请输入第 1 个数据：34
请输入第 2 个数据：43
请输入第 3 个数据：12
请输入第 4 个数据：25
请输入第 5 个数据：7

请输入第 6 个数据：87

排序前的数据为：

34 43 12 25 7 87

排序后的数据为：

7 12 25 34 43 87

说明： 在这个程序中有 4 个函数：数据输入的函数 inputdata()，数据输出的函数 outputdata()，数据排序函数 sort()，主函数 main()。在 inputdata()函数、outputdata()函数和 sort() 函数中，分别用数组名作为它们的形参，在主函数中，定义了一个一维数组，调用 inputdata() 函数对数组进行赋值，调用 sort()函数对数据进行排序，调用 outputdata()函数输出数据。主函数中调用时的第一个实参也是数组名。

在 C 语言中，形参数组与实参数组之间的结合要注意以下几点：

（1）调用函数与被调函数中分别定义数组，其数组名可以不同，但类型必须一致。

（2）在 C 语言中，形参变量与实参之间的结合是采用数值进行的，因此，如果在被调函数中改变了形参的值，是不会改变实参值的。但是，形参数组与实参数组的结合是采用地址进行的，从而可以实现数据的双向传递。在被调函数中改变了形参数组元素的值，实际上就改变了实参数组元素的值。

（3）被调函数中一维数组作形参的要求如下：

①主函数与函数在一个文件中，指定与不指定一维数组的下标的大小结果一样。

②主函数与函数不在一个文件中，函数中的形参数组通常不指定一维数组下标的大小，指定一维下标的大小也可以。

8.7 指针作为函数的参数

函数间的参数传递有两种：值传递和地址传递。在值传递的方式下，将实参的值传递给形参变量，对形参变量的操作不会改变实参变量的值（传值调用的单向性）。对于传址调用，在前面介绍过数组作为函数参数，即数组名作为实参，数组定义作为形参。本节介绍指针作为函数参数，参数传递时采用的是传址方式。其实现方法如下：

被调函数中的形参：指针变量。

主调函数中的实参：地址表达式，一般为变量的地址或取得变量地址的指针变量。

【例 8-9】 用函数调用交换两个变量的值。

C 源程序（文件名 li8_9.c）：

li8_9.c

```c
#include <stdio.h>
#include <stdlib.h>
void swap(int *ptr1,int *ptr2)
{
    int temp;
    temp=*ptr1;
    *ptr1=*ptr2;
    *ptr2=temp;
```

```
}
int main()
{
int a,b;
printf("请输入两个数:\n");
scanf("%d%d",&a,&b);
swap(&a,&b);
printf("a=%d,b=%d\n",a,b);
}
```

运行结果:

请输入两个数:

21 45↙

a=45,b=21

程序分析:

(1)第 3-9 行定义了一个函数 swap(),它有两个指针参数。

(2)第 15 行调用 swap()函数,实参为两个地址值。

swap()函数的功能是交换两个变量(a 和 b)的值。swap()函数的形参 prt1、ptr2 是指针变量。程序运行时,先执行 main()函数,输入 a 和 b 的值(设输入的值分别是 21 和 45)。然后调用 swap()函数。在函数调用时,将实参地址传递给形参指针变量。因此形参 prt1 的值为 &a,prt2 的值为&b。这时 ptr1 指向变量 a,ptr2 指向变量 b,如图 8-4 所示。

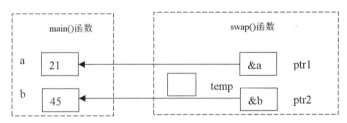

图 8-4 ptr1 指向变量 a,ptr2 指向变量 b

然后执行 swap()函数中的第 6 行,将 ptr1 所指向的空间的值(即 a 的值)赋给变量 temp,如图 8-5 所示。

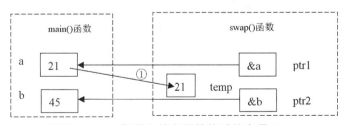

图 8-5 ptr1 指所向的空间的值赋给变量 temp

再执行 swap()函数中的第 7 行,将 prt2 所指向的空间的值(即 b 的值)赋给 ptr1 所指向的变量(即 a),如图 8-6 所示。

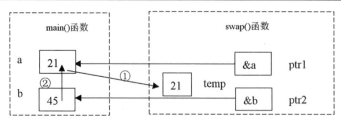

图 8-6　将 ptr2 指所向的空间的值赋给 ptr1 所指向的变量

最后执行 swap()函数中的第 8 行，将 temp 的值赋给 ptr2 所指向的变量（即 b），如图 8-7 所示。

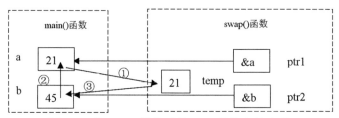

图 8-7　将 temp 的值赋给 ptr2 所指向的变量

至此，swap()函数执行完毕，为其运行分配的空间被释放，此时 main()函数中变量 a 和 b 的值发生了交换。最后在 main()函数中输出的 a 和 b 的值是已经交换过的值。

8.8　函数的返回值为指针

一个函数可以返回一个整型值、字符值、实型值等，也可以返回指针型的数据，即地址。其概念与之前介绍的类似，只是返回值的类型是指针类型而已。

例如，"int *a(int x,int y);"，a 是函数名，调用它以后能得到一个 int*型的指针（指向整型数据），即整型数据的地址。x 和 y 是函数 a 的形参，为整型。

请注意，在 "*a" 的两侧没有括号，在 a 的两侧分别为*运算符和()运算符。而()优先级高于*，因此 a 先与()结合，表示这是函数形式。这个函数前面有一个*，表示此函数是指针型函数（函数返回值是指针）。

定义返回指针值的函数的原型的一般形式如下：

　　　　　类型名 *函数名（参数列表）；

对初学 C 语言的人来说，可能不大习惯这种定义形式，容易弄错，使用时要十分小心。下面的例子可以让读者初步了解怎样使用返回指针的函数。

【例 8-10】 用指针型函数查找星期几的英文名称。

C 源程序（文件名 li8_10.c）：

```
#include <stdio.h>
int main()
{
int code;
char *w,*day_name(int);          //day_name 指针型函数声明
```

li8_10.c

```c
    printf("Input Day No:");
    scanf("%d",&code);
    w=day_name(code);
    printf("Today is :%s\n",w);
}
char *day_name(int n)          //指针型函数定义
{
    char *name[]={
        "Illegal day",
        "Monday",
        "Tuesday",
        "Wednesday",
        "Thursday",
        "Friday",
        "Saturday",
        "Sunday"};
    char *day;
    if(n<1||n>7)
        day=name[0];
    else
        day=name[n];
    return day;
}
```

8.9　main 函数的参数

在运行程序时，有时需要将必要的参数传递给主函数。主函数 main 的形式参数如下：

　　　　main(int argc,char *argv[])

两个特殊的内部形参 argc 和 argv 是用来接收命令行实参的，这是只有主函数 main 具有的参数。

● argc 参数保存命令行的参数个数，是整型变量。这个参数的值至少是 1，因为至少程序名就是第一个实参。

● argv 参数是一个字符指针数组，这个数组中的每一个元素都指向命令行实参。所有命令行实参都是字符串，任何数字都必须由程序转变成为适当的格式。

【例 8-11】main 函数的参数使用。

分析： 在本实例中，通过使用 main 函数的参数，将其程序的名称进行输入。

C 源程序（文件名 li8_11.c）：

```c
#include <stdio.h>
int main(int argc,char *argv[])
```

li8_11.c

```
{
printf("%s\n",argv[0]);          //输出程序的位置
return 0;                        //程序结束
}
```

运行结果：

D:\Users\Administrator\Documents\Visual Studio 2010\Projects\l1\Debug\l1.exe

8.10 变量的作用域与存储类别

8.10.1 变量的作用域

在 C 程序中定义的任何变量都有一定的作用范围，也就是变量的可见范围或可使用的有效范围，这个范围称为变量的作用域。变量的作用域可以是一个函数，也可以是整个程序。C 语言中变量说明的方式不同，其作用域也不同。C 语言中的变量按作用域范围可分为局部变量和全局变量两种。

1. 局部变量

在一个函数或复合语句内定义的变量，称为局部变量，局部变量也称为内部变量。局部变量仅在定义它的函数或复合语句内有效。例如函数的形参是局部变量。

编译时，编译系统不为局部变量分配内存单元，而是在程序的运行中，当局部变量所在的函数被调用时，系统根据需要临时分配内存，函数调用结束，局部变量的空间被释放。

如图 8-8 所示，在函数 fun1()内定义了三个变量，a 为形参，b、c 为一般变量。在 fun1()的范围内 a、b、c 有效，或者说 a、b、c 变量的作用域限于 fun1()内。同理，x、y 的作用域限于 fun2()内，在 fun2()内有效。m、n 的作用域限于 main()函数内，在 main()函数内有效。

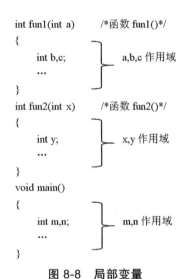

图 8-8 局部变量

说明如下：

（1）main()函数中定义的变量只能在 main()函数中使用，不能在其他函数中使用。同时，main()函数中也不能使用其他函数中定义的变量。因为 main()函数也是一个函数，它与其他函数是平行关系。例如下面的程序：

```
#include <stdio.h>
#include <stdlib.h>
void fun()
{
int a=2;
printf("%d",a）;
}
int main()
{
```

```
    int b=3;
    printf("%d, %d\n",a,b）;
    }
```

在编译时会指出在第 11 行出现错误：

error C2065:"a":未声明的标识符

虽然我们在函数 fun()中定义了变量 a（程序的第 5 行），但它只在 fun()函数内起作用，在 main()函数中就不起作用，因而不能引用它。

（2）形参变量属于被调用函数的局部变量，实参变量属于主调函数的局部变量。

（3）C 语言允许在不同的函数中使用相同的变量名，它们代表不同的对象，分配不同的单元，互不干扰，也不会发生混淆。例如，形参和实参的变量名都为 a，是完全允许的。

（4）在复合语句中也可定义变量，其作用域只在复合语句范围内。

例如图 8-9 所示，变量 s 只在复合语句内有效，离开该复合语句该变量就无效，释放内存单元。

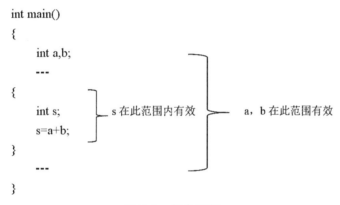

图 8-9　复合语句

【例 8-12】局部变量示例。

C 源程序：（文件名：li8_12.c）

li8_12.c

```
#include<stdio.h>
void main()
{
int i=2,j=3,k;
k=i+j;
{
int k=8;
i=3;
printf("%d\n",k);
}
printf("%d,%d\n",i,k);
}
```

运行结果：

8

3,5

本程序在 main 中定义了 i,j,k 三个变量，其中 k 未赋初值。而在复合语句内又定义了一个变量 k，并赋初值为 8。应该注意这两个 k 不是同一个变量。在复合语句外由 main 定义的 k 起作用，而在复合语句内则由在复合语句内定义的 k 起作用。因此程序第 5 行的 k 为 main 所定义，其值应为 5。第 8 行输出 k 值，该行在复合语句内，由复合语句内定义的 k 起作用，其初值为 8，故输出值为 8。第 11 行输出 i，k 值。i 是在整个程序中有效的，第 8 行对 i 赋值为 3，故输出也为 3。而第 11 行已在复合语句之外，输出的 k 应为 main 所定义的 k，此 k 值由第 5 行已获得为 5，故输出也为 5。

2. 全局变量

全局变量也称为外部变量，它是在函数外部定义的变量。它不属于哪一个函数，它属于一个源程序文件。其作用域是整个源程序文件，可以被本文件中的所有函数共用。

在函数中使用全局变量，一般应进行全局变量说明。只有在函数内经过说明的全局变量才能使用。全局变量的说明符为 extern。但在一个函数之前定义的全局变量，在该函数内使用可不再加以说明。

例如图 8-10 中，m、n、c1、c2 都是全局变量，但它们的作用域不同。在 main()函数和 fun2()函数中可以使用全局变量 m、n、c1、c2，但在函数 fun1()中只能使用全局变量 m、n，而不能使用 c1 和 c2。

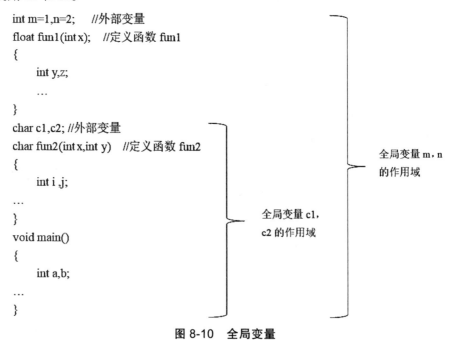

图 8-10　全局变量

在一个函数中既可以使用本函数中的局部变量，又可以使用有效的全局变量。

说明如下：

（1）外部变量默认的作用域是从定义处开始到本文件的结束。如果定义点之前的函数需要引用这些外部变量，需要在函数内对被引用的外部变量进行说明。

（2）外部变量的定义必须在所有的函数之外，且只能定义一次。其一般形式为：

　　　　　[extern]类型说明符 变量名 1，变量名 2，…，变量名 n；

其中方括号内的 extern 可以省去不写。

例如：

　　　　　int a,b;

等价于

　　　　　extern int a,b;

（3）外部变量说明出现在要使用该外部变量的各个函数内，在整个程序内可以出现多次。外部变量说明的一般形式为：

　　　　　extern　类型说明符 变量名 1，变量名 2，…，变量名 n；

（4）外部变量在定义时就已分配了内存单元，外部变量定义可进行初始赋值，外部变量说明不能再赋初值，只是表明在函数内要使用外部变量。

【例 8-13】输入正方体的长宽高 l,w,h。求体积及三个面 x*y,x*z,y*z 的面积。

分析： 定义函数 vs 来计算正方体的体积和三个面的面积，从函数中输入正方体的长宽高，调用函数 vs 来完成。

C 源程序：（文件名：li8_13.c）

```c
#include<stdio.h>
int s1,s2,s3;                 /*全局变量 s1，s2，s3*/
int vs( int a,int b,int c )   /*形式参数 a，b，c 也属于 vs 函数的局部变量*/
{
int m;                        /*vs 函数的局部变量 m*/
m=a*b*c;
s1=a*b;
s2=b*c;
s3=a*c;
return m;
}
main()
{
int v,l,w,h;                  /* 主函数 main 的局部变量*/
printf("input length,width and height：\n");
scanf("%d,%d,%d",&l,&w,&h);
v=vs(l,w,h);
printf("v=%d,s1=%d,s2=%d,s3=%d\n",v,s1,s2,s3);   /* 全局变量 s1,s2,s3*/
}
```

运行结果：

input length,width and height：

1,2,3

v=6,s1=2,s2=6,s3=3

说明：全局变量 s1,s2,s3 起作用的范围从程序的第一行一直到程序结束，而形参和局部变量 m 起作用的范围在函数 vs 中，当函数调用结束时，这些变量占用的内存要被释放出来；变量 v,l,w,h 起作用的范围在主函数中。

关于变量的命名，只要是合法标识符就可以。但是，如果同一个源文件中，外部变量与局部变量同名，则在局部变量的作用范围内，外部变量将被屏蔽而不起作用。

【例 8-14】全局变量与局部变量同名。

C 源程序：（文件名：li8_14.c）

```
#include<stdio.h>
#include <stdlib.h>
int a=5,b=6;                  /*a,b 为全局变量*/
int max1(int a,int b)         /*形参 a,b 为局部变量*/
{
int s;
s=a>b?a:b;
return(s);
}
main()
{int a=12;
printf("max=%d\n",max1(a,b));
}
```

li8_14.c

运行结果：

max=12

说明：程序的第 3 行定义了全局变量 a 和 b，它们的作用域就从定义处开始到本程序的结束。但在 main()函数内又定义了局部变量 a（程序的第 12 行），这时全局变量 a 和局部变量 a 的作用域重叠，全局变量 a 失效，所以程序的第 14 行引用 的 a 和 b 分别是局部变量 a 和全局变量 b，即 max1(a,b)相当于 max1(12,6)，运行结果就是 12。

8.10.2　变量的存储类别

在 C 语言中，每一个变量和函数都有两个属性：数据类型和存储类型。数据类型大家都熟知，如整型、浮点型等。存储类型指的是数据在内存中存储的方式。根据存储类型，可以知道变量的作用域和生存期。因此对一个变量不仅应说明其数据类型，还应说明其存储类型。变量定义的完整形式如下：

存储类型标识符　数据类型标识符　变量名；

存储类型包括自动（auto）、寄存器（register）、外部（extern）和静态（static）。

1. auto 变量

由于自动变量极为常用，所以 C 语言把它设计成默认的存储类型，即 auto 可以省略不写。如果没有指定变量的存储类型，那么变量的存储类型就默认为 auto。

auto 变量的定义形式如下：

[auto]类型标识符 变量名；

举例如下：

int i ,j;

等价于：

auto int i ,j;

自动变量的"自动"体现在进入语句块时自动申请内存，退出语句块时自动释放内存。因此，它仅能被语句块内的语句访问，在退出语句以后就不能再访问。

2. register 变量

一般情况下，变量的值是存放在内存中的，如果有一些变量频繁使用，则为存取变量的值要花费不少时间。为提高执行效率，允许将局部变量的值放在 CPU 的寄存器中，需要用时直接从寄存器取出参加运算即可，不必再到内存中去存取。由于寄存器的存取速度远高于内存的存取速度，因此这样做可以提高执行效率。这种变量叫作"寄存器变量"，用关键字 register 做声明。

【例 8-15】编写程序求 1+2+3+…+300 的和。

C 源程序：（文件名：li8_15.c）

li8_15.c

```
#include <stdio.h>
int main()
{
//本程序循环 300 次，i 和 s 都将频繁使用，因此可定义为寄存器变量
register int i,s=0;
for(i=1;i<=300;i++)
{
s=s+i;
}
printf("s=%d\n",s);
}
```

register 只是"请求"编译器把数据存储到寄存器中，并不能保证这个数据一定在寄存器中，由于某些情况（例如，寄存器不够用或编译器认为没必要），数据可能不会被存储到寄存器中。另外，寄存器没有地址，所以对 register 变量取地址是不会编译通过的。

由于现在的计算机的运行速度越来越快，性能越来越高，优化的编译系统能够识别使用频繁的变量，从而自动地将这些变量存放在寄存器中，而不需要程序设计者指定。因此，现在实际上用 register 声明变量的必要性不大。在此不详细介绍它的使用方法和有关规定，读者只需要知道这种变量即可，以便遇到 register 时不会感到困惑。

3. extern 变量

extern 变量是在函数外定义的变量，又称"外部变量"或"全局变量"。

外部变量定义的形式如下：

[extern]类型说明符 变量名；

说明：

（1）若一个程序仅由一个源文件组成，将外部变量定义在源文件的开头、所有函数体之前，则该文件中的所有函数可以不加说明直接使用。

（2）若一个程序仅由一个源文件组成，将外部变量定义在源文件的中间，则在其定义之前的函数使用该变量时，需要使用 extern 说明，以扩展它的作用域。

```
        int a,b;                  //外部变量
        void f1()
        {
            extern float x,y;     //外部变量 x，y 声明
            …
        }
        float x,y;                //外部变量
        int f2()
        {
        …
        }
        main()
        {
        …
        }
```

外部变量 a、b 是在函数 f1、f2 和 main 函数之前定义的，因此，这 3 个函数内可以不用 extern 声明而直接使用。而外部变量 x、y 是在 f1 函数之后、f2 和 main 函数之前定义的，所以 f2 和 main 函数内可以直接使用而省略变量声明，但 f1 函数内要想使用 x 和 y 就必须加以声明：extern float x,y;。

【例 8-16】求长方体的体积。

C 源程序：（文件名：li8_16.c）

li8_16.c

```
#include <stdio.h>
int vs(int a,int b)
{
    extern int h;         //外部变量 h 的声明
    int v;
    v=a*b*h;
    return v;
}
int l=3,w=4,h=5;          //外部变量 l，w，h 的定义，等价于 extern int l=3,w=4,h=5;
void main()
{
    int l=6;              //局部变量 l 的定义
//vs 的实参为局部变量 l（值为 6）和外部变量 w（值为 4）
    printf("v=%d",vs(l,w));
```

```
        return ;
    }
```

运行结果:

v=120

（3）若一个程序由多个源文件组成，则在一个源文件中定义的外部变量，要想在另一个源文件中使用，也需要使用 extern 说明，以扩展它的作用域。

【例 8-17】请分析下列程序的运行结果（该程序由两个源文件组成）。

C 源程序:（文件名: li8_17.c）

```
//源文件 f1.c
#include <stdio.h>
int x=10;        //定义外部变量 x
int y=10;        //定义外部变量 y
void add()
{
    y=10+x;
    x*=x;
}
void main()
{
    extern void sub();
    x+=5;
    add();
    sub();
    printf("x=%d;y=%d\n",x,y);
    return ;
}
//源文件 f2.c
void sub()
{
    extern int x;   //声明外部变量 x
    x-=5;
}
```

li8_17f1.c

li8_17f2.c

运行结果:

x=25;y=25

　　程序由两个源文件组成。f1.c 中定义了两个外部变量 x 和 y，main 函数中调用了两个函数 add 和 sub。其中函数 sub 不在 f1.c 中，所以 main 函数中要使用语句"extern void sub();"声明函数 sub 是外部函数；而函数 add 是在 f1.c 中的 main 函数之前定义的，所以不必再进行声明。在 f1.c 的函数 sub 中，要使用 f1.c 中的外部变量 x，所以函数 sub 中要用语句"extern int x;"声明变量 x 是一个外部变量。

程序从 main 函数开始，执行语句 "x+=5;"，即 x=15；然后调用 add 函数执行语句 "y=10+x;"，即 y=25；接着执行语句 "x*=2;"，即 x=30；返回 main 函数后再调用 sub 函数执行语句 "x－=5;"，即 x=25。

从上例可看出，外部变量可以代替函数参数和函数返回值，在各函数之间传递数据，但是外部变量始终占据内存单元，也使程序的运行受到一定的影响。另外，外部变量使得各函数的独立性降低，当一个外部变量的值被误改的时候，会给后续模块带来意外的错误。从模板化程序设计的角度看，这是不利的，因此，尽量不要使用外部变量。

4. static 变量

静态变量定义的一般形式如下：

        static 类型标识符 变量名；

静态变量存放在内存中的静态存储区。编译时为静态变量分配内存单元，在整个程序运行期间，变量占有该内存单元，程序结束后，这部分空间才被释放，所以其生存期为整个程序。

从静态变量的作用域来分，静态变量有两种：静态局部变量和静态全局变量。

1）静态局部变量

当在函数体或复合语句内用 static 来声明一个变量时，该变量就被称为静态局部变量。

【例 8-18】分析下面程序的运行结果。

C 源程序：（文件名：li8_18.c）

li8_18.c

```
#include <stdio.h>
void f1()
{
    int a=0;
/*定义自动变量 a，赋初值为 0，该操作是在 f1 函数每次被调用执行时进行的*/
    a+=10;
    printf("in f1 a=%d\n",a);
}
void f2()
{
    static int a=0;
/*定义静态局部变量 a 并初始化为 0，该操作是在程序执行前由编译程序进行的赋初值，
实际运行时不再执行赋初值操作*/
a+=10;
printf("in f2 a=%d\n",a);
}
main()
{
f1();f1();f1();
f2();f2();f2();
```

```
}
```

运行结果：

```
in f1 a=10
in f1 a=10
in f1 a=10
in f2 a=10
in f2 a=20
in f2 a=30
```

main 函数分别 3 次调用 f1 函数和 f2 函数。在 f1 函数中定义了自动变量 a，连续 3 次调用 f1 函数时，输出结果均为 "in f1 a=10"。在 f2 函数中定义了静态局部变量 a，第一次调用 f2 函数，执行语句 "a+=10" 后，静态局部变量 a 的值为 10；由于 a 为静态局部变量，故第二次调用 f2 函数时，a 中仍保留第一次退出 f2 函数时的值 10 不变，所以第二次执行语句 "a+=10" 后静态局部变量 a 的值为 20；同理，第三次调用 f2 函数，执行语句 "a+=10" 后，静态局部变量 a 的值为 30。

静态局部变量是在编译时赋初值的，且只能赋初值一次，在程序运行时它已有初值，以后调用函数时不再重新复制，而是保留上次函数调用结束时的值。

如果在定义时对静态局部变量未赋初值，则编译时系统自动赋初值 0（对数值型变量）或空字符（对字符变量）。

根据静态局部变量的特点，可以看出它是一种生存期为整个程序的变量。虽然离开定义它的函数后不能使用，但如果再次调用定义它的函数时，它又可继续使用，而且保存了上次被调用后留下的值。因此，当多次调用一个函数且要求在调用之间保留某些变量的值时，可考虑采用静态局部变量。

2）静态全局变量

静态全局变量（又称 "静态外部变量"）是在函数之外定义的。如果在程序设计中希望某些变量只限于本文件使用，而不能被其他文件使用，则可以在定义全局变量时加上 static，从而构成静态全局变量。静态全局变量只在定义该变量的源文件内有效，为该源文件内的函数所共用，但在同一源程序的其他源文件中不能使用它。

【例 8-19】分析下列程序的运行结果。

C 源程序：（文件名：li8_19.c）

```
/*源文件：f1.c*/
#include <stdio.h>
static int x=2;              //定义静态全局变量 x，作用域仅限本文件
int y=3;                     //定义全局变量 y
extern void add1();          //声明外部函数 add1
main()
{
add1();
printf("x=%d;y=%d\n",x,y);   //输出静态全局变量 x，全局变量 y 的值
```

li8_19f1.c

```
}
/*源文件：f2.c*/
#include <stdio.h>
void add1()
{
extern int y;                    //声明另一个文件中的全局变量 y
extern int x;                    //出错，x 是静态变量，不能扩展
x+=10;
y+=2;
printf("int add1 x=%d\n",x);     //输出外部文件中静态全局变量 x 的值
printf("int add1 y=%d\n",y);     //输出外部文件中静态全局变量 y 的值
}
```

li8_19f2.c

分析：f2.c 中定义了静态全局变量 x，它的作用域仅仅是 f2.c。虽然在 f1.c 中用了
"extern"，但仍然不能使用 f2.c 中的全局变量 x。

在程序设计中，常由若干人分别完成各个模块，各人可以独立地在其设计的文件中使用
相同的外部变量名而不互相干扰，只要在每个文件中定义外部变量时加上 static 即可。这就
为程序的模块化、通用性提供了方便。如果已确认其他文件不需要引用本文件的外部变量，
就可以对本文件中的外部变量都加上 static，使其成为静态外部变量，以免被其他文件误用。
这就相当于把本文件的外部变量对外界"屏蔽"起来，从其他文件的角度看，这个静态外部
变量是"看不见、不能用"的。

把自动局部变量改变为静态局部变量后是改变了它的存储区域以及它的生存期。把全局
变量改变为静态全局变量后是改变了它的作用域，限制了它的使用范围。因此 static 这个说
明符在不同的地方所起的作用是不同的。

8.11 编译预处理

在前面各章中，已多次使用过以"#"开头的预处理命令，如包含命令#include、宏定义
命令#define 等。在源程序中这些命令都放在函数之外，而且一般都放在源文件的前面，它们
称为预处理部分。

所谓预处理，是指在进行编译的第一遍扫描（词法扫描和语法分析）之前所进行的工作。
预处理是 C 语言的一个重要功能，它由预处理程序负责完成。当对一个源文件进行编译时，
系统将自动引用预处理程序对源程序中的预处理部分进行处理，处理完毕自动进入对源程序
的编译。

编译预处理的特点如下：

（1）所有预处理命令均以"#"开头，在它前面不能出现空格以外的其他字符。

（2）每条命令独占一行。

（3）命令不以"；"为结束符，因为它不是 C 语句。

（4）预处理程序控制行的作用范围仅限于说明它们的那个文件。

C 语言提供了多种预处理功能，如宏定义、文件包含、条件编译等。合理使用预处理功

能编写的程序便于阅读、修改、移植和调试，也有利于模块化程序设计。

8.11.1　宏定义命令

1. 不带参数的宏定义

宏定义命令#define 用来定义一个标识符和一个字符串，以这个标识符来代表这个字符串，在程序中每次遇到该标识符时就表示所定义的字符串。宏定义的作用相当于给指定的字符串起一个别名。

不带参数的宏定义一般形式如下：

#define 宏名　字符串

说明：

（1）#表示这是一条预处理命令。

（2）宏名是一个标识符，必须符合 C 语言标识符的规定。

（3）字符串，在这里可以是常数、表达式、格式字符串等。

例如：

#define PI 3.14

该语句的作用是在该程序中用 PI 代替 3.14，在编译预处理时，每当在源程序中遇到 PI 就自动用 3.14 代替。

使用#define 进行宏定义的好处是需要改变一个常量时只需改变#define 命令行，整个程序的常量都会改变，大大提高了程序的灵活性。

宏定义不是语句，所以不需要在行末加分号。

【例 8-20】 输入圆的半径，求圆的周长、面积和球的体积。要求使用无参宏定义圆周率。

C 源程序：（文件名：li8_20.c）

```c
#include <stdio.h>
#define PI 3.1415926
int main( )
{
    double r,len,s,v;
    printf("请输入半径:");
    scanf("%lf",&r);
    len=2*PI*r;
    s=PI*r*r;
    v=PI*r*r*r*4/3;
    printf("周长=%.7lf\n 面积=%.7lf\n 体积=%.7lf\n",len ,s,v);
}
```

li8_20.c

运行结果：

请输入半径：5↙

周长=31.4159260

面积=78.5398150

体积=523.5987667

说明：程序中的宏名 PI 都用 3.1415926 去替换。

2. 带参数的宏定义

C 语言允许宏带有参数。宏定义中的参数称为形参，宏调用中的参数称为实参。对带参数的宏，在调用中，不止进行简单的字符串替换，还要进行参数替换。即不仅要宏展开，而且要用实参去替换形参。

带参数的宏定义一般形式如下：

#define 宏名（形参表） 字符串

说明：宏名后面的括号里是参数，类似函数中的形参表，但此处的形参无类型说明，有多个参数时，参数之间用逗号隔开；字符串中包含形参表中指定的参数。

带参数的宏调用的一般形式为：

宏名（实参表）；

例如：

```
#define M(x,y) x*y    /*宏定义*/
k=M(3+2,4+5);   /*宏调用*/
```

在宏调用时，用实参 3+2 和 4+5 去替换形参 x 和 y，经预处理宏展开后的语句为：

```
k=3+2*4+5;
```

【例 8-21】 输入圆的半径，求圆的周长、面积和球的体积。要求使用带参数的宏定义完成。

C 源程序：（文件名：li8_21.c）

li8_21.c

```c
#include <stdio.h>
#define PI 3.1415926
#define LEN(x) 2*PI*x
#define S(x) PI*x*x
#define V(x) 4*PI*x*x*x/3
int main( )
{
    double r,len,s,v;
    printf("请输入半径:");
    scanf("%lf",&r);
    len=LEN(r);
    s=S(r);
    v=V(r);
    printf("周长=%.7lf\n 面积=%.7lf 体积=%.7lf\n",len ,s,v);
}
```

运行结果：

请输入半径：5↙

周长=31.4159260

面积=78.5398150

体积=523.5987667

说明：

（1）在宏定义中的形参是标识符，而宏调用中的实参可以是表达式。宏展开时，要用实参去替换对应的形参，但不能对实参进行任何运算。

（2）在带参数的宏定义中，形参不分配内存单元，因此不必做类型定义。而宏调用中的实参有具体的值。要用它们去替换形参，因此必须进行类型说明。这是与函数中的情况不同的。在函数中，形参和实参是两个不同的量，各有自己的作用域，调用时要把实参值赋予形参，进行"值传递"。而在带参数的宏中，只进行符号替换，不存在值传递的问题。

（3）在宏定义中，字符串内的形参通常要用括号括起来以避免出错。

（4）定义带参数的宏时，宏名与左圆括号之间不能留有空格。否则，C 语言编译系统会将空格以后的所有字符均作为替换字符串，而将该宏视为无参宏。

（5）带参的宏和带参函数很相似，但本质上不同，把同一表达式用函数处理与用宏处理两者的结果有可能是不同的。

【例 8-22】 函数调用与宏定义。

程序 A：（文件名：li8_22_1.c）
```
#include <stdio.h>
#include <stdlib.h>
int DY(int y)
{
    return (y)*(y);
}
int main( )
{
    int i=1;
    while(i<=5)
    printf("%d\n",DY(i++));
    system("pause");
    return 0;
}
```

程序 B：（文件名：li8_22_2.c）
```
#include <stdio.h>
#include <stdlib.h>
#define DY(y) (y)*(y)
int main( )
{
    int i=1;
    while(i<=5)
    printf("%d\n",DY(i++));
    system("pause");
return 0;
}
```

程序 A 的运行结果：
1
4
9
16
25

程序 B 的运行结果：
1
9
25

说明： 在程序 A 中的函数名为 DY，形参为 y，函数体表达式为(y)*(y)；程序 B 中宏名为 DY，形参也为 y，字符串表达式为(y)*(y)。二者是相同的。程序 A 中的函数调用为 DY(i++)，程序 B 的宏调用为 DY(i++)，实参也是相同的。从输出结果来看，却大不相同。

3. 取消宏定义

宏定义的作用范围是从宏定义命令开始到程序结束。如果需要在源程序的某处终止宏定义，则需要使用#undef 命令取消宏定义。取消宏定义命令#undef 的用法格式为：

      #undef   标识符

其中的标识符是已定义的宏名。

8.11.2　文件包含命令

在一个源文件中使用#include 命令可以将另一个源文件的全部内容包含进来，也就是将另外的文件包含到本文件之中。

使用#include 命令将另一源文件嵌入带有#include 的源文件时，被读入的源文件必须用双引号或尖括号括起来，如下：

      #include"stdio.h"

      #include <stdio.h>

上面给出了双引号或尖括号的形式，这两者之间区别如下：

（1）用尖括号时，系统到存放 C 语言库函数头文件所在的目录中寻找要包含的文件，我们称之为标准方式。

（2）用双引号时，系统先在用户当前目录中寻找要包含的文件，若找不到，再到存放 C 语言库函数头文件所在的目录中寻找要包含的文件。

通常情况下，如果为调用库函数使用#include 命令来包含相关的头文件，则用尖括号，可以节省查找的时间；如果要包含的是用户自己编写的文件，一般用双引号。用户自己编写的文件通常是在当前目录中；如果文件不在当前目录中，双引号可给出文件路径。

【例 8-23】文件包含应用。

（1）文件 f1.h（文件名：li8_23_1.c）

```
#define P printf
#define S scanf
#define D "%d"
#define C "%c"
```

li8_23.c

（2）文件 f2.c（文件名：li8_23_2.c）

```
#include <stdio.h>
#include"f1.h"
main()
{
    int a;
    P("please input:\n");
    S(D,&a);        //调用 f1.h 中的宏定义
    P("the number is :\n");
    P(D,a);
    P("\n");
```

```
    P(C,a);        //调用 f1.h 中的宏定义
    P("\n");
}
```
运行结果：

please input:

65↙

the number is:

65

A

在此引用 f1.h 的时候使用的是下面的代码：

```
    #include"f1.h"
```
如果使用的是以下代码：

```
    #include <f1.h>
```
则会产生"fatal error C1083:无法打开包括文件："f1.h':No such file or directory"的错误。

通常用在文件头部的被包含的文件称为"标题文件"或"头部文件"，常以".h"为扩展名，如本例中的 f1.h。

一般情况下将如下内容放到扩展名为".h"的文件中：

● 宏定义；

● 结构、联合和枚举声明；

● typedef 声明；

● 外部函数声明；

● 全局变量声明。

使用"文件包含"为实现程序修改提供了方便，当需要修改一些参数时不必修改每个程序，只需修改一个文件（头部文件）即可。

"文件包含"的注意要点如下：

① 一个#include 命令只能指定一个被包含的文件。

② 文件包含是可以嵌套的，即在一个被包含的文件中还可以包含另一个文件。

③ 如果 file1.c 中包含文件 file2.h，那么在编译后就成为一个文件而不是两个文件，这时如果 file2.h 中有静态全局变量，则该静态全局变量在 file1.c 文件中也有效，不需要使用 extern 声明。

8.11.3　条件编译命令

预处理程序提供了条件编译的功能，可以按不同的条件去编译不同的程序部分，因而产生不同的目标代码文件，这对于程序的移植和调试是很有用的。#if、#else、#endif、#ifdef 和#ifndef 都属于条件编译命令，可对程序源代码的各部分有选择地进行编译。

下面介绍主要的几种形式：

1. 第一种形式

　　#if　常量表达式
　　程序段 1

```
[#else
程序段 2]
#endif
```

功能：如果表达式为真，则对程序段 1 进行编译；否则对程序段 2 进行编译。如果没有程序段 2（它为空），本格式中的#else 可以没有，即可以写为：

```
#if    常量表达式
程序段
#endif
```

【**例 8-24**】#if…#else…#endif 应用。

C 源程序（文件名：li8_24.c）

li8_24.c

```c
#define R 1
main()
{
float c,r,s;
printf ("input a number:    ");
scanf("%f",&c）;
#if R
r=3.14159*c*c;
printf("area of round is: %f\n",r);
#else
s=c*c;
printf("area of square is: %f\n",s);
#endif
}
```

运行结果：

```
input a number:    1
area of round is:    3.141590
```

在程序第一行宏定义中，定义 R 为 1，因此在条件编译时，表达式的值为真，故计算并输出圆面积。

2. 第二种形式

```
#if    表达式 1
程序段 1
#elif    表达式 2
程序段 2
…
#elif    表达式 n
程序段 n
#endif
```

功能：如果表达式 1 为真，则对程序段 1 进行编译；否则，如果表达式 2 为真，就对程序段 2 进行编译，以此类推。

【例 8-25】 #elif 应用。

C 源程序（文件名：li8_25.c）

li8_25.c

```
#include <stdio.h>
#define NUM 50
void main()
{
    int i=0;
    #if NUM>50
        i++;
    #elif NUM==50
        i=i+50;
    #else
        i--;
    #endif
        printf("i is:%d\n",i);
}
```

运行结果：

i is:50

3. 第三种形式

```
#ifdef 宏名
程序段
#endif
```

功能：如果在此之前已经定义了这样的宏名，则编译程序段，如果未定义#ifdef 后面的宏替换名，则不对程序段进行编译。

#ifdef 可与#else 连用，构成的一般形式如下：

```
#ifdef 宏名
程序段 1
#else
程序段 2
#endif
```

功能：如果在此之前已经定义了这样的宏名，则编译程序段 1，如果未定义#ifdef 后面的宏替换名，则编译程序段 2。

4. 第四种形式

```
#ifndef 宏名
程序段
#endif
```

功能：如果在此之前没有定义这样的宏名，则编译程序段，如果已定义#ifdef 后面的宏替换名，则不执行程序段。

同样，它也可以与#else 连用，和前面#ifdef 的用法一样。

【例 8-26】#ifdef 和#ifndef 的具体应用。

C 源程序（文件名：li8_26.c）

li8_26.c

```c
#include <stdio.h>
#define STR "diligence is the parent of success\n"
void main()
{
    #ifdef STR
        printf(STR);
    #else
        printf("idleness is the root of all evil\n");
    #endif
    #ifndef ABC
        printf("idleness is the root of all evil\n");
    #else
        printf(STR);
    #endif
}
```

运行结果：

```
diligence is the parent of success
idleness is the root of all evil
```

8.12　程序举例

【例 8-27】求方程 $ax^2+bx+c=0$ 的根，用 3 个函数分别求当 b^2-4ac 大于 0、等于 0 和小于 0 时的根并输出结果。从主函数输入 a、b、c 的值。

C 源程序（文件名：li8_27.c）

li8_27.c

```c
#include <stdio.h>
#include <math.h>
float x1,x2,disc,p,q;
void main()
{
    void greater_than_zero(float,float);
    void equal_to_zero(float,float);
    void smaller_than_zero(float,float);
    float a,b,c;
    printf("input a,b,c:");
```

```
        scanf("%f,%f,%f",&a,&b,&c）;
        printf("equation:%5.2f*x*x+%5.2f*x+%5.2f=0\n",a,b,c);
        disc=b*b-4*a*c;
        printf("root:\n");
        if(disc>0)
        {
            greater_than_zero(a,b);
            printf("x1=%f\t\tx2=%f\n",x1,x2);
        }
        else if(disc==0)
        {
            equal_to_zero(a,b）;
            printf("x1=%f\t\tx2=%f\n",x1,x2);
        }
        else
        {
            smaller_than_zero(a,b);
            printf("x1=%f+%fi\tx2=%f-%fi\n",p,q,p,q);
        }
}

void greater_than_zero(float a,float b)
{
    x1=(-b+sqrt(disc))/(2*a);
    x2=(-b-sqrt(disc))/(2*a);
}
void equal_to_zero(float a,float b)
{
    x1=x2=(-b)/(2*a);
}
void smaller_than_zero(float a,float b)
{
    p=-b/(2*a);
    q=sqrt(-disc)/(2*a);
}
```

运行结果:

input a,b,c:2,4,3

equation:2.00*x*x+ 4.00*x+ 3.00=0

root:

x1=－1.000000+0.707107i x2=－1.000000－0.707107i

【例 8-28】写一个判断素数的函数，在主函数输入一个整数，输出是否是素数的信息。

C 源程序（文件名：li8_28.c）

```c
#include <stdio.h>
void main()
{
    int prime(int);
    int n;
    printf("input an integer:");
    scanf("%d",&n);
    if(prime(n))
        printf("%d is a prime.\n",n);
    else
        printf("%d is not a prime.\n",n);
}
int prime(int n)
{
    int flag=1,i;
    for(i=2;i<n/2&&flag==1;i++)
        if(n%i==0)
            flag=0;
    return flag;
}
```

运行结果：

input an integer:7↙

7 is a prime.

【例 8-29】写一个函数，将一个字符串中的元音字母复制到另一个字符串，然后输出。

C 源程序（文件名：li8_29.c）

```c
#include <stdio.h>
void main()
{
    void cpy(char [],char []);
    char str[80],c[80];
    printf("input string:");
    gets(str);
    cpy(str,c）；
    printf("The vowel letters are:%s\n",c）；
}
void cpy(char s[],char c[])
{
```

```
        int i,j;
        for(i=0,j=0;s[i]!='\0';i++)
            if(s[i]=='a'||s[i]=='A'||s[i]=='e'||s[i]=='E'||s[i]=='i'||s[i]=='I'||s[i]=='o'||s[i]=='O'||s[i]=='u'||s[i]=='U')
            {
                c[j]=s[i];
                j++;
            }
        c[j]='\0';
}
```

运行结果：

intput string:abcdefghijklmn↙

The vowel letters are:aei

8.13 小 结

本章主要介绍了函数的概念、分类、定义、调用、局部变量和全局变量、编译预处理等。

（1）C 语言中的函数可以分为标准库函数和用户自定义函数。

（2）用户自定义函数的一般格式为：

函数类型 函数名（形参表）

{

函数体

}

（3）函数调用前一般要对函数进行声明。函数调用时，实参的值传递给对应的形参。

（4）函数可以嵌套调用，也可以递归调用。

（5）数组元素只能作为函数的实参。数组可以作为函数参数，当数组作为函数参数时，是将实参数组的地址传递给形参数组。

（6）根据变量的作用范围，变量可分为局部变量和全局变量。根据变量的存储类型，变量可分为自动存储变量、寄存器存储变量和静态存储变量。

（7）预处理指令是以"#"开头的代码行，"#"必须是该行除了任何空白字符外的第一个字符。"#"后是指令关键字，在关键字和"#"之间允许存在任意个数的空白字符，整行语句构成了一条预处理指令，该指令将在编译器进行编译之前对源代码进行某些转换。本章主要介绍了宏定义、文件包含和条件编译 3 种预处理指令。

8.14 本章常见的编程错误

（1）函数调用中，常常出现实参与形参个数不相等或类型不一致的问题，会带来错误的结果。

（2）函数定义在被调函数后面时，未在主调函数前面加函数原型说明。

（3）混淆动态存储变量和静态存储变量的含义。

例如，有以下程序：

```
#include <stdio.h>
void fun();
main()
{
int i;
for(i=1;i<=2;i++)
fun();
}
void fun()
{
    int a=1;
    static in b=1;
    auto int c=1;
    a++;b++;c++;
    printf("a=%d,b=%d,c=%d\n",a,b,c);
}
```

本例中用 auto int 与 int 定义变量等价，所以在函数中变量 a 与 c 的变化情况相同；变量 b 因为用 static 声明，因此是静态的，每次调用 fun 函数时，它都将保留前一次的值，所以 b 的值由 1 一次变为 2,3。

因此本题的答案：

a=2,b=2,c=2
a=2,b=3,c=2

此处容易错的问题就是混淆动态存储变量和静态存储变量的含义。

（4）不理解宏定义是简单的替换过程。

例如，有以下程序：

```
#include <stdio.h>
#define N 1+2
#define M(n) 3+n
main()
{
    int a,b;
    a=5*N;
    b=5*M(2);
    printf("a=%d,b=%d\n",a,b);
}
```

运行结果：

a=7,b=17

程序中 a=5*N 相当于 a=5*1+2，而 b=5*M(2)相当于 b=5*3+2;这里，容易将 a=5*N 误理

解为 a=5*(1+2)，将 b=5*M(2)误理解为 b=5*（3+2）。请注意，使用宏定义是简单的替换过程。

8.15　习　题

一、选择题

1. 关于建立函数的目的，以下正确的说法是（　　）。
    A. 提高程序的执行效率　　　　　　　　B. 提高程序的可读性
    C. 减少程序的篇幅　　　　　　　　　　D. 减少程序文件所占内存

2. 以下对 C 语言函数的有关描述中，正确的是（　　）。
    A. 调用函数时，只能把实参的值传送给形参，形参的值不能传送给实参
    B. C 函数既可以嵌套定义又可以递归调用
    C. 函数必须有返回值，否则不能使用函数
    D. C 程序中有调用关系的所有函数必须放在同一个源程序文件中

3. 以下正确的函数定义形式是（　　）。
    A. double fun(int x,int y)　　　　　　　B. double fun(int x;int y)
    C. double fun(int x,int y);　　　　　　D. double fun(int x,y);

4. C 语言规定，简单变量作为实参时，它和对应形参之间的数据传递方式为（　　）。
    A. 地址传递　　　　　　　　　　　　　B. 由实参传给形参,再由形参传回给实参
    C. 单向值传递　　　　　　　　　　　　D. 由用户指定传递方式

5. C 语言允许函数值类型省略定义，此时该函数值隐含的类型是（　　）。
    A. float　　　　　　B. int　　　　　　C. long　　　　　　D. double

6. 以下叙述中不正确的是（　　）。
    A. 函数的自动变量可以赋值，每调用一次，赋一次初值
    B. 在调用函数时，实参和对应形参在类型上只需赋值兼容
    C. 外部变量的隐含类别是自动存储类别
    D. 函数形参可以说明为 register 变量

7. 以下叙述中不正确的是（　　）。
    A. 在不同的函数中可以使用相同名字的变量
    B. 函数中的形参是局部变量
    C. 在一个函数内定义的变量只在本函数范围内有效
    D. 在一个函数内的复合语句中定义的变量在本函数范围内有效

8. 以下正确的说法是（　　）。
    A. 定义函数时，形参的类型说明可以放在函数体内
    B. return 语句后面不能为表达式
    C. 如果 return 后表达式的类型与函数的类型不一致，以定义函数时的函数类型为准
    D. 如果形参与实参的类型不一致，以实参类型为准

9. 全局变量的作用域限于（　　）。
    A. 整个程序包括的所有文件
    B. 从定义该变量的语句所在的函数

C. 本程序文件

D. 从定义该变量的位置开始到本程序结束

10. 当调用函数时，实参是一个数组名，则向函数传递的是（   ）。

    A. 数组的长度　　　　　　　　　　B. 数组的首地址

    C. 数组每一个元素的地址　　　　　D. 数组每个元素中的值

二、填空题

1. 以下程序的功能是计算 1!+2!+3!+…+20!的值，请填空。

```c
float fun(float t)
{
    float a=1,n;
    for(n=1;_____;n++)
    a=a*n;
    return a;
}
main()
{
    float n,sum=0,s;
    for(n=1;n<=20;n++)
    {
        s=fun(_____);
        sum=sum+s;
    }
    printf("sum=%e\n",sum);
}
```

2. 以下是打印九九乘法口诀表的程序，请填空。

```c
void fun(_____)
{
    int i;
    for(i=1;i<=n;i++)
    printf("%d*%d=%2d",n,i,_____);
    printf("\n");
}
main()
{
    int n;
    for(n=1;n<=9;n++)
    fun(n);
}
```

3. 以下程序的功能是输出数列 0,0,1,1,2,4,7,13,24,44…的前 20 项（即从第 4 项起每一项的值均为其前 3 项之和），请填空。

```c
void sub(int a,int b,int c)
{
    int n,d;
    for(n=4;n<=20;n++)
    {
        d=_____;
        printf("%d",d);
        a=b;_____;c=d;
    }
}
main()
{
    int a=0,b=0,c=1;
    printf("%d %d %d",a,b,c);
    sub(a,b,c);
}
```

三、改错题

1. /*-----------------------------------

功能：计算并返回 1+3+5+…+（2n-1）的值。

请改正程序中的两个错误，使它能得出正确的结果。注意：不得增行或删行，也不得修改程序的结构。

----------------------------------- */

```c
/**********FOUND**********/
void sum(int n)
{
    int i,total=0;
    for(i=1;i<=n;i++)
/**********FOUND**********/
    total=total+(2*n-1);
    return total;
}
```

2. /*-----------------------------------

功能：对输入的一个正整数，计算它的所有质因子之和。质因子是指所有素数因子。请改正程序中的两个错误，使它能得出正确的结果。注意：不得增行或删行，也不得修改程序的结构。

----------------------------------- */

```c
/**********FOUND**********/
void isprime(int m)
```

```
{
    int i;
    for(i=2;i<=m/2;i++)
        if(m%i==0)
/*********FOUND*********/
        return -1;
    return 1;
}
main()
{
    int i,a,sum=0;
    scanf("%d",&a);
    for(i=2;i<a;i++)
/*********FOUND*********/
    if(a%i && isprime(i))
    sum=sum+i;
    printf("sum=%d\n",sum);
}
```

3. /*------------------------------------

功能：用选择法对字符串按从小到大的顺序进行排序。

请改正程序中的两个错误，使它能得出正确的结果。注意：不得增行或删行，也不得修改程序的结构。

------------------------------------ */

```
#include <stdio.h>
#include <string.h>
void fun(char *a)
{
    char t;
int i,j,k,len;
len=strlen(a);
for(i=0;i<len-1;i++)
{
/*********FOUND*********/
    k=len;
/*********FOUND*********/
    for(j=i+1;j<=len;j++)
    if(a[k]>a[j])
/*********FOUND*********/
  k=i;
```

```
t=a[k];a[k]=a[i];a[i]=t;
    }
}
main()
{
char a[20]="cbgstwyjau";
fun(a);
puts(a);
}
```

四、程序阅读题

1. 以下程序运行结果是＿＿＿＿＿＿＿＿＿＿＿＿＿。

```
#include <stdio.h>
long fun(int x,int n);
int main()
{
    int x=3,n=3;
    long p;
    p=fun(x,n);
    printf("p=%ld\n",p);
return 0;
}
long fun(int x,int n)
{
int i;
long p=1;
for(i=0;i<n;i++)
p*=x;
return p;
}
```

2. 以下程序运行结果是＿＿＿＿＿＿＿＿＿＿＿＿。

```
#include <stdio.h>
int fun1(int x);
void fun2(int x);
int main()
{
int x=1;
x=fun1(x);
printf("%d\n",x);
return 0;
```

```
}
int fun1(int x)
{
x++;
fun2(x);
return x;
}
void fun2(int x)
{
x++;
}
```

3. 以下程序运行结果是_____。

```
#include <stdio.h>
void fun(int x);
int main()
{
fun(7);
printf("\n");
return 0;
}
void fun(int x)
{
if(x/2>1)
fun(x/2);
printf("%5d",x);
}
```

五、程序设计题

1. 写一个函数，输入一行字符，将此字符串中最长的单词输出。

2. 请编写程序，其功能是调用函数 MyInt 求实数的小数部分。例如，对于 3.1415926，函数返回 0.141593。

3. 请编写程序，用递归算法求斐波拉契级数的第 n 项。斐波拉契级数的前两项为 1，从第 3 项起每项是前两项的和，即 1,1,2,3,5,8,13…。

第 9 章 构造型数据类型

C 语言提供了一些由系统已定义好的数据类型，如 int,double,char 等，用户可以在程序中用它们定义变量，解决一般的问题。但是人们要处理的问题往往比较复杂，只有系统提供的类型还不能满足应用的要求，C 语言允许用户根据需要自己建立一些数据类型，并用它来定义变量。

9.1 结构体型

前面介绍了使用基本类型（如整型、字符型等）变量存储数据的方法，但在实际应用中，有时需要将不同类型但相关的数据组合成一个整体，并使用一个变量来描述和引用。C 语言提供了名为"结构体"的数据类型来描述这类数据。与以前介绍的数据类型不同的是，结构体这种数据类型需要先"构造"出来，再用其来定义相应的变量。

9.1.1 结构体定义

格式：

```
struct 结构体名
{
    数据类型 成员名 1；
    数据类型 成员名 2；
    ……
};
```

例如：

构造学生基本情况的结构体类型。

学生基本情况如表 9-1 所示。

表 9-1 一维数组存储结构

num	name	sex	age	addr
2022001	张维	M	18	南昌
2022002	李佳佳	F	17	九江

以上定义了一个结构体类型 stuinfo，以后我们就可以像使用 int 类型定义变量一样，使用结构体去定义变量了。

说明：

（1）结构体类型定义以 struct 关键字开头，不能省略，结构体名是用户自定义的标识符，其命名规则与变量相同。

（2）花括号 {} 中，是组成该结构体类型的数据项，也可以称为结构体类型的成员，成员的定义与变量相同，即多个相同类型的成员可以用一个类型名定义，用逗号将多个成员隔开。比如以上例题也可以写成：

```
struct stuinfo
{
    long num;
    char name[20],sex,addr[50];
    int age;
};
```

但一般分开写，因为结构体中的成员会显得更为直观。

（3）构造体成员的数据类型可以是简单类型、数组、指针或已定义过的结构体类型等。

（4）结构体类型的定义一般放在函数外，整个定义以分号结束。

9.1.2　结构体变量的定义

定义了结构体类型，并不分配存储空间。只有定义了相应的结构体变量，才会分配内存存储空间。定义结构体类型变量有以下三种方式。

（1）先定义结构体类型，再定义结构体变量。

例如：前面我们已经定义了名为 stuinfo 的结构体类型，使用结构体定义变量 stu1，stu2。

struct stuinfo stu1,stu2；

（2）在定义结构体类型的同时定义相应的变量。

结构体变量定义格式：

```
struct 结构体名
{
    数据类型 成员名 1；
    数据类型 成员名 2；
    ……
}变量名 1，变量名 2，……；
```

例如：

```
//在定义结构体类型 stuinfo 的同时定义了两个变量 stu1,stu2
struct stuinfo
{
    long num;
    char name[20];
    char sex;
    int age;
    char addr[50];
}stu1,stu2;
```

（3）直接定义结构体类型变量。

格式：

```
struct
```

```
    {
        数据类型 成员名 1;
        数据类型 成员名 2;
        ……
    }变量名 1，变量名 2，……;
```

例如：

//在定义结构体类型时直接定义两个变量 stu1,stu2

```
struct
    {
        long num;
        char name[20];
        char sex;
        int age;
        char addr[50];
    }stu1,stu2;
```

说明：

（1）采用第三种方式用无名的结构体类型直接定义变量时，显然不能再以此类型去定义其他的变量，因此这种方式用得不多。

（2）类型与变量是不同的概念，只能对变量进行赋值、存取或运算操作，不能对类型赋值、存取或运算。

（3）结构体中的成员可以单独使用，其作用与地位相当于普通变量。

（4）结构体的成员也可以是结构体。学生基本情况如表 9-2 所示。

表 9-2 学生基本情况表

num	name	sex	birthday			addr
			year	month	day	
2022111	胡雷	M	2005	10	5	上饶

//定义结构体变量 stu

```
struct date
{
    int year;
    int month;
    int day;
};
struct stuinfo
{
    long num;
    char name[20];
```

```
        char sex;
        struct date birthday;
        char addr;
}stu;
```

9.1.3　结构体变量的初始化

在定义结构体变量之后，如果要使用结构体变量的值，需要对结构体变量进行初始化（即赋初值）。结构体变量的初始化过程，就是对结构体中各个成员初始化的过程，在为每个成员赋值的时候，需要将其成员的值依次放在一对花括号中。

根据结构体变量的定义方式不同，结构体变量的初始化也可分为两种方式。

（1）定义完结构体类型后，定义结构体变量时初始化。

例如：

```
struct stuinfo
{
        long num;
        char name[20];
        char sex;
        int age;
        char addr[50];
};
struct stuinfo stu1={2022001, "张维",'M',18, "南昌"};
```

（2）在定义结构体类型和定义结构体变量的同时，进行初始化。

例如：

```
struct stuinfo
        {
                long num;
                char name[20];
                char sex;
                int age;
                char addr[50];
        }stu1={2022001, "张维",'M',18, "南昌"};
```

说明： 这里也可以采用不写结构体名字直接定义结构体变量的方式，在直接定义变量的时候初始化。

9.1.4　结构体变量成员的引用

定义并初始化结构体变量的目的，是使用结构体变量的成员。对结构体变量引用，一般是通过对每个成员的引用来实现的。

结构体变量引用格式如下：

结构体变量名.成员名

其中 "." 是结构体的成员运算符，它在所有运算符中优先级最高。因此上述引用结构体成员的写法，在程序中被作为一个整体看待。

例如：

```
struct date{
int year;
int month;
int day;
};
struct stuinfo{
long num;
char name[20];
char sex;
struct date birthday;
char addr;
}stu;
```

在结构体变量 stu 的成员分别为：

　　　　stu.num，stu.name，stu.sex，stu.addr

但要注意的是，如果成员本身又属于一个结构体类型，如其中的 birthday，则要用若干个成员运算符，一级一级地找到最低一级（基层）的成员。只能对最低一级的成员进行赋值、存取或运算。

　　即：stu 中结构体类型成员变量 birthday 的正确引用为

　　　　stu.birthday.year，stu.birthday.month，stu.birthday.day

说明：

（1）对结构体变量中的成员只能分别进行输入和输出。

如赋值：

```
stu.num=2022111;
stu.name="胡雷";
stu.sex='M';
stu.birthday.year=2005;
stu.birthday.month=10;
stu.birthday.day=5;
stu.addr="上饶";
```

如输出：

```
printf("%ld ,%s ,%c ,%d ,%d ,%d ,%s",stu.num,stu.name,stu.sex,stu.birthday.year,
stu.birthday.month,stu.birthday.day,stu.addr);
```

（2）结构体变量中的每个成员都可以像普通变量一样进行各种运算。

（3）可以引用成员的地址，也可以引用结构体变量的地址。

```
如：scanf("%ld",&stu.num);   /*输入 stu.num 的值*/
    printf("%d",&stu);   /*输出 stu 的首地址*/
```

（4）同类型的结构体变量可以整体赋值。

如：在前面例题中定义的 struct stuinfo stu1,stu2;

可使用 stu2=stu1；其作用是将结构体变量 stu1 的各成员值都赋值给 stu2。

【例 9-1】建立一张学生的信息表，其中包括学号、姓名、性别、年龄及该学生的《素质拓展》的分数。要求从键盘上输入此学生的信息并显示出来。

分析：先在程序中自己建立一个结构体类型 stuinfo，包括有关学生信息的各成员。然后用它来定义结构体变量，同时通过 scanf 函数赋予初值（学生的信息）。最后输出该结构体变量的各成员（即该学生的信息）。

N-S 流程图（见图 9-1）：

输入 stu.num、stu.name、stu.sex、stu.age、stu.score
输出 stu.num、stu.name、stu.sex、stu.age、stu.score

图 9-1　例 9-1 的 N-S 流程图

C 源程序：（文件名：li9_1.c）

```
#include <stdio.h>              /*包含 stdio.h 头文件*/
struct stuinfo {                /*定义学生信息结构体*/
    long num;
    char name[ 20];
    char sex;
    int age;
    float score;
};
void main()
{
    struct stuinfo stu;          /*定义结构体变量 stu*/
    printf("请输入学号:");
    scanf( "%ld",&stu.num) ;
    printf("请输入姓名:") ;
    scanf( "%s",&stu.name) ;
    printf("请输入性别:");
    /*注意:在前一个数据输入时，留有一个回车换行符，因此%c 前需加一个空格，以
防读取数据失败。*/
    scanf(" %c",&stu.sex) ;
    printf("请输入年龄:") ;
    scanf( "%d",&stu.age);
    printf("请输入素质拓展分数:");
    scanf("%f",&stu.score);
    printf("学生的信息如下: \n");
    printf("学号:%ld\n",stu.num) ;
```

li9_1.c

```
    printf("姓名:%s\n" ,stu.name) ;
    printf("性别:%c\n",stu.sex) ;
    printf("年龄:%d\n" ,stu.age) ;
    printf("素质拓展分数:%.2f\n",stu.score);
}
```

运行结果：

请输入学号：2022020312

请输入姓名：李俊杰

请输入性别：F

请输入年龄：19

请输入素质拓展分数：83.5

学生的信息如下：

学号：2022020312

姓名：李俊杰

性别：F

年龄：19

素质拓展分数：83.50

9.2 结构体数组

一个结构体变量中只能存储一组数据，如果需要定义多个同类型的结构体变量，可以使用结构体数组。

结构体数组与普通数组的不同之处在于它的每一个元素存储的都是一个结构体类型的数据，每个元素都包括多个成员（分量）项。

9.2.1 结构体数组的定义

结构体数组的定义与结构体变量的定义方法类似。

格式：

```
        struct 结构体名
        {
            数据类型 成员名 1;
            数据类型 成员名 2;
            ……
        };
        struct 结构体名 数组名[元素个数];
```

或

```
        struct 结构体名
        {
            数据类型 成员名 1;
```

数据类型 成员名 2；

......

　　　}数组名[元素个数]；

例如：

//定义一个内有 10 个元素的结构体数组

struct stuinfo

{

　　　long num;

　　　char name[20];

　　　char sex;

　　　int age;

　　　char addr[50];

}stu[10];

9.2.2　结构体数组成员的初始化和引用

1. 结构体数组成员的初始化

根据结构体变量的定义方式不同，结构体数组的初始化也同样可分为两种方式。

（1）定义完结构体类型后，定义结构体数组时初始化。

例如：

struct stuinfo

{

　　　long num;

　　　char name[20];

　　　char sex;

　　　int age;

　　　char addr[50];

};

struct stuinfo stu[2]={{2022001, "张维",'M',18,"南昌"},{2022002,"李佳佳", 'F',17, "九江"}};

或

struct stuinfo stu[ ]={{2022001, "张维", 'M',18,"南昌"},{2022002,"李佳佳", 'F',17, "九江"}};

（2）在定义结构体类型和定义结构体数组的同时，进行初始化。

例如：

struct stuinfo

{

　　　long num;

　　　char name[20];

　　　char sex;

　　　int age;

　　　char addr[50];

}stu[2]={{2022001, "张维",'M',18, "南昌"},{2022002, "李佳佳",'F',17, "九江"}};

经过上述初始化，呈现效果如图 9-2 所示。

	num	name	sex	age	addr
stu[0]	2022001	张维	M	18	南昌
stu[1]	2022002	李佳佳	F	17	九江

图 9-2　数组初始化呈现

2. 结构体数组成员的引用

结构体数组中，每个元素都是一个结构体变量，因此，结构体数组元素的引用方式与结构体变量类似。

格式：

结构体数组元素.[成员名]

例如：上一个例子中 stu[0].name 表示引用数组第一个元素的 name 成员值，stu[1].age 表示引用数组第二个元素的 age 成员值。

【例 9-2】已知学生信息包括学号、姓名、性别、成绩，计算学生的平均成绩和不及格的人数。

分析：先在程序中自己建立一个结构体类型 student，包括有关学生信息的各成员。然后用它来定义结构体数组，直接初始化(确定学生的信息)。定义求和变量以及计数变量，通过 for 循环遍历结构体数组，将每个学生的成绩求和，同时判断该学生成绩是否不及格，如果不及格则计数变量加 1。最后输出求和变量乘以学生人数以及计数变量的值即可。

N-S 流程图（见图 9-3）：

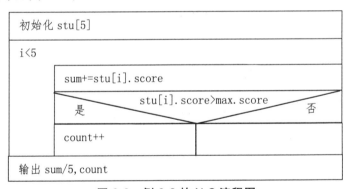

图 9-3　例 9-2 的 N-S 流程图

C 源程序：（文件名：li9_2.c）

```c
#include <stdio.h>    /*包含 stdio.h 头文件*/
struct student {      /*定义学生信息结构体*/
    int num;
    char *name;
    char gender;
    float score;
};
```

li9_2.c

```
void main()
{
    struct student stu[5]={{10001,"Li ming",'M',49},{10002,"Zhang san",'M',66.5},
    {10003,"Huang ping",'F',82},{10004,"Zhao ling",'F',57},{10005,"Peng fa",'M',68.5}};
    /*定义结构体数组 stu，并初始化*/
    int i,count=0;
    float sum=0;
    printf("请输入学生信息:\n");
    for(i=0;i<5;i++)
    {
        sum+=stu[i].score;
        if(stu[i].score<60)
        {
            count++;
        }
    }
    printf("学生平均分为：%.3f，不及格人数为：%d\n",sum/5,count);
}
```

运行结果：

学生平均分为：64.600，不及格人数为：2

【例 9-3】已知在学生信息表中包括学号、姓名及《素质拓展》的分数。对给定的常数 N 对应的 N 个学生，输入数据，并显示出《素质拓展》分数最高的学生信息。

分析：先在程序中自己建立一个结构体类型 stuinfo，包括有关学生信息的各成员。然后用它来定义结构体数组，同时通过 for 循环，反复使用 scanf 函数赋予结构体数组元素初值(学生的信息)。假设第一个学生分数最高，将其值赋值给结构体变量 max，接着通过 for 循环遍历结构体数组，即将最大值与每个学生进行比较，最终 max 保存的即为分数最高的学生的信息。最后输出该结构体变量的各成员(即分数最高的学生信息)。

N-S 流程图（见图 9-4）：

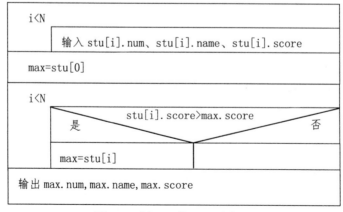

图 9-4　例 9-3 的 N-S 流程图

C 源程序：（文件名：li9_3.c）

```c
#include <stdio.h>        /*包含 stdio.h 头文件*/
struct stuinfo {          /*定义学生信息结构体*/
    long num;
    char name[ 20];
    char sex;
    int age;
    float score;
};
void main()
{
    struct stuinfo stu[N];        /*定义结构体数组 stu*/
    struct stuinfo max;           /*定义结构体变量 max，存放分数最高的学生信息*/
    int i;
    printf("请输入学生信息:\n") ;
    for(i=0;i<N;i++)
    {
        scanf( "%d%s%f",&stu[i].num,&stu[i].name,&stu[i].score);
    }
    max=stu[0];                   /*将第一个学生的信息赋值给 max*/
    for(i=0;i<N;i++)
    {
        if(stu[i].score>max.score)
        {
            max=stu[i];    /*如果学生中有更大的分数，则将该学生信息全部赋值给 max*/
        }
    }
    printf("素质拓展分数最高的学生:\n");
    printf("学号:%ld 姓名:%s 素质拓展分:%.2f\n",max.num,max.name,max.score);        }
```

运行结果：

请输入学生信息：

2022030212 张嘉仪 88

2022030214 李俊杰 95

2022030215 刘德桦 90

素质拓展分数最高的学生：

学号：2022030214　姓名：李俊杰　素质拓展分：95.00

9.3　结构体指针

　　所谓结构体指针就是指向结构体变量的指针，一个结构体变量的起始地址就是这个结构体变量的指针。如果把一个结构体变量的起始地址存放在一个指针变量中，那么，这个指针变量就指向该结构体变量。

9.3.1 指向结构体变量的指针

使用结构体指针变量引用结构体的成员步骤如下：

第一步：定义结构体类型。

第二步：定义结构体类型变量，并完成结构体变量的初始化。

如：struct stuinfo stu={2022001,"张维",'M',18,"南昌"};

第三步：定义指向结构体的指针变量，通过使用'&'把结构体变量的地址赋给指针变量，使指针指向结构体变量。

如：struct stuinfo *p; p=&stu;

或：struct stuinfo *p=&stu;

第四步：通过指针变量，引用结构体变量或者数组中的值。

当指针变量指向结构体变量时，引用该结构体变量的成员有以下几种方式：

① 使用普通变量名引用，格式为：

        结构体变量名.成员名   如：stu.name

② 使用指针变量名引用，格式有如下两种：

        (*指针变量名).成员名   如：(*p).name

        指针变量名–>成员名   如：p->name

说明：

（1）结构体成员运算符"."的优先级比指针运算符"*"高，所以使用指针引用结构体变量时"(*指针变量名).成员名"中的圆括号不能省略。

（2）"->"是指向结构体成员运算符，等价于(*)形式。例如，使用 p->name 等价于(*p).name。

【例 9–4】 已知在学生信息表中包括学号、姓名及《素质拓展》的分数，使用结构体指针变量对学生信息进行输出。

分析： 先在程序中自己建立一个结构体类型 stuinfo，包括有关学生信息的各成员。然后用它来定义结构体变量，直接赋予初值(学生的信息)。再定义一个结构体指针变量指向该结构体变量，通过三种引用方式输出该结构体变量的各成员(即该学生的信息)。

N-S 流程图（见图 9-5）：

p=&stu
输出 stu. num, stu. name, stu. score
输出 (*p). num, (*p). name, (*p). score
输出 p->num, p->name, p->score

图 9-5 例 9-4 的 N-S 流程图

C 源程序：（文件名：li9_4.c）

```
#include <stdio.h>                /*包含 stdio.h 头文件*/
struct stuinfo                    /*定义学生信息结构体*/
```

li9_4.c

```
{
    long num;                        /*学号*/
    char name[20];                   /*姓名*/
    float score;                     /*素质拓展分*/
};
void main()
{
    struct stuinfo stu={2022001,"张维",88};    /*定义结构体变量并初始化*/
    struct stuinfo *p;                        /*定义指向结构体的指针变量*/
    p=&stu;                                   /*把结构体变量 stu 的地址赋给指针变量 p*/
/*使用第一种形式:结构体变量名.成员名*/
printf("形式 1:学号:%ld 姓名:%s 素质拓展分:%.2f\n",stu.num,stu.name,stu.score);
/*使用第二种形式:(*指针变量名).成员名*/
printf("形式 2:学号:%ld 姓名:%s 素质拓展分:%.2f\n",(*p).num,(*p).name,(*p).score);
/*使用第三种形式:指针变量名->成员名*/
printf("形式 3:学号:%ld 姓名:%s 素质拓展分:%.2f\n",p->num,p->name,p->score);
}
```

运行结果：

形式 1:学号:2022001 姓名:张维素质拓展分:88.00

形式 2:学号:2022001 姓名:张维素质拓展分:88.00

形式 3:学号:2022001 姓名:张维素质拓展分:88.00

9.3.2　指向结构体数组的指针

指针可以指向元素为结构体类型的数组,实际是用指针变量指向结构体数组的首个元素,即：将结构体数组的首元素的地址赋值给指针变量。

【**例 9-5**】已知在学生信息表中包括学号、姓名及《素质拓展》的分数。现有 3 个学生,编写程序,使用指向结构体数组的指针输出所有学生信息。

分析：先在程序中自己建立一个结构体类型 stuinfo,包括有关学生信息的各成员。然后用它来定义结构体数组,直接赋予初值（3 个学生的信息）。再定义一个结构体指针变量指向该结构体数组,通过 for 循环依次输出该结构体数组的各元素值（即每个学生的信息）。

N-S 流程图（见图 9-6）：

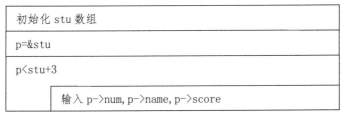

图 9-6　例 9-5 的 N-S 流程图

C 源程序：（文件名：li9_5.c）

```
#include <stdio.h>                              /*包含 stdio.h 头文件*/
struct stuinfo                                  /*定义学生信息结构体*/
{
    long num;                                   /*学号*/
    char name[20];                              /*姓名*/
    float score;                                /*素质拓展分*/
};
void main()
{
struct stuinfo stu[3]={{2022001,"张维",88},{2022002,"李佳佳",95.5},{2022111,"胡雷",933}};
    struct stuinfo *p;
    printf("学号\t 姓名\t 分数\n");
    for(p=stu;p<stu+3;p++)
    {
        printf("%ld\t%s\t%.2f\n",p->num,p->name,p->score）;
    }
}
```

li9_5.c

运行结果：

```
学号      姓名      分数
2022001  张维      88.00
2022002  李佳佳    95.50
2022111  胡雷      933.00
```

9.4　链　表

9.4.1　什么是链表

链表是一种常见的重要的数据结构。它是动态地进行存储分配的一种结构。由前面的介绍中已知：用数组存放数据时，必须事先定义固定的数组长度（即元素个数）。如果有的班级有 60 人，而有的班级只有 40 人，若用同一个数组先后存放不同班级的学生数据，则必须定义长度为 60 的数组。如果事先难以确定一个班的最多人数，则必须把数组定得足够大，以便能存放任何班级的学生数据，显然这将会浪费内存。链表则没有这种缺点，它根据需要开辟内存单元。

链表有一个"头指针"变量，图 9-7 中以 head 表示，它存放一个地址，该地址指回一个元素。链表中每一个元素称为"结点"，每个结点都应包括两个部分：（1）用户需要用的实际数据；（2）下一个结点的地址。可以看出，head 指向第 1 个元素，第 1 个元素又指向第 2 个元素……直到最后一个元素，该元素不再指向其他元素，它称为"表尾"，它的地址部分放一个"NULL"（表示"空地址"），链表到此结束。

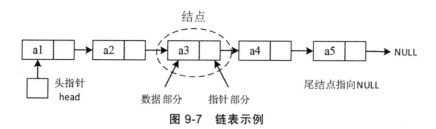

图 9-7　链表示例

可以看到链表中各元素在内存中的地址可以是不连续的。要找某一元素，必须先找到上一个元素，根据它提供的下一元素地址才能找到下一个元素。如果不提供"头指针"（head），则整个链表都无法访问。链表如同一条铁链一样，一环扣一环，中间是不能断开的。

为了理解什么是链表，打一个通俗的比方：幼儿园的老师带领孩子出来散步，老师牵着第 1 个小孩的手，第 1 个小孩的另一只手牵着第 2 个孩子……这就是一个"链"，最后一个孩子有一只手空着，他是"链尾"。要找这个队伍，必须先找到老师，然后顺序找到每一个孩子。

显然，链表这种数据结构，必须利用指针变量才能实现，即一个结点中应包含一个指针变量，用它存放下一结点的地址。

前面介绍了结构体变量，用它去建立链表是最合适的。一个结构体变量包含若干成员，这些成员可以是数值类型、字符类型、数组类型，也可以是指针类型。用指针类型成员来存放下一个结点的地址。

9.4.2　建立简单的静态链表

静态链表就是该链表的成员是固定的，不会变化的。

【例 9-6】建立一个简单链表，它由 3 个学生数据的结点组成，要求输出各结点中的数据。

分析：声明一个结构体类型，其成员包括 num（学号）、score（成绩）和 next（指针变量）。将第 1 个结点的起始地址赋给头指针 head，将第 2 个结点的起始地址赋给第 1 个结点的 next 成员，将第 3 个结点的起始地址赋给第 2 个结点的 next 成员。第 3 个结点的 next 成员赋予 NULL。这就形成了链表。

N-S 流程图（见图 9-8）：

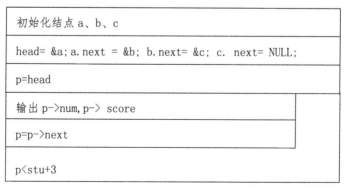

图 9-8　例 9-6 的 N-S 流程图

C 源程序：（文件名：li9_6.c）

```
#include <stdio.h>                    /*包含 stdio.h 头文件*/
```

li9_6.c

```
struct student                        /*声明结构体类型 struct student*/
{
    int num;
    float score;
    struct student * next;
};
void main()
{
    struct student a,b,c,* head,* p;   /*定义 3 个结构体变量 a,b,c 作为链表的结点*/
    a. num=10101;a.score=89.5;         /*对结点 a 的 num 和 score 成员赋值*/
    b. num=10103; b. score= 90;        /*对结点 b 的 num 和 score 成员赋值*/
    c. num=10107; c.score=85;          /*对结点 c 的 num 和 score 成员赋值*/
    head= &a;                          /*将结点 a 的起始地址赋给头指针 head*/
    a.next = &b;                       /*将结点 b 的起始地址赋给 a 结点的 next 成员*/
    b.next= &c;                        /*将结点 c 的起始地址赋给 a 结点的 next 成员*/
    c.next= NULL;                      /*c 结点的 next 成员不存放其他结点地址*/
    p=head;                            /*使 p 指向 a 结点*/
    do
    {
        printf("%ld %5.1f\n",p->num,p-> score）;     /*输出 p 指向的结点的数据*/
        p=p->next;                     /*使 p 指向下一结点*/
    }while(p!= NULL);                  /*输出完 c 结点后 p 的值为 NULL，循环终止*/
}
```

运行结果：

10101   89.5

10103   90.0

10107   85.0

9.4.3   建立动态链表

所谓建立动态链表，是指在程序执行过程中从无到有地建立起一个链表，即一个一个地开辟结点和输入各结点数据，并建立起前后相链的关系。在实际开发当中，就是使用这种方式来实现相应的功能。

【例 9-7】写一函数，建立一个有 3 名学生数据的单向动态链表。

分析：定义 3 个指针变量：head、pl 和 p2，它们都是用来指向 struct student 类型数据的。先用 malloc 函数开辟第 1 个结点，并使 pl 和 p2 指向它。然后从键盘读入一个学生的数据给 pl 所指的第 1 个结点。在此约定学号不会为零，如果输入的学号为 0，则表示建立链表的过程完成，该结点不应连接到链表中。先使 head 的值为 NULL（即等于 0），这是链表为"空"时的情况（即 head 不指向任何结点，即链表中无结点），当建立第 1 个结点就使 head 指向该结点。

如果输入的 pl->num≠0，则输入的是第 1 个结点数据(n=1)，令 head=pl，即把 pl 的值赋给 head，也就是使 head 也指向新开辟的结点。pl 所指向的新开辟的结点就成为链表中第 1 个结点。然后再开辟另一个结点并使 pl 指向它，接着输入该结点的数据。

如果输入的 pl->num≠0，则应链入第 2 个结点(n=2)，由于 n≠1，则将 pl 的值赋给 p2->next，此时 p2 指向第 1 个结点，因此执行"p2->next=pl"就将新结点的地址赋给第 1 个结点的 next 成员，使第 1 个结点的 next 成员指向第 2 个结点。接着使 p2=pl，也就是使 p2 指向刚才建立的结点。

接着再开辟 1 个结点并使 pl 指向它，并输入该结点的数据。在第 3 次循环中，由于 n=3(n≠1)，又将 pl 的值赋给 p2->next，也就是将第 3 个结点连接到第 2 个结点之后，并使 p2=pl，使 p2 指向最后一个结点。

再开辟一个新结点，并使 pl 指向它，输入该结点的数据。由于 pl->num 的值为 0，不再执行循环，此新结点不应被连接到链表中。此时将 NULL 赋给 p2->next。建立链表过程至此结束，pl 最后所指的结点未链入链表中，第 3 个结点的 next 成员的值为 NULL，它不指向任何结点。虽然 pl 指向新开辟的结点，但从链表中无法找到该结点。

N-S 流程图（见图 9-9）：

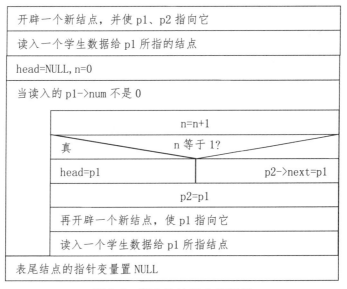

图 9-9　例 9-7 的 N-S 流程图

C 源程序：（文件名：li9_7.c）

li9_7.c

```
#include <stdio.h>                    /*包含 stdio.h 头文件*/
#include <stdlib.h>
#define N sizeof(struct student)
struct student                        /*声明结构体类型 struct student*/
{
    long num;
    float score;
    struct student * next;
};
int n;                                /*n 为全局变量,本文件模块中各函数均可使用它*/
```

```
    struct student * creat(void)              /*定义函数。此函数返回一个指向链表头的指针*/
    {
        struct student * head;
        struct student * p1,*p2;
        n=0;
        p1=p2=(struct student *)malloc(N);        /*开辟一个新单元*/
        scanf(" %ld,%f",&p1->num,&p1->score);     /*输入第 1 个学生的学号和成绩*/
        head=NULL;
        while(p1-> num!=0)
        {
            n=n+1;
            if(n==1)
            {
                head=p1;
            }
            else
            {
                p2->next=p1;
        }
            p2=p1;
            p1=(struct student *)malloc(N);        /*开辟动态存储区,把起始地址赋给 pl*/
            scanf("%ld,%f",&p1->num,&p1->score);   /*输入其他学生的学号和成绩*/
        }
        p2->next=NULL;
        return(head);
    }
    void main()
    {
        struct student * pt;
        pt=creat();                                /*函数返回链表第一个结点的地址*/
        printf("\nnum: %ld\nscore: %5.1f\n",pt-> num,pt-> score);  /*输出第 1 个结点的成员值*/
    }
```

运行结果：

```
10101,89.5
10103,90.0
10107,85.0
0,0
num:10101
score:89.5
```

9.4.4 输出链表

建立完链表，进行数据处理以后，需要将链表中各结点的数据依次输出来确定功能是否正确实现。

【例 9-8】编写一个输出链表的函数 print。

分析： 从例 9-7 中已经初步了解了输出链表的方法。首先要知道链表第 1 个结点的地址，也就是要知道 head 的值。然后设一个指针变量 p，先指向第 1 个结点，输出 p 所指的结点，然后使 p 后移一个结点，再输出，直到链表的尾结点。

N-S 流程图（见图 9-10）：

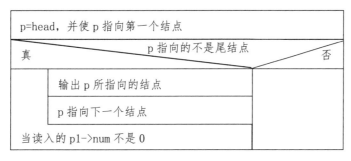

图 9-10 例 9-8 的 N-S 流程图

C 源程序：（文件名：li9_8.c）

```
#include <stdio.h>                /*包含 stdio.h 头文件*/
#include <stdlib.h>
#define N sizeof(struct student)
struct student                   /*声明结构体类型 struct student*/
{
    long num;
    float score;
    struct student * next;
};
int n;                           /*n 为全局变量,本文件模块中各函数均可使用它*/
void print(struct student * head)   /*定义 print 函数*/
{
    struct student * p;          /*在函数中定义 struct student 类型的变量 p*/
    printf("\nNow,These %d records are:\n",n);
    p=head;                      /*使 p 指向第 1 个结点*/
    if(head!=NULL)               /*若不是空表*/
    {
        do
        {
            printf("%ld %5.1f\n",p->num,p->score);   /*输出一个结点中的学号与成绩*/
```

li9_8.c

```
        p=p->next;                          /*p 指向下一个结点*/
    } while( p!=NULL);                      /*当 p 不是"空地址"*/
    }
}
```

说明：（1）以上只是一个函数，可以单独编译，但不能单独运行。其中的外部声明(类型声明)和定义(变量 n)是与其他函数共享的。

（2）可以把本例和例 9-7 合起来加上一个主函数,组成一个程序，即：

```
#include <stdio.h>                          /*包含 stdio.h 头文件*/
#include <stdlib.h>
#define N sizeof(struct student)
struct student                              /*声明结构体类型 struct student*/
{
    long num;
    float score;
    struct student * next;
};
int n;                                      /*n 为全局变量,本文件模块中各函数均可使用它*/
void print(struct student * head)           /*定义 print 函数*/
{
    struct student * p;                     /*在函数中定义 struct student 类型的变量 p*/
    printf("\nNow,These %d records are:\n",n);
    p=head;                                 /*使 p 指向第 1 个结点*/
    if(head!=NULL)                          /*若不是空表*/
    {
        do
        {
            printf("%ld %5.1f\n",p->num,p->score);   /*输出一个结点中的学号与成绩*/
            p=p->next;                               /*p 指向下一个结点*/
        } while( p!=NULL);                           /*当 p 不是"空地址"*/
    }
}
struct student * creat()                    /*定义函数。此函数返回一个指向链表头的指针*/
{
    struct student * head;
    struct student * p1,*p2;
    n=0;
    p1=p2=(struct student *)malloc(N);      /*开辟一个新单元*/
    scanf(" %ld,%f",&p1->num,&p1->score);   /*输入第 1 个学生的学号和成绩*/
    head=NULL;
```

```
        while(p1-> num!=0)
        {
            n=n+1;
            if(n==1)
            {
                head=p1;
            }
            else
            {
                p2->next=p1;
            }
            p2=p1;
            p1=(struct student *)malloc(N);        /*开辟动态存储区,把起始地址赋给 pl*/
            scanf("%ld,%f",&p1->num,&p1->score);    /*输入其他学生的学号和成绩*/
        }
        p2->next=NULL;
        return(head）;
}
void main()
{
    struct student * head;
    head=creat();                               /*函数返回链表第一个结点的地址*/
    print(head）;                                /*输出第 1 个结点的成员值*/
}
```

运行结果：
10101,89.5
10103,90.0
10107,85.0
0,0

Now,These 3 records are:
10101　　89.5
10103　　90.0
10107　　85.0

9.5　共用体

在实际的一些应用中，为了节省存储空间或为了用多种类型访问一个数据，需要在同一段内存单元中存放不同类型的变量，这种允许多个不同的变量共享同一块内存的结构就是共用体。

9.5.1　共用体及共用体变量的定义

（1）共用体类型和结构体类型都属于构造类型，这两种类型的定义十分相似。

共用体类型定义格式：

```
union　共用体名
{
    数据类型 成员名 1;
    数据类型 成员名 2;
    ……
};
```

例如：

```
union data
{
    int a;
    char b;
    float c;
};
```

表示定义了一个名为 data 的共用体类型。

说明：

① 共用体类型定义使用关键字 union 开头，不能省略。

② 花括号{ }中是共用体类型的成员，与结构体不同的是，共用体的各个成员，是以同一个地址开始存放的，每一个时刻只可以存储一个成员，也就是说共用体类型实际占用存储空间为其最长的成员所占的存储空间。

③ 国内有些 C 语言的书把 union 直译为"联合"，作者认为，译为"共用体"更能反映这种结构的特点，即几个变量共用一个内存区。而"联合"这一名词，在一般意义上容易被理解为"将两个或若干个变量联结在一起"，难以表达这种结构的特点。但是读者应当知道"共用体"在一些书中也被称为"联合"。在阅读其他书籍时如遇"联合"一词，应理解为"共用体"。

（2）共用体变量和结构体变量在定义上也很相似，也可分为三种方式。

① 先定义共用体类型，再定义共用体变量。

例如：前面我们已经定义了名为 data 的共用体类型，使用共用体定义变量 d1，d2。

```
union data d1,d2;
```

② 在定义共用体类型的同时定义相应的变量。

共用体变量定义格式：

```
union　共用体名
{
    数据类型 成员名 1;
    数据类型 成员名 2;
    ……
}变量名 1, 变量名 2, ……;
```

例如：

　　//在定义共用体类型 data 的同时定义两个变量 d1,d2

　　union data

　　{

　　　　int a;

　　　　char b;

　　　　float c;

　　}d1,d2;

③ 直接定义共用体类型变量。

格式：

　　union

　　{

　　　　数据类型　成员名 1;

　　　　数据类型　成员名 2;

　　　　……

　　}变量名 1，变量名 2，……;

例如：

　　//在定义共用体类型时直接定义两个变量 d1,d2

　　union

　　{

　　　　int a;

　　　　char b;

　　　　float c;

　　}d1,d2;

　　说明： 在定义共用体变量后，系统会分配一块连续的内存单元存放数据，占用空间为成员列表占用内存最长的长度。例如上面代码中定义的共用体变量 d1、d2，在内存中占用的空间为最长的 float 类型所需的 4 个字节。

9.5.2　共用体变量的初始化和成员的引用

　　共用体变量使用同一块内存存放几种不同的数据类型成员，但每一次只能存放其中的一个成员，即存储空间内在某一时刻只能存放一个值。

　　共用体变量初始化有两种形式。

　　（1）在定义共用体变量的同时，进行初始化。例如：

　　union data

　　{

　　　　int a;

　　　　char b;

　　　　float c;

　　};

　　　　union data d={10};　　　/*定义共用体变量时初始化*/

　　注意： 使用此方式为共用体变量初始化时，只能为第一个成员赋初值，但尽管如此，花括号{ }也不能省。

　　（2）定义完共用体类型变量后，对某个成员初始化。

　　例如：

```
union data
{
    int a;
    char b;
    float c;
}d;                /*定义共用体变量*/
d.b='M';           /*初始化共用体内成员 b*/
```

　　【例 9-9】 定义包含三种数据类型的共用体类型，定义变量、初始化并输出显示所有成员的值，再为第三个成员赋值后，输出显示所有成员值。

　　分析： 从例 9-7 已经初步了解了输出链表的方法。首先要知道链表第 1 个结点的地址，也就是要知道 head 的值。然后设一个指针变量 p，先指向第 1 个结点，输出 p 所指的结点，然后使 p 后移一个结点，再输出，直到链表的尾结点。

　　N-S 流程图（见图 9-11）：

| 初始化共用体 d 内第一个成员 |
| 输出 d. a、d. b、d. c |
| d. c=12. 8 |
| 输出 d. a、d. b、d. c |

图 9-11　例 9-9 的 N-S 流程图

C 源程序：（文件名：li9_9.c）

li9_9.c

```
#include <stdio.h>              /*包含 stdio.h 头文件*/
union data                      /*定义共用体变量*/
{
    int a;
    char b;
    float c;
}d;
void main()
{
    union data d={10};          /*初始化共用体内第一个成员*/
    printf("初始化后，引用第一个成员显示正确结果:\n");
    printf("第一个成员值为:%d\n",d.a);
    printf("引用其他成员显示:\n");
```

```
        printf("第二个成员值为:%c",d.b);
        printf("第三个成员值为:%f\n",d.c);
        d.c=12.8;                                /*为共用体内第三个成员赋值*/
        printf("为第三个成员赋值后，引用第三个成员显示正确结果:\n");
        printf("第三个成员值为:%f\n",d.c);
        printf("引用其他成员显示:\n");
        printf("第一个成员值为:%d\n",d.a);
        printf("第二个成员值为:%c\n",d.b);
    }
```

运行结果:

初始化后，引用第一个成员显示正确结果:

第一个成员值为:10

引用其他成员显示:

第二个成员值为:

第三个成员值为:0.000000

为第三个成员赋值后，引用第三个成员显示正确结果:

第三个成员值为:12.800000

引用其他成员显示:

第一个成员值为:1095552205

第二个成员值为:?

9.6 枚举型

如果一个变量只有几种可能的值,则可以定义为枚举（enumeration）类型。所谓"枚举"就是指把可能的值一一列举出来，变量的值只限于列举出来的值的范围内。

声明枚举类型用 enum 开头。例如:

```
        enum Weekday{sun, mon,tue,wed,thu,fri,sat};
```

以上声明了一个枚举类型 enum Weekday。然后可以用此类型来定义变量。例如:

```
        enum Weekday workday,weekend;
```

workday 和 weekend 被定义为枚举变量，花括号中的 sun, mon,…, sat 称为枚举元素或枚举常量。它们是用户指定的名字。枚举变量和其他数值型量不同,它们的值只限于花括号中指定的值之一。例如枚举变量 workday 和 weekend 的值只能是 sun 到 sat 之一。

```
        workday=mon;              //正确，mon 是指定的枚举常量之一
        weekend= sun;             //正确，sunon 是指定的枚举常量之一
        weekday= monday;          //不正确，monday 不是指定的枚举常量之一
```

枚举常量是由程序设计者命名的，用什么名字代表什么含义，完全由程序员根据自己的需要而定，并在程序中作相应处理。

也可以不声明有名字的枚举类型，而直接定义枚举变量，例如:

```
        enum {sun,mon,tue, wed,thu,fri,sat} workday,weekend;
```

声明枚举类型的一般形式为：

　　　　enum [枚举名] {枚举元素列表};

其中，枚举名应遵循标识符的命名规则，上面的 Weekday 就是合法的枚举名。

注意：（1）C 语言编译对枚举类型的枚举元素按常量处理，故称枚举常量。不要因为它们是标识符（有名字）而把它们看作变量，不能对它们赋值。例如：

　　　　sun=0;mon=l;　　　　　　　　//错误，不能对枚举元素赋值

（2）每一个枚举元素都代表一个整数，C 语言编译按定义时的顺序默认它们的值为 0,1,2,3,4,5…。在上面的定义中，sun 的值自动设为 0，mon 的值为 1，…，sat 的值为 6。如果有赋值语句：

　　　　workday= mon;　　　　　相当于　　　　　　workday=l;

枚举常量是可以引用和输出的。例如：

　　　　printf("%d",workday);

将输出整数 1。

也可以人为地指定枚举元素的数值，在定义枚举类型时显式地指定，例如：

　　　　enum Weekday{sun=7,mon=l,tue,wed,thu,fri,sat } workday,week_end;

指定枚举常量 sun 的值为 7，mon 为 1，以后顺序加 1，sat 为 6。

由于枚举型变量的值是整数，因此 C 语言把枚举类型也作为整型数据中的一种，即用户自行定义的整数类型。

（3）枚举元素可以用来作判断比较。例如：

　　　　if(workday==mon) …

　　　　if(workday>sun) …

枚举元素的比较规则是按其在初始化时指定的整数来进行比较的。如果定义时未人为指定，则按上面的默认规则处理，即第 1 个枚举元素的值为 0，故 mon>sun,sat>fri。

【例 9-10】输入 0 ~ 6 的数字，显示对应的星期几。

分析：定义枚举类型 Week，然后再定义一个输出星期几的函数 printWeekDay，通过强制类型转换，将主函数传递过来的整数转换成枚举型变量，再通过 switch 语句进行判断，输出星期几。在主函数中输入 0 ~ 6 数字，由函数 printWeekDay 输出对应的星期几。

N-S 流程图（见图 9-12）：

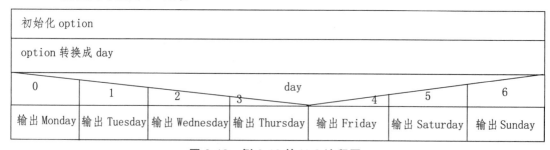

图 9-12　例 9-10 的 N-S 流程图

C 源程序：（文件名：li9_10.c）

```
#include <stdio.h>              /*包含 stdio.h 头文件*/
union data                     /*定义枚举型类型*/
```

li9_10.c

```
enum Week {
    Mon, Tues, Wed, Thurs, Fri, Sat, Sun
};
void printWeekDay(int option)
{
    enum Week day = (enum Week)option;
    switch (day)
    {
        case 0:puts("Monday");break;
        case 1:puts("Tuesday");break;
        case 2:puts("Wednesday");break;
        case 3:puts("Thursday");break;
        case 4:puts("Friday");break;
        case 5:puts("Saturday");break;
        case 6:puts("Sunday");break;
        default:puts("输入有误!");
    }
}
int main()
{
    int option=-1;
    printf("请输入星期几对应的 0 ~ 6 数字：\n");
    scanf("%d",&option);
    printWeekDay(option);
}
```

运行结果：
请输入星期几对应的 0 ~ 6 数字：
3
Thursday

9.7　程序举例

【例 9-11】某班级为选出优秀班干部进行投票，候选人有 3 人，每位同学只能选一人，即投一次票。编写程序，通过输入候选人得票过程（输入数字 1 代表投票 1 号候选人"张丽丽"，输入数字 2 代表投票 2 号候选人"王芳"，输入数字 3 代表投票 3 号候选人"刘伟"）后，输出票选结果。

分析：定义结构体类型 candidate，包含序号、姓名和票数。然后再定义一个该结构体类型数组 cands，用于存放三个候选人的信息。再定义一个 countting 函数，接收主函数传递过来的整型数组，读取投票结果，根据投票序号与候选人序号进行比对，更新候选人票数。再定义一个输出票选结果的函数 result，输出三个候选人的三个信息。在主函数中定义一个整型数组，用于保存唱票结果，再通过调用 countting、result 函数输出票选结果。

N-S 流程图（见图 9-13）：

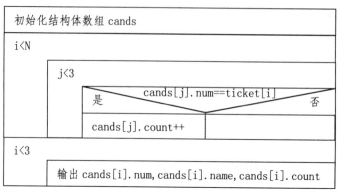

图 9-13　例 9-11 的 N-S 流程图

C 源程序：（文件名：li9_11.c）

```c
#include <stdio.h>        /*包含 stdio.h 头文件*/
#define N 10
struct candidate          /*定义候选人的结构体和结构体数组并初始化*/
{
    int num;              /*序号*/
    char name[ 20];       /*姓名*/
    int count;            /*票数*/
}cands[3]={{1,"张丽丽",0},{2,"王芳",0},{3,"刘伟",0}};
void countting(int ticket[N])
{
    int i,j;
    for(i=0;i<N;i++)              /*读取 N 次投票结果*/
    {
        for(j=0;j<3;j++)         /*使用循环分别将 3 个候选人序号与投票号相比较*/
        {
            if(cands[j].num==ticket[i])
            {
                cands[j].count++;      /*如果投票号与候选人序号相同则票数加*/
            }
        }
    }
}
void result()
{
    int i;
```

li9_11.c

```
        printf("票选结果为:\n");
        for(i=0;i<3;i++)
        {
            printf("%d\t%s\t%d 票\n",cands[i].num,cands[i].name,cands[i].count);
        }
    }
    void main()
    {
        int i,j,n;
        int ticket[N];
        printf("投票开始，输入序号:(1.张丽丽，2.王芳，3.刘伟)\n");
        for(i=0;i<N;i++)                    /*进行 N 次投票*/
        {
            scanf( "%d",&ticket[i]);        /*输入投票号*/
        }
        countting(ticket);
        result();
    }
```

运行结果：

投票开始，输入序号:(1.张丽丽，2.王芳，3.刘伟)

3 1 2 1 1 3 2 2 1 3 1

票选结果为:

1	张丽丽	4 票
2	王芳	3 票
3	刘伟	3 票

9.8　小　结

（1）C 语言中的数据类型分为两类：一类是系统已经定义好的标准数据类型（如 int,char,float,double 等），编程者不必自己定义，可以直接用它们去定义变量。另一类是用户根据需要在一定的框架范围内自己设计的类型，先要向系统做出声明，然后才能用它们定义变量。其中最常用的有结构体类型、共用体类型、枚举类型。

（2）结构体和共用体是两种构造类型数据，是用户定义新数据类型的重要手段。结构体和共用体有很多的相似之处，它们都由成员组成。成员可以具有不同的数据类型。成员的表示方法相同。

（3）在结构体中，各成员都占有自己的内存空间，它们是同时存在的。一个结构体变量的总长度等于所有成员长度之和。在共用体中，所有成员不能同时占用它的内存空间，它们不能同时存在。共用体变量的长度等于最长的成员的长度。

（4）"."是成员运算符，可用它表示成员项，成员还可用"->"运算符来表示。

（5）结构体变量可以作为函数参数，函数也可返回指向结构体的指针变量。而共用体变量不能作为函数参数，函数也不能返回指向共用体的指针变量。但可以使用指向共用体变量的指针，也可以使用共用体数组。

（6）结构体定义允许嵌套，结构体中也可用共用体作为成员，形成结构体和共用体的嵌套。

（7）链表是一种重要的数据结构，它便于实现动态的存储分配。本章介绍的是单向链表，还可组成双向链表、循环链表等。

（8）枚举是一种基本数据类型。枚举变量的取值是有限的，枚举元素是常量，不是变量。

9.9 本章常见的编程错误

（1）定义结构体变量的3种方式：
① 先定义类型，再定义变量（分开定义）。

```
struct student
    {   int age;
    };
    struct student stu;
```
② 定义类型的同时定义变量（stu）。

```
struct student
    {   int age;
    } stu;
```
后面还可以通过结构体类型定义其他的结构体变量

```
struct student stu2;
```
③ 定义类型的同时定义变量（省略了类型名称）。

```
struct
    {   int age;
    } stu;
```
该类型只能使用一次，后面不能再定义该类型的变量了。

（2）结构体类型的作用域：
① 定义在函数外面：全局有效（从定义类型的那行开始，一直到文件结尾）。
② 定义在函数（代码块）内部：局部有效（从定义类型的那行开始，一直到代码块结束）。

（3）结构体类型不能重复定义，结构体可以利用"="进行赋值。

9.10 习 题

一、选择题
1. 当说明一个结构体变量时系统分配给它的内存是（   ）。
    A. 各成员所需内存的总和

　　B. 结构中第一个成员所需内存量

　　C. 成员中占内存量最大者所需的容量

　　D. 结构中最后一个成员所需内存量

2. 设有以下说明语句

　　struct stu

　　{　int a;

　　float b;　　}stutype;

　　则以下叙述不正确的是（　　　　）。

　　A. struct 是结构体类型的关键字

　　B. struct stu 是用户定义的结构体类型

　　C. stutype 是用户定义的结构体类型名

　　D. a 和 b 都是结构体成员名

3. C 语言结构体类型变量在程序执行期间（　　　　）。

　　A. 所有成员一直驻留在内存中

　　B. 只有一个成员驻留在内存中

　　C. 部分成员驻留在内存中

　　D. 没有成员驻留在内存中

4. 以下程序的运行结果是（　　　　）。

　　main()

　　{

　　struct date

　　{

　　int year,month,day;

　　} today;

　　printf("%d\n",sizeof(struct date));

　　}

　　A. 6　　　　　　　　　B. 8　　　　　　　　　C. 10　　　　　　　　　D. 12

5. 下面程序的运行结果是（　　　　）。

　　main()

　　{

　　struct cmrtx

　　{　int x;

　　int y;

　　}cnum[2]={1,3,2,7};

　　printf("%d\n",cnum[0].y*cnum[1].x);}

　　A. 0　　　　　　　　　B. 1　　　　　　　　　C. 3　　　　　　　　　D. 6

6. 若有以下定义和语句（　　　　）。

　　struct student

　　{　int age;

int num;};

struct student stu[3]={{1001,20}}{1002,19},{1003,21}};

main()

{ struct student *p;

p=stu;……

}

则以下不正确的引用是（   ）。

A. (p++)->num   B. p++   C. (*p).num   D. p=&stu.age

7. 以下 scanf 函数调用语句中对结构体变量成员的不正确引用是（   ）。

struct pupil

{ char name[20];

int age;

int sex;

}pup[5],*p;

p=pup;

A. scanf("%s",pup[0].name);   B. scanf("%d",&pup[0].age);

C. scanf("%d",&(p->sex));   D. scanf("%d",p->age);

8. 若有以下说明和语句：

struct student

{ int age;

int num;

}std,*p;

p=&std;

则以下对结构体变量 std 中成员 age 的引用方式不正确的是（   ）。

A. std.age   B. p->age   C. (*p).age   D. *p.age

9. 若有以下程序段：

struct dent

{ int n;

int *m;

};

int a=1,b=2,c=3;

struct dent s[3]={{101,&a},}102,&b},{103,&c}};

main()

{ struct de}t,*p;

p=s; ……}

则以下表达式值为 2 是（   ）。

A. (p++)->m   B. *(p++)->m   C. (*p).m   D. *(++p)->m

10. 以下对 C 语言中共用体类型数据的叙述正确的是（   ）。

A. 可以对共用体变量名直接赋值

B. 一个共用体变量中可以同时存放其所有成员

C. 一个共用体变量中不能同时存放其所有成员

D. 共用体类型定义中不能出现结构体类型的成员

二、填空题

1. 运行下列程序段，输出结果是＿＿＿＿＿＿。

```
struct country
{   int num;
    char name[20];
}x[5]={1,"China"}, 2, "USA",3, "France", 4,"England", 5, "Spanish"};
struct country *p;
p=x+2;
printf("%d,%s",p->num,x[0].name）;
```

2. 定义以下结构体数组，语句 printf("%d,%s",x[1].num,x[2].name）的输出结果为＿＿＿＿。

```
struct
{   int num;
    char name[10];
}x[3]={1,"china",2,"USA",3," England" };
```

3. 运行下列程序，输出结果是＿＿＿＿＿＿。

```
struct    country
{   int num;
    char name[20];
}x[5]={1, "China",2,"USA",3, "France",4,"England",5,"Spanish"};
main()
{   int i;
    for(i=3;i<5;i++)
        printf("%d%c",x[i].num,x[i].name[0]);
}
```

三、改错题

1. 以下程序有若干语法错误，请修改。

```
struct date
{   int y;m;d;
};
struct stu
{   char n[10];
    struct date b;
    int a;
}s={"Zhang",{197,5,6},30};
main()
{   printf("%c,%d,%d",s.n,s.d,s.a）;
```

```
}
```

2. 以下程序的功能，是在结构体数组 a 中查找其 t 成员的值大于所有 t 成员平均值的数组元素下标及其 t 成员的值。程序有错误，请修改。

```
#define N 10
struct node
{   int s;
    float t;
};
float fun(struct node *a）;
main()
{   struct node a[N]={{1,85.3},{2,54.6},{3,77.5},{4,69.3},{5,80.7},{6,48.9},
        {7,65.4},{8,90.6},{9,74.3},{10,20.5}};
    int i;
    float aver;
    aver=fun(a）;
    printf("aver=%.2f\n",aver);
    printf("The element of beyongd average:\n");
    for(i=0;i<N;i++)
        if(a[i].t>aver)
            printf("a[%d].t=%.2f\n",a[i].t);
}
float fun(struct node *a）
{   int i;
    int sum=0,aver;
    for(i=1;i<N;i++)
        sum=sum+a[i].t;
    aver=sum/N;
    return sum;
}
```

3. 以下程序的功能是删除结构体数组中的第 n 个元素。程序有错误，请修改。

```
#include <stdio.h>
#define N 10
struct ss
{   int x;
    int y;
};
void fun(struct ss *a,int n);
main()
{ struct   ss a[N]={{1,10},{2,20},{3,30},{4,40},{5,50},{6,60},{7,70},{8,80},{9,90},{10,100}};
```

```
    int i,n;
    printf("Input n to delete:(0<=n<=%d）\n",N-1);
    scanf("%d",&n);
    while(n<0||n>N)
    {
        printf("Error n! Input n again:(0<=n<=%d）\n",N-1);
        scanf("%d",&n);
    }
    fun(a,n);
    printf("The new array is:\n");
    for(i=0;i<N-1;i++)
        printf("a[%d].x=%d,a[%d].y=%d\n",i,a[i].x,i,a[i].y);
    }
     void fun(struct ss *a )
    { int i,n;
     for(i=n;i<N-1;i++)
          a[i-1]=a[i];
     }
```

四、阅读题

1. 请阅读下面的程序，表述程序的功能。

```
#include<stdio.h>
#include <string.h>
typedef struct student
{
    int num;
    char name[20];
    int score[3];
    int sum;
}STU;
int main()
{
    STU s[100];
    int n,i,j;
    printf("请输入学生人数：\n");
    scanf("%d",&n);
    for(i=0;i<n;i++)
    {
        printf("请输入学生学号：\n");
        scanf("%d",&s[i].num);
```

```
        getchar();      //注意当上边输入学号之后会有换行符，会影响下面对名字的
                        输入，所以加上个 getchar
    printf("请输入学生姓名：\n");
    gets(s[i].name);
    printf("请依次输入学生 3 门成绩：\n");
        for(j=0;j<3;j++)
            scanf("%d",&s[i].score[j]);
    }
    for(i=0;i<n;i++)
    {
        s[i].sum=0;
        for(j=0;j<3;j++)
         s[i].sum+=s[i].score[j];
    }
    for(i=0;i<n;i++)
    {
        printf("%d %s %d\n",s[i].num,s[i].name,s[i].sum);
    }
}
```

2. 请阅读下面的程序，表述程序的功能。

```
#include <stdio.h>
int main()
{
    struct stud_str
    {
        char num[10];
        float score_mid;
        float score_final;
    }stu[5];
    float sum_mid = 0;
    float sum_final = 0;
    float ave_mid = 0;
    float ave_final = 0;
    int i = 0;
    }
    #include <stdio.h>
int main()
{
    struct stud_str
```

```c
    {
        char num[10];
        float score_mid;
        float score_final;
    }stu[5];
    float sum_mid = 0;
    float sum_final = 0;
    float ave_mid = 0;
    float ave_final = 0;
    int i = 0;
    for(i = 0;i < 5;i++ )
    {
        printf("please input num:\n");
        scanf("%s",stu[i].num);
        printf("please input mid_exam score:\n");
        scanf("%f",&stu[i].score_mid）;
        printf("please input final_exam score:\n");
        scanf("%f",&stu[i].score_final);
    }
    for(i = 0;i < 5;i++)
    {
        sum_mid += stu[i].score_mid;
        sum_final += stu[i].score_final;
    }
    ave_mid = sum_mid/5;
    ave_final = sum_final/5;
    printf("学号  期中分数  期末分数\t\n");
    for(i =0;i < 5;i++)
    {
        printf("%s\t",stu[i].num);
        printf("%g\t",stu[i].score_mid）;
        printf("%g\t",stu[i]. score_final);
        printf("\n");
    }
    printf("期末平均分：%g\n",ave_mid）;
    printf("期末平均分：%g\n",ave_final);
    return 0;
}
```

3. 请阅读下面的程序，分析输出结果。

```
#include <stdio.h>
struct stu
{
    int x;
    int *y;
} *p;
int dt[4] = {10,20,30,40};
struct stu a[4] = {50,&dt[0],60,&dt[1],70,&dt[2],80,&dt[3]};
main()
{
    p=a;
    printf("%d,",++p->x);
    printf("%d,",(++p)->x);
    printf("%d\n",++(*p->y));
}
```

五、编程题

1. 编写程序，实现功能：根据当天日期输出明天的日期。

2. 编程实现输入 3 个学生的学号、计算他们的期中和期末成绩，然后计算其平均成绩，并输出成绩表。

第 10 章　文　件

现在我们接触最多的都是短视频，手机 App 里面的短视频都是制作者通过文件的形式上传到服务器当中的。又比如我们要打印个人简历，需要先把制作好的个人简历通过文件的形式保存在 U 盘里面去打印店打印。在我们日常生活中是经常需要接触到文件的。在软件开发当中也是如此，现在都是大数据时代，我们处理的数据都是海量的，不可能每次都手动录入、程序运行完以后数据就丢失了。在程序中使用文件之前应了解有关文件的基本知识。

10.1　文件的相关概念

10.1.1　什么是文件

文件有不同的类型，在程序设计中，主要用到两种文件：

（1）程序文件。包括源程序文件（后缀为.c）、目标文件（后缀为.Obj）、可执行文件(后缀为.exe）等。这种文件的内容是程序代码。

（2）数据文件。这种文件的内容不是程序，而是供程序运行时读写的数据，如在程序运行过程中输出到磁盘（或其他外部设备）的数据，或在程序运行过程中供读入的数据。如一个年级学生的成绩数据、货物交易的数据等。

本章主要讨论的是数据文件。

在以前各章中所处理的数据的输入和输出，都是以终端为对象的，即从终端的键盘输入数据，运行结果输出到终端显示器上。实际上，常常需要将一些数据（运行的最终结果或中间数据）输出到磁盘上保存起来，以后需要时再从磁盘中输入到计算机内存。这就要用到磁盘文件。

为了简化用户对输入输出设备的操作,使用户不必去区分各种输入输出设备之间的区别，操作系统把各种设备都统一作为文件来处理。从操作系统的角度看，每一个与主机相连的输入输出设备都看作一个文件。例如，终端键盘是输入文件，显示屏和打印机是输出文件。

文件（file）是程序设计中一个重要的概念。所谓"文件"一般指存储在外部介质上数据的集合。一批数据是以文件的形式存放在外部介质（如磁盘）上的。操作系统是以文件为单位对数据进行管理的，也就是说，如果想找存放在外部介质上的数据，必须先按文件名找到所指定的文件，然后再从该文件中读取数据。要向外部介质上存储数据也必须先建立一个文件（以文件名作为标志），才能向它输出数据。

输入输出是数据传送的过程，数据如流水一样从一处流向另一处，因此常将输入输出形象地称为流（stream），即数据流。流表示了信息从源到目的端的流动。在输入操作时，数据从文件流向计算机内存；在输出操作时，数据从计算机流向文件（如打印机、磁盘文件）。文件是由操作系统进行统一管理的，无论是用 Word 打开或保存文件，还是 C 程序中的输入输出，都是通过操作系统进行的。"流"是一个传输通道，数据可以从运行环境（有关设备）流入程序中，或从程序流至运行环境。

　　C 语言把文件看作一个字符（或字节）的序列，即由一个一个字符(或字节)的数据顺序组成。一个输入输出流就是一个字符流或字节(内容为二进制数据)流。

　　C 语言的数据文件由一连串的字符（或字节）组成，而不考虑行的界限，两行数据间不会自动加分隔符，对文件的存取是以字符（字节）为单位的。输入输出数据流的开始和结束仅受程序控制而不受物理符号(如回车换行符)控制，这就增加了处理的灵活性。这种文件称为流式文件。

10.1.2　文件名

　　一个文件要有一个唯一的文件标识，以便用户识别和引用。文件标识包括 3 部分:

　　（1）文件路径；

　　（2）文件名主干；

　　（3）文件后缀。

　　文件路径表示文件在外部存储设备中的位置，如图 10-1 所示。

图 10-1　文件路径

　　图 10-1 所示路径表示 file1.da 文件存放在 C 盘中的 Users 目录下的 GZY 子目录下的 Downloads 子目录下面。为方便起见，文件标识常被称为文件名，但应了解此时所称的文件名，实际上包括以上 3 部分内容，而不仅是文件名主干。文件名主干的命名规则遵循标识符的命名规则。后缀用来表示文件的性质，如：docx（Word 生成的文件）、txt（文本文件）、dat（数据文件）、c（C 语言源程序文件）、cpp（C++源程序文件）、java（JAVA 语言源程序文件）、py（Python 语言源程序文件）、obj（目标文件）、exe（可执行文件）、pptx（电子幻灯文件）、bmp（图形文件）等。

10.1.3　文件的分类

　　根据数据的组织形式，数据文件可分为 ASCII 文件和二进制文件。数据在内存中是以二进制形式存储的，如果不加转换地输出到外存，就是二进制文件，可以认为它就是存储在内存的数据的映像，所以也称之为映像文件（imagefile）。如果要求在外存上以 ASCII 代码形式存储，则需要在存储前进行转换。ASCII 文件又称文本文件（text file），每一个字节存放一个字符的 ASCII 代码。

　　在磁盘上，字符一律以 ASCII 形式存储，数值型数据既可以用 ASCII 形式存储,也可以用二进制形式存储。如有整数 202,0，如果用 ASCII 码形式输出到磁盘，则在磁盘中占 5 个字节（每一个字符占一个字节),而用二进制形式输出，则在磁盘上只占 4 个字节。

　　用 ASCII 码形式输出时字节与字符一一对应，一个字节代表一个字符，因而便于对字符进行逐个处理，也便于输出字符，但一般占存储空间较多，而且要花费转换时间（二进制形式与 ASCII 码间的转换）。用二进制形式输出数值，可以节省外存空间和转换时间，把内存中的存储单元中的内容原封不动地输出到磁盘（或其他外部介质）上，此时每一个字节并不一定代表一个字符。如果程序运行过程中有的中间数据需要保存在外部介质上，以便在需要时再输入到内存，一般用二进制文件比较方便。在事务管理中，常有大批数据存放在磁盘上，随时调入计算机进行查询或处理，然后又把修改过的信息再存回磁盘，这时也常用二进制文件。

10.1.4 文件缓冲区

ANSI C 标准采用"缓冲文件系统"处理数据文件，所谓缓冲文件系统是指系统自动地在内存区为程序中每一个正在使用的文件开辟一个文件缓冲区。从内存向磁盘输出数据必须先送到内存中的缓冲区，装满缓冲区后才一起送到磁盘去。如果从磁盘向计算机读入数据，则一次从磁盘文件将一批数据输入到内存缓冲区（充满缓冲区），然后再从缓冲区逐个地将数据送到程序数据区（给程序变量）。这样做是为了节省存取时间，提高效率，缓冲区的大小由各个具体的 C 编译系统确定。

说明： 每一个文件在内存中只有一个缓冲区，如图 10-2 所示，在向文件输出数据时，它就作为输出缓冲区；在从文件输入数据时，它就作为输入缓冲区。

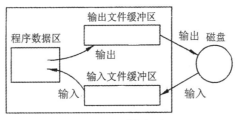

图 10-2 缓冲区

10.1.5 文件类型指针

缓冲文件系统中，关键的概念是"文件类型指针"，简称"文件指针"。每个被使用的文件都在内存中开辟一个相应的文件信息区，用来存放文件的有关信息（如文件的名字、文件状态及文件当前位置等）。这些信息是保存在一个结构体变量中的。该结构体类型是由系统声明的，取名为 FILE。

在程序中可以直接用 FILE 类型名定义变量。每一个 FILE 类型变量对应一个文件的信息区，在其中存放该文件的有关信息。例如，可以定义以下 FILE 类型的变量：

FILE fileScore;

以上定义了一个结构体变量 fileScore，用它来存放一个文件的有关信息。这些信息是在打开一个文件时由系统根据文件的情况自动放入的，在读写文件时需要用到这些信息，也会修改某些信息。例如在读一个字符后，文件信息区中的位置标记指针的指向就要改变。

一般不定义 FILE 类型的变量，而是设置一个指向 FILE 类型变量的指针变量，然后通过它来引用这些 FILE 类型变量。这样使用起来方便。

下面定义一个指向文件型数据的指针变量：

FILE *filePointer;

定义 filePointer 是一个指向 FILE 类型数据的指针变量。可以使 filePointer 指向某一个文件的文件信息区（是一个结构体变量），通过该文件信息区中的信息就能够访问该文件。也就是说，通过文件指针变量能够找到与它关联的文件。如果有 n 个文件，应设 n 个指针变量，分别指向 n 个 FILE 类型变量，以实现对 n 个文件的访问。

为方便起见，通常将这种指向文件信息区的指针变量简称为指向文件的指针变量。

注意：指向文件的指针变量并不是指向外部介质上的数据文件的开头，而是指向内存中的文件信息区的开头。

10.2　文件的相关操作

10.2.1　文件的打开与关闭

在编写程序时，在打开文件的同时，一般都指定一个指针变量指向该文件，也就是建立起指针变量与文件之间的联系，这样就可以通过该指针变量对文件进行读写了。所谓"关闭"是指撤销文件信息区和文件缓冲区，使文件指针变量不再指向该文件，显然就无法进行对文件的读写了。

1. 用 fopen 函数打开数据文件

fopen 函数的调用方式为：

　　　　　　　fopen(文件名,使用文件方式);

例如：　　　　　　fopen("score","r");

表示要打开名字为 score 的文件，使用文件方式为"读入"（r 代表 read，即读入）。fopen 函数的返回值是指向 score 文件的指针，即 score 文件信息区的起始地址。通常将 fopen 函数的返回值赋给一个指向文件的指针变量。如：

　　　　FILE* filePointer;　　　　　　　　/*定义一个指向文件的指针变量 filePointer*/

　　　　filePointer=fopen("score ","r");　　/*将 fopen 函数的返回值赋给指针变量 filePointer*/

这样 filePointer 就和文件 score 相联系了，或者说 filePointer 指向了 score 文件。可以看出，在打开一个文件时，通知编译系统以下 3 个信息：需要打开文件的名字，也就是准备访问的文件的名字；使用文件的方式("读"还是"写"等)；让哪一个指针变量指向被打开的文件。

使用文件方式如表 10-1 所示。

表 10-1　使用文件方式

文件使用方式	含　义	如果指定的文件不存在
"r"（只读）	为输入数据打开一个文本文件	出错
"w"（只写）	为输出数据打开一个文本文件	建立新文件
"a"（追加）	向文本文件尾添加数据	出错
"rb"（只读）	为输入数据打开一个二进制文件	出错
"wb"（只写）	为输出数据打开一个二进制文件	建立新文件
"ab"（追加）	向二进制文件尾添加数据	出错

续表

文件使用方式	含　义	如果指定的文件不存在
"r+"（读写）	为读写打开一个文本文件	出错
"w+"（读写）	为读写建立一个新的文本文件	建立新文件
"a+"（读写）	为读写打开一个文本文件	出错
"rb+"（读写）	为读写打开一个二进制文件	出错
"wb+"（读写）	为读写建立一个新的二进制文件	建立新文件
"ab+"（读写）	为读写打开一个二进制文件	出错

说明：

（1）用 r 方式打开的文件只能用于向计算机输入而不能用作向该文件输出数据，而且该文件应该已经存在并存有数据，这样程序才能从文件中读数据。不能用 r 方式打开一个并不存在的文件，否则出错。

（2）用 w 方式打开的文件只能用于向该文件写数据（即输出文件），而不能用来向计算机输入。如果原来不存在该文件，则在打开文件前新建立一个以指定的名字命名的文件。如果原来已存在一个以该文件名命名的文件，则在打开文件前先将该文件删去，然后重新建立一个新文件。

（3）如果希望向文件末尾添加新的数据(不希望删除原有数据)，则应该用 a 方式打开。但此时应保证该文件已存在，否则将得到出错信息。打开文件时，文件读写位置标记移到文件末尾。

（4）用"r+""w+""a+"方式打开的文件既可用来输入数据，也可用来输出数据。用"r+"方式时该文件应该已经存在，以便计算机从中读数据。用"w+"方式则新建立一个文件，先向此文件写数据，然后可以读此文件中的数据。用"a+"方式打开的文件，原来的文件不被删去，文件读写位置标记移到文件末尾，可以添加，也可以读。

（5）如果不能实现"打开"的任务，fopen 函数将会带回一个出错信息。出错的原因可能是：用 r 方式打开一个并不存在的文件、磁盘出故障、磁盘已满无法建立新文件等。此时fopen 函数将带回一个空指针值 NULL。

常用以下程序段打开文件：

```
if((fp=fopen("D:\\hdjd","rb")==NULL)
{
    printf("\nerror on open D:\\hdjd file!");
    exit(0);
}
```

即先检查打开文件的操作有否出错，如果有错就在终端上输出 error on open D:\\hdjd file!。exit函数的作用是关闭所有文件，终止正在执行的程序，待用户检查出错误，修改后重新运行。

（6）在表 10-1 中有 12 种文件使用方式，其中有 6 种是在第一个字母后面加了字母 b 的（如 rb,wb,ab,rb+,wb+,ab+），b 表示二进制方式。其实带 b 和不带 b 只有一个区别，即对换行的处理。由于在 C 语言用一个'\n'即可实现换行，而在 Windows 系统中为实现换行必须要用"回车"和"换行"两个字符，即'\r'和'\n'。因此，如果使用的是文本文件并且用 w 方式打开，在向文件输出时，遇到换行符'\n'时，系统就把它转换为'\r'和\n'两个字符，否则在 Windows 系统中查看文件时，各行连成一片，无法阅读。同样，如果有文本文件且用 r 方式打开，从文件读入时，遇到'\r'和'\n'两个连续的字符，就把它们转换为'\n'一个字符。如果使用的是二进制文件，在向文件读写时，不需要这种转换。加 b 表示使用的是二进制文件，系统就不进行转换。

（7）如果用 wb 的文件使用方式，并不意味着在文件输出时把内存中按 ASCII 形式保存的数据自动转换成二进制形式存储。输出的数据形式是由程序中采用什么读写语句决定的。例如，用 fscanf 和 fprintf 函数是按 ASCII 方式进行输入输出，而 fread 和 fwrite 函数是按二进制进行输入输出。

在打开一个输出文件时，是选 w 还是 wb 方式，完全根据需要而定，如果需要对回车符进行转换的，就用 w，如果不需要转换的，就用 wb。带 b 只是通知编译系统不必进行回车符的转换。如果是文本文件(例如一篇文章)，显然需要转换，应该用 w 方式；如果是用二进制形式保存的一批数据，并不准备供人阅读，只是为了保存数据，就不必进行上述转换，可以用 wb 方式。一般情况下，带 b 的用于二进制文件，常称为二进制方式；不带 b 的用于文本文件，常称为文本方式。从理论上说，文本文件也可以 wb 方式打开，但无必要。

（8）程序中可以使用 3 个标准的流文件——标准输入流、标准输出流和标准出错输出流。系统已对这 3 个文件指定了与终端的对应关系。标准输入流是从终端的输入，标准输出流是向终端的输出，标准出错输出流是当程序出错时将出错信息发送到终端。

程序开始运行时系统自动打开这 3 个标准流文件。因此，程序编写者不需要在程序中用 fopen 函数打开它们。所以以前我们用到的从终端输入或输出到终端都不需要打开终端文件。系统定义了 3 个文件指针变量 stdin、stdout 和 stderr，分别指向标准输入流、标准输出流和标准出错输出流，可以通过这 3 个指针变量对以上 3 种流进行操作，它们都以终端作为输入输出对象。例如程序中指定要从 stdin 所指的文件输入数据，就是指从终端键盘输入数据。

2. 用 fclose 函数关闭数据文件

在使用完一个文件后应该关闭它，以防止它再被误用。"关闭"就是撤销文件信息区和文件缓冲区，使文件指针变量不再指向该文件，也就是文件指针变量与文件"脱钩"，此后不能再通过该指针对原来与其相联系的文件进行读写操作，除非再次打开，使该指针变量重新指向该文件。

关闭文件用 fclose 函数。fclose 函数调用的一般形式为：

fclose(文件指针);

例如：

fclose(filePointer);

前面曾把打开文件(用 fopen 函数)时函数返回的指针赋给了 filePointer,现在把 filePointer 指向的文件关闭，此后 filePointer 不再指向该文件。

如果不关闭文件就结束程序运行，将会丢失数据。因为在向文件写数据时，是先将数据输出到缓冲区，待缓冲区充满后才正式输出给文件。如果当数据未充满缓冲区时程序结束运行，就有可能使缓冲区中的数据丢失。用 fclose 函数关闭文件时，先把缓冲区中的数据输出到磁盘文件，然后才撤销文件信息区。有的编译系统在程序结束前会自动先将缓冲区中的数据写到文件,从而避免了这个问题，但还是应当养成在程序终止之前关闭所有文件的习惯。

fclose 函数也带回一个值，如果成功地执行了关闭操作，则返回值为 0；否则返回 EOF(-1)。

10.2.2 文件的顺序读写

文件打开之后，就可以对它进行读写了。在顺序写时，先写入的数据存放在文件中前面的位置，后写入的数据存放在文件中后面的位置。在顺序读时，先读文件中前面的数据，后读文件中后面的数据。也就是说，对顺序读写来说，对文件读写数据的顺序和数据在文件中的物理顺序是一致的。顺序读写需要用库函数实现。

1. 如何向文件读写字符

对文本文件读入或输出一个字符的函数如表 10-2 所示。

表 10-2　读写一个字符的函数

函数名	调用形式	功　能	返回值
fgetc	fgetc(fp)	从 fp 指向的文件读入一个字符	读成功，返回所读的字符，失败则返回文件结束标志 EOF（即-1）
fputc	fputc(ch,fp)	把字符 ch 写到文件指针变量 fp 所指向的文件中	输出成功,返回值就是输出的字符,输出失败,则返回 EOF（即-1）

【例 10-1】输入一行字符，要求保存在指定的文件中。

分析：定义 save 函数，在该函数中，在 while 循环中通过 fputc 函数依次将键盘输入的字符保存到形参 fp 所指向的文件中。在主函数中首先定义文件指针 fp,输入要操作的文件名，再通过 fopen 函数打开该文件，并使 fp 指向该文件。通过调用 save 函数就实现了功能。

N-S 流程图（见图 10-3）：

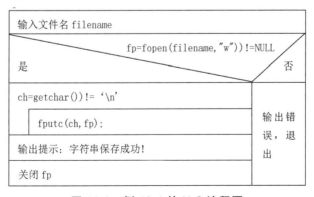

图 10-3　例 10-1 的 N-S 流程图

C 源程序：（文件名：li10_1.c）

#include <stdlib.h>

li10_1.c

```
#include <stdio.h>
void save(FILE *fp)
{
    char ch;
    printf("请输入一行要保存的内容:\n");
    while((ch=getchar())!='\n')                      /* 当敲回车时结束循环 */
    {
        fputc(ch,fp);                                /* 向磁盘文件输出一个字符 */
    }
    printf("字符串保存成功!\n");
}
void main()
{
    FILE *fp;
    char ch,filename[80];
    printf("请输入所用的文件名:\n");
    scanf("%s",filename);
    ch=getchar( );                        /* 接收在执行 scanf 语句时最后输入的回车符 */
    if((fp=fopen(filename,"w"))==NULL)    /* 打开输出文件并使 fp 指向此文件 */
    {
        printf("无法打开此文件\n");        /* 如果打开时出错,就输出"打不开"的信息 */
        exit(0);                          /* 终止程序*/
    }
    save(fp);                             /* 传递文件指针,实现保存功能 */
    fclose(fp);                           /* 关闭文件*/
}
```

运行结果：

请输入所用的文件名：

save.txt

请输入一行要保存的内容：

I love you China!

字符串保存成功！

【例 10-2】将一个磁盘文件中的内容复制到另一个磁盘文件中。今要求将上例建立的 save.txt 文件中的内容复制到另一个磁盘文件 copy.txt 中。

分析：定义 copy 函数，在该函数中，在 while 循环中通过 fgetc 函数依次读取形参 source 所指向的源文件的文本内容，然后通过 fputc 函数写入形参 copys 所指向的目标文件。在主函数中首先定义文件指针 source、copys，输入要读入的文件名以及要输出的文件名，再通过 fopen 函数打开两个文件，最后通过调用 copy 函数实现文件复制功能。

N-S 流程图（见图 10-4）：

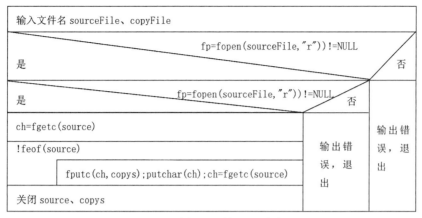

图 10-4　例 10-2 的 N-S 流程图

C 源程序：（文件名：li10_2.c）

li10_2.c

```
#include <stdlib.h>
#include <stdio.h>
void copy(FILE *source,FILE *copys)
{
    char ch=' ';
    printf("文件内容是：\n");
    ch=fgetc(source);               /*从输入文件读入一个字符，放在变量 ch 中*/
    while(!feof(source ) )           /*如果未遇到输入文件的结束标志*/
    {
        fputc(ch,copys);            /*将 ch 写到输出文件中*/
        putchar(ch);                /*将 ch 显示在屏幕上*/
        ch=fgetc(source);          /*从输入文件读入一个字符，放在变量 ch 中*/
    }
    printf("\n 文件复制成功!\n");
}
void main()
{
    FILE *source,*copys;
    char ch=' ',sourceFile[80],copyFile[80];    /*定义两个字符数组，分别存放两个文件名*/
    printf("输入读入文件的名字:\n");
    scanf("%s",sourceFile );                    /*输入一个输入文件的名字*/
    printf("输入输出文件的名字:\n");
    scanf("%s",copyFile );                      /*输入一个输出文件的名字*/
    if((source=fopen(sourceFile,"r"))==NULL)           /*打开输入文件*/
    {
        printf("无法打开此文件\n");
```

```
            exit(0);
        }
        if((copys=fopen(copyFile,"w"))==NULL)                    /*打开输出文件*/
        {
            printf("无法打开此文件\n");
            exit(0);
        }
        copy(source,copys);
        fclose(source）;                                          /*关闭输入文件*/
        fclose(copys);                                            /*关闭输出文件*/
}
```

运行结果：

输入读入文件的名字：

save.txt

输入输出文件的名字：

copy.txt

文件内容是：

I love you China!

文件复制成功!

2. 如何向文件读写一个字符串

既然向键盘可以直接输入一行字符，在屏幕上也可以直接输出一个字符串，那么能否向文件一次性读写一个字符串呢？

C 语言允许通过函数 fgets 和 fputs 一次读写一个字符串，例如：

```
    fgets(str,n,fp);
```

作用是从 fp 所指向的文件中读入一个长度为 n－1 的字符串，并在最后加一个'\0'字符，然后把这 n 个字符存放到字符数组 str 中。

读写一个字符串的函数见表 10-3。

表 10-3　读写一个字符串的函数

函数名	调用形式	功　能	返回值
fgets	fgets(str,n,fp)	从 fp 指向的文件读入一个长度为 n-1 的字符串，存放到字符数组 str 中	读成功，返回地址 str；失败则返回 NULL
fputs	fputs(str,fp)	把 str 所指向的字符串写到文件指针变量 fp 所指向的文件中	输出成功，返回 0；否则返回非 0

【例 10-3】从键盘输入 5 个商品名称，对它们按字母大小的顺序排序，然后把排好序的商品名称保存到磁盘文件中。

分析：实现整个功能，分为 3 个步骤。

（1）从键盘输入 n 个字符串，存放在一个二维字符数组中，每个一维数组存放一个字符串；

（2）对字符数组中的 n 个字符串按字母顺序排序，排好序的字符串仍存放在字符数组中；

（3）使用 fputs 函数将字符数组中的字符串写入文件。

C 源程序：（文件名：li10_3.c）

```c
#include <stdlib.h>
#include <stdio.h>
void copy(FILE *source,FILE *copys)
{
    char ch=' ';
    printf("文件内容是：\n");
    ch=fgetc(source);                /*从输入文件读入一个字符，放在变量 ch 中*/
    while(!feof(source))             /*如果未遇到输入文件的结束标志*/
    {
        fputc(ch,copys);             /*将 ch 写到输出文件中*/
        putchar(ch);                 /*将 ch 显示在屏幕上*/
        ch=fgetc(source);            /*从输入文件读入一个字符，放在变量 ch 中*/
    }
    printf("\n 文件复制成功!\n");
}
void main()
{
    FILE *source,*copys;
    char ch=' ',sourceFile[80],copyFile[80];   /*定义两个字符数组，分别存放两个文件名*/
    printf("输入读入文件的名字:\n");
    scanf("%s",sourceFile);          /*输入一个输入文件的名字*/
    printf("输入输出文件的名字:\n");
    scanf("%s",copyFile);            /*输入一个输出文件的名字*/
    if((source=fopen(sourceFile,"r"))==NULL)    /*打开输入文件*/
    {
        printf("无法打开此文件\n");
        exit(0);
    }
    if((copys=fopen(copyFile,"w"))==NULL)       /*打开输出文件*/
    {
        printf("无法打开此文件\n");
        exit(0);
    }
    copy(source,copys);
```

```
        fclose(source）;                                    /*关闭输入文件*/
        fclose(copys);                                     /*关闭输出文件*/
}
```

运行结果：

输入读入文件的名字:

save.txt

输入输出文件的名字:

copy.txt

文件内容是:

I love you China!

文件复制成功!

【例 10-4】 要求从磁盘文件中读取商品名称，并显示在屏幕上。

分析： 实现整个功能，分为 3 个步骤。

（1）从键盘输入 n 个字符串，存放在一个二维字符数组中，每个一维数组存放一个字符串；

（2）对字符数组中的 n 个字符串按字母顺序排序，排好序的字符串仍存放在字符数组中；

（3）使用 fputs 函数将字符数组中的字符串写入文件。

C 源程序：（文件名：li10_4.c）

li10_4.c

```
#include <stdio.h>
#include <stdlib.h>
#define N 5
void read(FILE *fp)
{
    char goodsName[N][80];
    int i;
    printf("读取到的商品名称是：\n");
    for(i=0;fgets(goodsName[i],80,fp)!=NULL;i++)
    {
        printf("%s",goodsName[i]);
    }
}
void main()
{
    FILE *fp;
    if((fp=fopen("D:\\Goods\\goods.txt","r"))==NULL)          // r 方式打开磁盘文件
    {
        printf("无法打开文件!\n");
        exit(0);
    }
    read(fp);
```

```
    fclose(fp);
}
```
运行结果：

读取到的商品名称是：

apple

banana

bingdundun

orange

xuerongrong

3. 用格式化的方式读写文本文件

前面进行的是字符的输入输出，而实际上数据的类型是丰富的。大家已很熟悉用 printf 函数和 scanf 函数向终端进行格式化的输入输出，即用各种不同的格式以终端为对象输入输出数据。其实也可以对文件进行格式化输入输出，这时就要用 fprintf 函数和 fscanf 函数。它们的作用与 printf 函数和 scanf 函数相仿，都是格式化读写函数。只有一点不同：fprintf 和 fscanf 函数的读写对象不是终端而是文件。它们的一般调用方式为：

fprintf(文件指针,格式字符串,输出表列);

fscanf(文件指针,格式字符串,输入表列);

例如：

fprintf(fp,"%f,%f",ps,ai);

它的作用是将 float 型变量 ps 和 ai 的值按%f 的格式输出到 fp 指向的文件中。

同样，用以下 fsanf 函数可以从磁盘文件上读入 ASCII 字符：

fscanf (fp,"%f,%f", ps,ai);

用 fprint 和 fcanf 函数对磁盘文件读写，使用方便，容易理解，但由于在输入时要将文件中的 ASCII 码转换为二进制形式再保存在内存变量中，在输出时又要将内存中的二进制形式转换成字符，要花费较多时间。因此，在内存与磁盘频繁交换数据的情况下,最好不用 fprintf 和 fscanf 函数，而用下面介绍的 fread 和 fwrite 函数进行二进制的读写。

4. 用二进制方式向文件读写一组数据

在程序中不仅需要一次输入输出一个数据，而且常常需要一次输入输出一组数据(如数组或结构体变量的值)，C 语言允许用 fread 函数从文件中读一个数据块，用 fwrite 函数向文件写一个数据块。在读写时是以二进制形式进行的。在向磁盘写数据时，直接将内存中一组数据原封不动、不加转换地复制到磁盘文件上，在读入时也是将磁盘文件中若干字节的内容一起读入内存。

它们的一般调用形式为：

fread(buffer,size,count,fp);

fwrite(buffer,size,count,fp);

（1）buffer：是一个地址。对 fread 来说，它是用来存放从文件读入的数据的存储区的地址。对 fwrite 来说，是要把此地址开始的存储区中的数据向文件输出(以上指的是起始地址)。

（2）size：要读写的字节数。

（3）count：要读写多少个数据项（每个数据项长度为 size）。

（4）fp：FILE 类型指针。

在打开文件时指定用二进制文件，这样就可以用 fread 和 fwrite 函数读写任何类型的信息。例如：

　　　　　fread(score,4,10,fp);

其中，score 是一个 float 型数组名(代表数组首元素地址)。这个函数从 fp 所指向的文件读入 10 个 4 个字节的数据，存储到数组 score 中。

【例 10-5】从键盘输入 5 名冬奥会选手的有关数据，然后把它们保存到磁盘文件上去。

分析： 定义一个有 5 个元素的结构体数组，用来存放 5 个选手的信息。从 enter 函数输入 5 个选手的数据。用 save 函数实现向磁盘输出选手信息。用 fwrite 函数一次输出一个选手的数据。

C 源程序：（文件名：li10_5.c）

li10_5.c

```c
#include <stdio.h>
#define SIZE 5
struct athleteType
{
    char name[30];
    char entries[30];
    int age;
} athlete[SIZE];                    // 定义全局结构体数组 athlete，包含 5 个选手数据
void enter()
{
    int i;
    printf("请录入选手信息：\n");
    for(i=0;i<SIZE;i++)             // 输入 SIZE 个选手的数据，存放在数组 athlete 中
    {
        printf("请录入第%d 个选手信息(姓名、参赛项目、年龄):\n",i+1);
        scanf("%s%s%d",athlete[i].name,athlete[i].entries,&athlete[i].age );
    }
}
void save()                        // 定义函数 save，向文件输出 SIZE 个选手的数据
{
    FILE *fp;
    int i;
    if((fp=fopen("athlete.dat","wb"))==NULL)    // 打开输出文件 athlete.dat
    {
        printf("无法打开文件！\n");
        return;
    }
```

```
        for(i=0;i<SIZE;i++)
        {
            if(fwrite(&athlete[i],sizeof(struct athleteType）,1,fp)!=1)
            {
                printf("文件写入错误！\n");
            }
        }
        printf("选手信息保存成功！\n");
        fclose(fp);
}
void main()
{
    enter();
    save();
}
```

运行结果:

请录入选手信息:

请录入第 1 个选手信息(姓名、参赛项目、年龄):

wudajing duandaosuhua 28

请录入第 2 个选手信息(姓名、参赛项目、年龄):

renziwei duandaosuhua 25

请录入第 3 个选手信息(姓名、参赛项目、年龄):

guailing ziyoushihuaxue 18

请录入第 4 个选手信息(姓名、参赛项目、年龄):

gaotingyu suduhuabing 25

请录入第 5 个选手信息(姓名、参赛项目、年龄):

suyiming danbanhuaxue 18

选手信息保存成功!

【例 10-6】 从二进制文件中读取冬奥会选手信息，然后把它们打印在屏幕上。

分析: 编写一个 load 函数，从磁盘文件 athlete.dat 中读二进制数据，并存放在 athlete 数组中。

C 源程序:（文件名: li10_6.c）

li10_6.c

```
#include <stdio.h>
#define SIZE 5
struct athleteType
{
    char name[30];
    char entries[30];
    int age;
```

```
} athlete[SIZE];
void load()
{
    FILE *fp;
    int i;
    if((fp=fopen("athlete.dat","rb"))==NULL)
    {
        printf("无法打开文件！\n");
        exit(0);
    }
    for(i=0;i<SIZE;i++)
    {
        // 从 athlete.dat 文件中读数据
        if(fread(&athlete[i],sizeof(struct athleteType），1,fp)!=1)
        {
            if(feof(fp))
            {
                fclose(fp);
                return;
            }
            printf("文件读取失败！\n");
            exit(0);
        }
    }
    fclose(fp);
}
void print()
{
    int i;
    printf("冬奥会选手信息如下：\n");
    printf("选手姓名\t参赛项目\t年龄\n");
    for(i=0;i<SIZE;i++)
    {
        printf("%s\t%s\t%d\n",athlete[i].name,athlete[i].entries,athlete[i].age）;
    }
}
void main()
{
    load();
```

```
    print();
}
```
运行结果：

冬奥会选手信息如下：

选手姓名	参赛项目	年龄
wudajing	duandaosuhua	28
renziwei	duandaosuhua	25
guailing	ziyoushihuaxue	18
gaotingyu	suduhuabing	25
suyiming	danbanhuaxue	18

注意：

（1）数据的存储方式。

文本方式：数据以字符方式（ASCII 代码）存储到文件中。如整数 12，送到文件时占 2 个字节，而不是 4 个字节。以文本方式保存的数据便于阅读。

二进制方式：数据按在内存的存储状态原封不动地复制到文件。如整数 12，送到文件时和在内存中一样占 4 个字节。

（2）文件的分类。

文本文件（ASCII 文件）：文件中全部为 ASCII 字符。

二进制文件：按二进制方式把在内存中的数据复制到文件的，称为二进制文件，即映像文件。

（3）文件的打开方式。

文本方式：不带 b 的方式，读写文件时对换行符进行转换。

二进制方式：带 b 的方式，读写文件时对换行符不进行转换。

（4）文件读写函数。

文本读写函数：用来向文本文件读写字符数据的函数，如 fgetc，fgets，fputc，fputs，fscanf，fprintf 等。

二进制读写函数：用来向二进制文件读写二进制数据的函数，如 getw，putw，fread，fwrite 等。

10.2.3 文件的随机读写

对文件进行顺序读写比较容易理解，也容易操作，但有时效率不高，例如参与冬奥会的各国选手将近 3000 人，如果要查询最后一名选手是谁，必须先逐个读取除倒数第一以外的所有选手信息以后，才能读入最后一名选手。这样效率太低，让人无法忍受。随机访问不是按数据在文件中的物理位置次序进行读写，而是可以对任何位置上的数据进行访问，显然这种方法比顺序访问效率高得多。

1. 文件位置标记及其定位

（1）文件位置标记。

前已介绍，为了对读写进行控制，系统为每个文件设置了一个文件读写位置标记（简称文件位置标记或文件标记）来标记接下来要读写的下一个字符的位置，用来指示"接下来要读写的下一个字符的位置"。

一般情况下，在对字符文件进行顺序读写时，文件位置标记指向文件开头，这时如果对文件进行读的操作，就读第 1 个字符，然后文件位置标记向后移一个位置，在下一次执行读的操作时，就将位置标记指向的第 2 个字符读入。依此类推，遇到文件尾结束。

如果是顺序写文件，则每写完一个数据后，文件位置标记顺序向后移一个位置，然后在下一次执行写操作时把数据写入位置标记所指的位置。直到把全部数据写完，此时文件位置标记在最后一个数据之后。

可以根据读写的需要，人为地移动文件位置标记的位置。文件位置标记可以向前移、向后移，移到文件头或文件尾，然后对该位置进行读写，显然这就不是顺序读写了，而是随机读写。

对流式文件既可以进行顺序读写，也可以进行随机读写。关键在于控制文件的位置标记。如果文件位置标记是按字节位置顺序移动的，就是顺序读写。如果能将文件位置标记按需要移动到任意位置，就可以实现随机读写。所谓随机读写，是指读写完上一个字符（字节）后，并不一定要读写其后续的字符（字节），而可以读写文件中任意位置上所需要的字符（字节）。即对文件读写数据的顺序和数据在文件中的物理顺序一般是不一致的。可以在任何位置写入数据，在任何位置读取数据。

（2）文件位置标记的定位。

可以强制使文件位置标记指向人们指定的位置。可以用以下函数实现。

① 用 rewind 函数使文件位置标记指向文件开头。

rewind 函数的作用是使文件位置标记重新返回文件的开头，此函数没有返回值。

【例 10-7】有一个磁盘文件，内有一些信息。要求将它的内容显示在屏幕上，同时把它复制到另一文件上。

分析：分别实现以上两个任务都不困难，但是把二者连续做，就会出现问题，因为在读入完文件内容后，文件位置标记已指到文件的末尾，如果再接着读数据，就遇到文件结束标志 EOF，feof 函数的值等于 1（真），无法再读数据。必须在程序中用 rewind 函数使位置指针返回文件的开头。

C 源程序：（文件名：li10_7.c）

li10_7.c

```c
#include<stdio.h>
#include <stdlib.h>
void print(FILE *fp)
{
    printf("原始文件的内容是：\n");
    while(!feof(fp))
    {
        putchar(getc(fp));          // 逐个读入字符并输出到屏幕
    }
    putchar('\n');                  // 输出一个换行
}
```

```
void copy(FILE *fp1,FILE *fp2)
{
    while(!feof(fp1))
    {
        putc(getc(fp1),fp2);                    // 从文件头重新逐个读字符，输出到新文件
    }
    printf("文件复制成功！\n");
}
void main()
{
    FILE *fp1,*fp2;
    if((fp1=fopen("source.txt","r"))==NULL)
    {
        printf("无法打开原始文件!\n");
        exit(0);
    }
    print(fp1);
    rewind(fp1);
    if((fp2=fopen("copy.txt","w"))==NULL)
    {
        printf("无法打开新文件!\n");
        exit(0);
    }
    copy(fp1,fp2);
    fclose(fp1);
    fclose(fp2);
}
```

运行结果：

原始文件的内容是：

BeiJing 2022 --> To the Future Together

文件复制成功！

② 用 fseek 函数改变文件位置标记。

fseek 函数的调用形式为：

fseek(文件类型指针,位移量,起始点)

"起始点"用 0，1 或 2 代替，0 代表"文件开始位置"，1 为"当前位置"，2 为"文件末尾位置"。

C 标准指定的名字如表 10-4 所示。

表 10-4　C 标准指定的名字

起始点	名字	用数字代表
文件开始位置	SEEK_SET	0
文件当前位置	SEEK_CUR	1
文件末尾位置	SEEK_END	2

"位移量"指以"起始点"为基点，向前移动的字节数。位移量应是 long 型数据（在数字的末尾加一个字母 L，就表示是 long 型）。

fseek 函数一般用于二进制文件。下面是 fseek 函数调用的几个例子：

fseek (fp, 100L,0);　　　　　将文件位置标记向前移到离文件开头 100 个字节处

fseek (fp,50L,1);　　　　　　将文件位置标记向前移到离当前位置 50 个字节处

fseek (fp,-10L,2);　　　　　　将文件位置标记从文件末尾处向后退 10 个字节

2. 随机读写

有了 rewind 和 fseek 函数，就可以实现随机读写了。通过下面简单的例子可以了解怎样进行随机读写。

【例 10-8】 从二进制文件中读取冬奥会选手信息(奇数位)，然后把它们打印在屏幕上。

分析： 按"二进制只读"的方式打开指定的磁盘文件，准备从磁盘文件中读取选手数据；将文件位置标记指向文件的开头，然后从磁盘文件读入一个选手的信息，并把它显示在屏幕上；再将文件位置标记指向文件中第 3,5 个选手的数据区的开头，从磁盘文件读入相应选手的信息，并把它显示在屏幕上。

C 源程序：（文件名：li10_8.c）

li10_8.c

```c
#include<stdio.h>
#include <stdlib.h>
#define SIZE 5
struct athleteType
{
    char name[30];
    char entries[30];
    int age;
} athlete[SIZE];                // 定义全局结构体数组 athlete，包含 5 个选手数据
void read(FILE *fp)
{
    int i;
    printf("冬奥会选手信息如下：\n");
    printf("选手姓名\t 参赛项目\t 年龄\n");
    for(i=0;i<SIZE;i+=2)
```

```
        {
            fseek(fp,i*sizeof(struct athleteType ),0);           // 移动位置指针
            fread(&athlete[i],sizeof(struct athleteType),1,fp);  // 读一个数据块到结构体变量
            printf("%s\t%s\t%d\n",athlete[i].name,athlete[i].entries,athlete[i].age );
        }
}
void main()
{
    FILE *fp;
    if((fp=fopen("athlete.dat","rb"))==NULL)     // 以只读方式打开二进制文件
    {
        printf("无法读取文件！\n");
        exit(0);
    }
    read(fp);
    fclose(fp);
}
```

运行结果：

冬奥会选手信息如下：

选手姓名	参赛项目	年龄
wudajing	duandaosuhua	28
guailing	ziyoushihuaxue	18
suyiming	danbanhuaxue	18

10.2.4　文件操作的错误检测

C 语言中常用的文件检测函数有以下几个。

1. 文件结束检测函数 feof

调用格式：

　　　　feof(文件指针);

功能：判断文件是否处于文件结束位置，如文件结束，则返回值为 1，否则为 0。

2. 读写文件出错检测函数 ferror

ferror 函数调用格式：

　　　　ferror(文件指针);

功能：检查文件在用各种输入输出函数进行读写时是否出错。如果 ferror 返回值为 0，则表示未出错，否则表示有错。

3. 文件出错标志和文件结束标志置 0 函数 clearerr

clearerr 函数调用格式：

clearerr(文件指针);

功能：本函数用于清除出错标志和文件结束标志，使它们为 0 值。

10.3　小　结

（1）C 系统把文件当作一个"流"，按字节进行处理。

（2）C 文件按编码方式分为二进制文件和 ASCII 文件。

（3）C 语言中，用文件指针标识文件，当一个文件被打开时，可取得该文件指针。

（4）文件在读写之前必须打开，读写结束必须关闭。

（5）文件可按只读、只写、读写、追加四种操作方式打开，同时还必须指定文件的类型是二进制文件还是文本文件。

（6）文件可按字节，字符串，数据块为单位读写，文件也可按指定的格式进行读写。

（7）文件内部的位置指针可指示当前的读写位置，移动该指针可以对文件实现随机读写。

10.4　本章常见的编程错误

（1）fseek 函数中要注意文件指针的值：

fseek(fp,100L,0);把 fp 指针移动到离文件开头 100 字节处；

fseek(fp,100L,1);把 fp 指针移动到离文件当前位置 100 字节处；

fseek(fp,100L,2);把 fp 指针退回到离文件结尾 100 字节处。

（2）fwrite 函数要注意写操作 fwrite()后必须关闭流 fclose()，不关闭流的情况下，每次读或写数据后，文件指针都会指向下一个待写或者读数据位置的指针。

（3）fscanf 函数要注意如果要读取一个整数（该整数必须在所存变量的数据类型表示的范围之内）则为：fscanf(fp,"%d",&ch)，而此时 ch 应该定义为 int；若读取的数据大于 int 所能表示的范围，则读取的数据屏幕显示为负数，即读取的数据发生越界，如果此时的 ch 依然为 char 型，则运行时报错（内存读写错误）。首先一定要记住 fread 函数只用于读二进制文件，而 fscanf 可以读文本也可以读二进制。其次在用链表进行文件的读取时建议用 fscanf。

（4）文本方式读取文件，最主要的用处是一次读取一整句（以换行符'/n'，即二进制的换行标志"/r/n"结束），方便用于特殊用处 fscanf(…,"%s",…)之类，每次读取的内容长度是不定的；而二进制读取方式 fread 等，都是读取固定长度，所以文本方式读取对 EOF 的判定，是一个文件尾结束标志，如果是文本文件，则这个文件尾肯定不会出现在文件内容中（因为是不可打印字符构成的结束标志，人可读的文本文件不会包括它），这样以结束标志为文件尾则是可以的。

10.5　习　题

一、选择题

1. 系统的标准输入文件是指（　　　　）。

A. 键盘   B. 显示器

C. 软盘   D. 硬盘

2. 若执行 fopen 函数时发生错误，则函数的返回值是（　　　）。

A. 地址值   B. 0

C. 1   D. EOF

3. 若要用 fopen 函数打开一个新的二进制文件，该文件要既能读也能写，则文件方式字符串应是（　　　）。

A. "ab+"   B. "wb+"

C. "rb+"   D. "ab"

4. fscanf 函数的正确调用形式是（　　　）。

A. fscanf(fp,格式字符串,输出表列)

B. fscanf(格式字符串，输出表列,fp);

C. fscanf(格式字符串,文件指针,输出表列);

D. fscanf(文件指针，格式字符串,输入表列);

5. fgetc 函数的作用是从指定文件读入一个字符，该文件的打开方式必须是（　　　）。

A. 只写   B. 追加

C. 读或读写   D. 答案 b 和 c 都正确

6. 利用 fseek 函数可实现的操作是（　　　）。

A. fseek(文件类型指针,起始点,位移量);

B. fseek(fp,位移量,起始点);

C. fseek(位移量,起始点,fp);

D. fseek(起始点,位移量,文件类型指针);

7. 在执行 fopen 函数时，ferror 函数的初值是（　　　）。

A. TURE   B. －1

C. 1   D. 0

8. fseek 函数的正确调用形式是（　　　）。

A. fseek(文件指针,起始点,位移量)   B. fseek(文件指针,位移量,起始点)

C. fseek(位移量,起始点,文件指针)   D. fseek(起始点,位移量,文件指针)

9. 若 fp 是指向某文件的指针，且已读到文件末尾，则函数 feof(fp)的返回值是（　　　）。

A. EOF   B. －1

C. 1   D. NULL

10. 函数 fseek(pf, OL, SEEK_END. 中的 SEEK_END 代表的起始点是（　　　）。

A. 文件开始   B. 文件末尾

C. 文件当前位置   D. 以上都不对

二、填空题

1. 如果 ferro(fp)的返回值为一个非零值，表示为 ＿＿＿＿＿＿。

2. fseed(fp,100L,1)函数的功能是 ＿＿＿＿＿＿。

3. 对磁盘文件的操作顺序是"先 ＿＿＿＿＿＿ ，后读写，最后关闭"。

4. 系统的标准输入文件是指 _____。

5. 当顺利执行了文件关闭操作时，fclose()的返回值是 _____。

三、编程题

1. 把文本文件 B 中的内容追加到文本文件 A 的内容之后。例如，文件 B 的内容为"I'm ten."，文件 A 的内容为"I'm a student!"，追加之后文件 A 的内容为"I'm a student ! I'm ten."

附录 C语言常用的库函数

库函数并不是C语言的一部分，它是由编译系统根据一般用户的需要编制并提供给用户使用的一组程序。每一种C编译系统都提供了一批库函数，不同的编译系统所提供的库函数的数目和函数名以及函数功能是不完全相同的。ANSI C标准提出了一批建议提供的标准库函数。它包括了目前多数C编译系统所提供的库函数，但也有一些是某些C编译系统未曾实现的。考虑到通用性，本附录列出ANSI C建议的常用库函数。

由于C库函数的种类和数目很多，例如还有屏幕和图形函数、时间日期函数、与系统有关的函数等，每一类函数又包括各种功能的函数，限于篇幅，本附录不能全部介绍，只从教学需要的角度列出最基本的。读者在编写C程序时可根据需要，查阅有关系统的函数使用手册。

1. 数学函数（见附表1）

使用数学函数时，应该在源文件中使用预编译命令：

#include <math.h>或#include "math.h"

附表1　数学函数

函数名	函数原型	功　能	返回值
acos	double acos(double x);	计算 arccos x 的值，其中-1<=x<=1	计算结果
asin	double asin(double x);	计算 arcsin x 的值，其中-1<=x<=1	计算结果
atan	double atan(double x);	计算 arctan x 的值	计算结果
atan2	Double atan2(double x, double y);	计算 arctan x/y 的值	计算结果
cos	double cos(double x);	计算 cos x 的值，其中 x 的单位为弧度	计算结果
cosh	double cosh(double x);	计算 x 的双曲余弦 cosh x 的值	计算结果
exp	double exp(double x);	求 e^x 的值	计算结果
fabs	double fabs(double x);	求实型 x 的绝对值	计算结果
floor	double floor(double x);	求出不大于 x 的最大整数	该整数的双精度实数
fmod	Double fmod(double x, double y);	求整除 x/y 的余数，%只适用于整型数据	返回余数的双精度实数
frexp	double frexp(double val, int *eptr);	把双精度数 val 分解成数字部分（尾数）和以 2 为底的指数，即 $val=x*2^n$，n 存放在 eptr 指向的变量中	数字部分 x $0.5<=x<1$
log	double log(double x);	求 lnx 的值	计算结果
log10	double log10(double x);	求 log10x 的值	计算结果

函数名	函数原型	功　能	返回值
modf	double modf(double val, int *iptr);	把双精度数 val 分解成数字部分和小数部分，把整数部分存放在 ptr 指向的变量中	val 的小数部分
pow	double pow(double x, doubley);	求 x^y 的值	计算结果
sin	double sin(double x);	求 sin x 的值，其中 x 的单位为弧度	计算结果
sinh	double sinh(double x);	计算 x 的双曲正弦函数 sinh x 的值	计算结果
sqrt	double sqrt (double x);	计算 x，其中 x≥0	计算结果
tan	double tan(double x);	计算 tan x 的值，其中 x 的单位为弧度	计算结果
tanh	double tanh(double x);	计算 x 的双曲正切函数 tanh x 的值	计算结果
log10	double log10 (double)；	计算以 10 为底的对数	计算结果
log	double log (double)；	以 e 为底的对数	
sqrt	double sqrt (double)；	开平方	
cabs	Double cabs(struct complex znum);	求复数的绝对值	
ceil	double ceil (double)；	取上整，返回不比 x 小的最小整数	
floor	double floor (double)；	取下整，返回不比 x 大的最大整数，即高斯函数 [x]	

2. 字符函数（见附表 2）

在使用字符函数时，应该在源文件中使用预编译命令：

#include <ctype.h>或#include "ctype.h"

附表 2　字符函数

函数名	函数原型	功　能	返回值
isalnum	int isalnum(int ch);	检查 ch 是否字母或数字	是字母或数字返回 1，否则返回 0
isalpha	int isalpha(int ch);	检查 ch 是否字母	是字母返回 1，否则返回 0
iscntrl	int iscntrl(int ch);	检查 ch 是否控制字符（其 ASCII 码在 0 和 0x1F 之间，数值为 0-31）	是控制字符返回 1，否则返回 0
isdigit	int isdigit(int ch);	检查 ch 是否数字（0-9）	是数字返回 1，否则返回 0
isgraph	int isgraph(int ch);	检查 ch 是否是可打印（显示）字符（0x21 和 0x7e 之间），不包括空格	是可打印字符返回非 0，否则返回 0
islower	int islower(int ch);	检查 ch 是否是小写字母（a～z）	是小字母返回非 0，否则返回 0
isprint	int isprint(int ch);	检查 ch 是否是可打印字符(其 ASCII 码在 0x21 和 0x7e 之间)，包括空格	是可打印字符返回 1，否则返回 0
ispunct	int ispunct(int ch);	检查 ch 是否是标点字符（不包括空格）即除字母、数字和空格以外的所有可打印字符	是标点返回 1，否则返回 0

续附表

函数名	函数原型	功　能	返回值
isspace	int isspace(int ch);	检查 ch 是否空格、跳格符（制表符）或换行符	是，返回 1，否则返回 0
isupper	int isupper(int ch);	检查 ch 是否大写字母(A～Z)	是大写字母返回 1，否则返回 0
isxdigit	int isxdigit(int ch);	检查 ch 是否一个 16 进制数字（即 0～9，或 A 到 F，a～f）	是，返回 1，否则返回 0
tolower	int tolower(int ch);	将 ch 字符转换为小写字母	返回 ch 对应的小写字母
toupper	int toupper(int ch);	将 ch 字符转换为大写字母	返回 ch 对应的大写字母
isascii	int isascii(int ch)	测试参数是否是 ASCII 码 0-127	是返回非 0,否则返回 0

3. 字符串函数（见附表 3）

使用字符串中函数时，应该在源文件中使用预编译命令：

#include <string.h>或#include "string.h"

附表 3　字符串函数

函数名	函数原型	功　能	返回值
memchr	void memchr(void *buf, char ch,unsigned count);	在 buf 的前 count 个字符里搜索字符 ch 首次出现的位置	返回指向 buf 中 ch 的第一次出现的位置指针，若没有找到 ch，返回 NULL
memcmp	int memcmp(void *buf1, void *buf2,unsigned count);	按字典顺序比较由 buf1 和 buf2 指向的数组的前 count 个字符	buf1<buf2，为负数；buf1=buf2，返回 0；buf1>buf2，为正数
memcpy	void *memcpy(void *to, void *from,unsigned count);	将 from 指向的数组中的前 count 个字符拷贝到 to 指向的数组中。From 和 to 指向的数组不允许重叠	返回指向 to 的指针
memove	void *memove(void *to, void *from,unsigned count);	将 from 指向的数组中的前 count 个字符拷贝到 to 指向的数组中，From 和 to 指向的数组不允许重叠	返回指向 to 的指针
memset	void *memset(void *buf, char ch,unsigned count);	将字符 ch 拷贝到 buf 指向的数组前 count 个字符中	返回 buf
strcat	char *strcat(char *str1, char *str2);	把字符 str2 接到 str1 后面，取消原来 str1 最后面的串结束符 "\0"	返回 str1
strchr	char *strchr(char *str,int ch);	找出 str 指向的字符串中第一次出现字符 ch 的位置	返回指向该位置的指针，如找不到，则应返回 NULL
strcmp	int *strcmp(char *str1, char *str2);	比较字符串 str1 和 str2	若 str1<str2，为负数；若 str1=str2，返回 0；若 str1>str2，为正数

续附表

函数名	函数原型	功　能	返回值
strcpy	char *strcpy(char *str1, char *str2);	把 str2 指向的字符串拷贝到 str1 中去	返回 str1
strlen	unsigned intstrlen(char *str);	统计字符串 str 中字符的个数（不包括终止符 "\0"）	返回字符个数
strncat	char *strncat(char *str1, char *str2,unsigned count);	把字符串 str2 指向的字符串中最多 count 个字符连到串 str1 后面，并以 NULL 结尾	返回 str1
strncmp	int strncmp(char *str1, *str2, unsigned count);	比较字符串 str1 和 str2 中至多前 count 个字符	若 str1<str2，为负数；若 str1=str2，返回 0；若 str1>str2，为正数
strncpy	char *strncpy(char *str1, *str2, unsigned count);	把 str2 指向的字符串中最多前 count 个字符拷贝到串 str1 中去	返回 str1
strnset	void *strnset(char *buf, char ch,unsigned count);	将字符 ch 拷贝到 buf 指向的数组前 count 个字符中。	返回 buf
strset	void *strset(void *buf, char ch);	将 buf 所指向的字符串中的全部字符都变为字符 ch	返回 buf
strstr	char *strstr(char *str1, *str2);	寻找 str2 指向的字符串在 str1 指向的字符串中首次出现的位置	返回 str2 指向的字符串首次出向的地址，否则返回 NULL
strnicmp	int strnicmp(char *str1, char *str2,unsigned maxlen);	将一个串中的一部分与另一个串比较，不管大小写	若 str1<str2，为负数；若 str1=str2，返回 0；若 str1>str2，为正数
strcspn	int strcspn(char *str1, char *str2);	在串中查找第一个给定字符集内容的段	返回字符串 str1 中第一个在 str2 中出现的字符在 str1 中的下标值
strdup	char *strdup(char *str);	将串拷贝到新建的位置处	返回一个指针,指向为复制字符串分配的空间
strpbrk	char *strpbrk(char *str1, char *str2);	在串中查找给定字符集中的字符	返回 str1 中第一个满足条件的字符的指针
strrchr	char *strrchr(char *str, char c);	在串中查找指定字符的最后一个出现	如成功，返回从这个位置起，一直到字符串结束的所有字符；如果失败，返回 NULL
strrev	char *strrev(char *str);	串倒转	返回指向倒转顺序后的字符串指针
Strtod（strtol）	double strtod(char *str, char **endptr);	将字符串转换为 double 型值，strtol 为长整型	转换后的浮点型数
swab	void swab(char *from, char *to,int nbytes);	交换字节	无

4. 输入输出函数（见附表4）

在使用输入输出函数时，应该在源文件中使用预编译命令：

#include <stdio.h>或#include "stdio.h"

附表4 输入输出函数

函数名	函数原型	功　能	返回值
clearer	void clearer(FILE *fp);	清除文件指针错误指示器	无
close	int close(int fp);	关闭文件（非 ANSI 标准）	关闭成功返回0，不成功返回－1
creat	int creat(char *filename, int mode);	以 mode 所指定的方式建立文件（非 ANSI 标准）	成功返回正数，否则返回－1
eof	int eof(int fp);	判断 fp 所指的文件是否结束	文件结束返回1，否则返回0
fclose	int fclose(FILE *fp);	关闭 fp 所指的文件，释放文件缓冲区	关闭成功返回0，不成功返回非0
feof	int feof(FILE *fp);	检查文件是否结束	文件结束返回非0，否则返回0
ferror	int ferror(FILE *fp);	测试 fp 所指的文件是否有错误	无错返回0，否则返回非0
fflush	int fflush(FILE *fp);	将 fp 所指文件的全部控制信息和数据存盘	存盘正确返回0，否则返回非0
fgets	char *fgets(char *buf, int n, FILE *fp);	从 fp 所指的文件读取一个长度为（n－1)的字符串，存入起始地址为 buf 的空间	返回地址 buf，若遇到文件结束或出错则返回 EOF
fgetc	int fgetc(FILE *fp);	从 fp 所指的文件中取得下一个字符	返回所得到的字符。出错返回 EOF
fopen	FILE *fopen(char *filename, char *mode);	以 mode 指定的方式打开名为 filename 的文件	成功，则返回一个文件指针，否则返回0
fprintf	int fprintf(FILE *fp, char *format,args,…);	把 args 的值以 format 指定的格式输出到 fp 所指的文件中	实际输出的字符数
fputc	int fputc(char ch,FILE *fp);	将字符 ch 输出到 fp 所指的文件中	成功则返回该字符，出错返回 EOF
fputs	int fputs(char str,FILE *fp);	将 str 指定的字符串输出到 fp 所指的文件中	成功则返回0，出错返回 EOF
fread	int fread(char *pt, unsigned size, unsigned n,FILE *fp);	从 fp 所指定文件中读取长度为 size 的 n 个数据项，存到 pt 所指向的内存区	返回所读的数据项个数,若文件结束或出错返回0
fscanf	int fscanf(FILE *fp, char *format,args,…);	从 fp 指定的文件中按给定的 format 格式将读入的数据送到 args 所指向的内存变量中（args 是指针）	以输入的数据个数

函数名	函数原型	功　能	返回值
fseek	int fseek(FILE *fp,long offset, int base);	将 fp 指定的文件的位置指针移到 base 所指出的位置为基准、以 offset 为位移量的位置	返回当前位置，否则返回-1
ftell	long ftell(FILE *fp);	返回 fp 所指定的文件中的读写位置	返回文件中的读写位置,否则返回 0
fwrite	int fwrite(char *ptr, unsigned size,unsigned n,FILE *fp);	把 ptr 所指向的 n*size 个字节输出到 fp 所指向的文件中	写到 fp 文件中的数据项的个数
getc	int getc(FILE *fp);	从 fp 所指向的文件中的读出下一个字符	返回读出的字符,若文件出错或结束返回 EOF
getchar	int getchar( );	从标准输入设备中读取下一个字符	返回字符,若文件出错或结束返回 −1
gets	char *gets(char *str);	从标准输入设备中读取字符串存入 str 指向的数组	成功返回 str,否则返回 NULL
open	int open(char *filename, int mode);	以 mode 指定的方式打开已存在的名为 filename 的文件（非 ANSI 标准）	返回文件号（正数），如打开失败返回 −1
printf	int printf(char *format, args, …);	在 format 指定的字符串的控制下，将输出列表 args 的值输出到标准设备	输出字符的个数。若出错返回负数
prtc	int prtc(int ch,FILE *fp);	把一个字符 ch 输出到 fp 所指的文件中	输出字符 ch，若出错返回 EOF
putchar	int putchar(char ch);	把字符 ch 输出到 fp 标准输出设备	返回换行符,若失败返回 EOF
puts	int puts(char *str);	把 str 指向的字符串输出到标准输出设备，将 "\0" 转换为回车行	返回换行符,若失败返回 EOF
putw	int putw(int w,FILE *fp);	将一个整数 i（即一个字）写到 fp 所指的文件中（非 ANSI 标准）	返回读出的字符,若文件出错或结束返回 EOF
read	int read(int fd,char *buf, unsigned count);	从文件号 fp 所指定文件中读 count 个字节到由 buf 指示的缓冲区（非 ANSI 标准）	返回真正读出的字节个数,如文件结束返回 0，出错返回 −1
remove	int remove(char *fname);	删除以 fname 为文件名的文件	成功返回 0，出错返回 −1
rename	int remove(char *oname, char *nname);	把 oname 所指的文件名改为由 nname 所指的文件名	成功返回 0，出错返回 −1

函数名	函数原型	功　能	返回值
rewind	void rewind(FILE *fp);	将 fp 指定的文件指针置于文件头，并清除文件结束标志和错误标志	无
scanf	int scanf(char *format, args, …);	从标准输入设备按 format 指示的格式字符串规定的格式，输入数据给 args 所指示的单元，args 为指针	读入并赋给 args 数据个数。如文件结束返回 EOF，若出错返回 0
write	int write(int fd,char *buf, unsigned count);	从 buf 指示的缓冲区输出 count 个字符到 fd 所指的文件中（非 ANSI 标准）	返回实际写入的字节数,如出错返回－1

5. 动态存储分配函数（见附表 5）

在使用动态存储分配函数时，应该在源文件中使用预编译命令：

#include <stdlib.h>或#include "stdlib.h"

附表 5　动态存储分配函数

函数名	函数原型	功　　能	返回值
calloc	void *calloc(unsigned n,unsigned size);	分配 n 个数据项的内存连续空间,每个数据项的大小为 size	分配内存单元的起始地址。如不成功，则返回 0
free	void free(void *p);	释放 p 所指内存区	无
malloc	void *malloc(unsigned size);	分配 size 字节的内存区	所分配的内存区地址，如内存不够，则返回 0
realloc	void *realloc(void *p, unsigned size);	将 p 所指的已分配的内存区的大小改为 size。size 可以比原来分配的空间大或小	返回指向该内存区的指针。若重新分配失败，返回 NULL

6. 其他函数（见附表 6）

有些函数由于不便归入某一类，所以单独列出。使用这些函数时，应该在源文件中使用预编译命令：

#include <stdlib.h>或#include "stdlib.h"

附表 6　其他函数

函数名	函数原型	功能	返回值
abs	int abs(int num);	计算整数 num 的绝对值	返回计算结果
atof	double atof(char *str);	将 str 指向的字符串转换为一个 double 型的值	返回双精度计算结果
atoi	int atoi(char *str);	将 str 指向的字符串转换为一个 int 型的值	返回转换结果

续附表

函数名	函数原型	功能	返回值
atol	long atol(char *str);	将 str 指向的字符串转换为一个 long 型的值	返回转换结果
exit	void exit(int status);	中止程序运行，将 status 的值返回调用的过程	无
itoa	char *itoa(int n,char *str,int radix);	将整数 n 的值按照 radix 进制转换为等价的字符串，并将结果存入 str 指向的字符串中	返回一个指向 str 的指针
labs	long labs(long num);	计算 long 型整数 num 的绝对值	返回计算结果
ltoa	char *ltoa(long n,char *str,int radix);	将长整数 n 的值按照 radix 进制转换为等价的字符串，并将结果存入 str 指向的字符串	返回一个指向 str 的指针
rand	int rand(void);	产生 0～32767 间的随机整数（0～0x7fff 之间）	返回一个伪随机（整）数
random	int random(int num);	产生 0～num 之间的随机数	返回一个随机（整）数
randomize	void randomize( );	初始化随机函数，使用时包括头文件 time.h	无
putenv	int putenv(const char *name)	将字符串 name 增加到 DOS 环境变量中	0:操作成功；－1:操作失败
ecvt	char *ecvt(double value, int ndigit,int *dec,int *sign)	将浮点数转换为字符串；value——待转换的浮点数；ndigit——转换后的字符串长度	转换后的字符串指针

参考文献

[1]　赵少卡，郭永宁，林为伟. 高级语言程序设计. 北京：电子工业出版社，2020.

[2]　苏小红，孙志岗，陈惠鹏. C 语言大学实用教程. 3 版. 北京：电子工业出版社，2012.

[3]　范萍，丁振凡，刘媛媛. 零基础学 C 语言. 北京：中国水利水电出版社，2021.